建筑工程
绿色与节能技术应用

马俊虎　张付林　钟伟祥　夏　卫　主编

北京交通大学出版社
·北京·

图书在版编目（CIP）数据

建筑工程绿色与节能技术应用 / 马俊虎等主编. -- 北京 : 北京交通大学出版社, 2024. 12. -- ISBN 978-7-5121-5441-4

Ⅰ. TU74；TU111.4

中国国家版本馆 CIP 数据核字第 2025P4L806 号

建筑工程绿色与节能技术应用

JIANZHU GONGCHENG LÜSE YU JIENENG JISHU YINGYONG

责任编辑：吴嫦娥

出版发行：北京交通大学出版社　　电话：010-51686414　　http://www.bjtup.com.cn

地　　址：北京市海淀区高梁桥斜街 44 号　　邮编：100044

印 刷 者：北京虎彩文化传播有限公司

经　　销：全国新华书店

开　　本：185 mm×260 mm　　印张：16　　字数：410 千字

版 印 次：2024 年 12 月第 1 版　　2024 年 12 月第 1 次印刷

定　　价：69.00 元

编 委 会

改革开放以来，我国建筑业快速发展，建筑行业整体经济水平有了质的飞跃。但在高速发展并取得显著成果的背后，存在较为严重的建筑能源损耗和超高的碳排放问题，给自然生态环境造成了一定的损害。而低碳经济时代的到来，让我国各个产业都更加关注减少能源损耗、降低二氧化碳气体排放，尤其在建设发展习近平新时代中国特色社会主义过程中，以及实现“十四五”规划和2035年远景规划目标时，更需要大力发展建筑行业的低碳经济与循环经济。在此过程中，必须在建筑工程中积极推行绿色施工和节能技术，以此降低建筑业对各类能源的消耗量，从而有效保护自然生态环境，提高建筑业的发展能效，实现建筑工程的可持续、高质量发展。

本书主要研究建筑工程领域中的绿色施工与节能技术两大方面内容，分为8章：第1章为绪论，主要介绍中国建筑业的发展情况，并对本书主要内容即建筑工程绿色施工及节能施工进行了定义、原则、特征等方面的概述；第2～4章为建筑工程绿色施工内容，具体从“四节一环保”方面阐述了绿色施工主要措施，从地基与基础结构、主体结构等方面阐述了绿色施工综合技术，以及对当前国家提倡发展的装配式建筑绿色施工技术进行了阐述；第5～8章为建筑工程节能技术与施工内容，分别叙述了建筑围护结构和用能系统的节能技术与节能施工。本书可供建筑施工技术人员及相关从业人员参考和使用。

在编写过程中，我们虽然付出许多努力，但由于水平和能力有限，书中仍存在一些疏漏或不妥之处，敬请读者批评指正，以便改进。

编　者

2024年10月

第1章 绪论

1.1 中国建筑业发展概述

1.1.1 中国建筑业发展成就

1. 建筑业经济规模快速扩张，国民经济支柱产业地位不断巩固

从建筑业总产值及增加值来看，根据中国建筑业协会发布的《2023 年建筑业发展统计分析》，2014 年以来，随着我国建筑业企业生产和经营规模的不断扩大，建筑业总产值持续增长，2023 年达到 315 911.85 亿元，比上年增长 5.77%；比 1998 年的 10 062 亿元增长了 30.40 倍。2023 年全社会建筑业实现增加值 85 691.1 亿元，比 2022 年增长 7.1%（按不变价格计算），比 1998 年的 4 993.0 亿元增长了 16.16 倍。同时，自 2014 年以来，建筑业增加值占国内生产总值的比例始终保持在 6.70%以上，2023 年为 6.80%，建筑业国民经济支柱产业的地位稳固。

从建筑业企业及从业人员数量来看，截至 2023 年底，全国有施工活动的建筑业企业 157 929 个（指具有资质等级的总承包和专业承包建筑业企业，不含劳务分包建筑业企业），同比增长 10.51%，比 1998 年的 45 634 个增长了约 3.46 倍；2023 年建筑业从业人数为 5 253.79 万人，同比增长 2.18%，比 1998 年的 2 029.99 万人增长了约 2.59 倍。

从建筑业实现利润及税收贡献来看，根据《2023 年建筑业发展统计分析》，2023 年全国建筑业企业实现利润 8 326 亿元，按可比口径计算比上年微增 0.2%；比 1998 年的 117.33 亿元增长了约 70.96 倍。根据国家数据网站可查到的数据，2022 年建筑业企业税金总额 7 005.62 亿元，比 2005 年的 1 159.79 亿元增长了近 6.04 倍。

2. 建筑业技术实力显著提升，为经济社会高质量发展作出贡献

根据国家统计局发布的《建筑业高质量大发展　强基础惠民生创新路——党的十八大以来经济社会发展成就系列报告之四》，我国建筑业专业人才队伍不断壮大，执业资格人员数量逐年增加。2021 年末，全国建筑业企业工程技术人员达到 682 万人，比 2012 年末增加 75 万人；全国注册一级建造师超过 74 万人，增加 30 多万人。

从建造“高精特难”工程来看，我国以技术创新引领产业转型升级，建筑业产业链现代化水平不断提高。基建、冶金、有色、煤炭、石油、化工、水电、水利、机械等建筑行业布局逐渐完备；建造流程逐渐向上游勘探设计和下游工程监理拓展；城市信息模型（city information modeling，CIM）、建筑信息模型（building information modeling，BIM）、大数据、智能化、移动通信、云计算、物联网等信息技术集成应用能力不断提升。一批重大建筑技术实现了突破，具有世界顶尖水准的工程项目接踵落成，部分领域施工技术达到世界领先水平，如标志着中国工程“速度”的高铁工程，标志着中国工程“跨度”的以港珠澳大桥为代表的中国桥梁工程，代表着中国工程“高度”的上海中心大厦，以及代表着中国工程“难度”的自主研发三代核电技术“华龙一号”全球首堆示范工程等。高速、高寒、高原、重载铁路施工和特大桥隧建造技术迈入世界先进行列，离岸深水港建设关键技术、巨型河口航道整治技术、长河段航道系统治理及大型机场工程等建设技术达到世界领先水平。

从“走出去”势头来看，根据美国《工程新闻纪录》（*Engineering News-Record*，ENR）杂志公布的数据，2023 年度全球最大 250 家国际承包商共实现海外市场营业收入 4 285.0 亿美元，较 2022 年增长 7.7%，是近十年来罕见的增长速度。我国内地共有 81 家企业入选 2023 年度国际承包商 250 强榜单，入选数量比 2022 年增加了 2 家。入选企业共实现海外市场营业收入 1 179.3 亿美元，收入合计占国际承包商 250 强海外市场营收总额的 27.5%。同时，在海外，我国建筑业企业积极拓展海外业务，深度参与“一带一路”重大项目的规划和建设，陆续建成了中缅油气管道、摩洛哥穆罕默德六世大桥、蒙内铁路、柬埔寨斯登特朗–格罗奇马湄公河大桥、巴基斯坦卡洛特水电站等项目，“中国建造”品牌在国际上稳扎稳打、逐步生根。

1.1.2 中国建筑业发展历程

1. 解放思想，初步放权让利阶段（1978—1985 年）

党的十一届三中全会重新确立了解放思想、实事求是的思想路线，作出了把党和国家的工作重点转移到社会主义现代化建设上来和实行改革开放的战略决策，提出了“计划经济为主、市场调节为辅”的理论和政策，决定对经济体制进行全面改革。1979 年 7 月，国务院下发了《关于扩大国营工业企业经营管理自主权的若干规定》等五个扩权文件，从多个方面下放建筑企业自主权。1980 年，改全额利润留成为基数利润留成加增长利润留成的办法，使建筑企业获得更多的留利，刺激了企业的生产积极性，并出台了允许价格浮动和禁止封锁建筑市场的政策。1981 年，建筑业企业开始试行合同工、临时工制度；颁布了《中华人民共和国经济合同法》，建筑业企业的交易行为开始纳入法治化轨道。

党的十二届三中全会首次提出实现政企分开的要求，从而把国有企业改革导入“利改税”阶段（“利改税”是指将国有企业原来向国家上缴利润的大部分改为征收所得税）。1983 年 4 月，国务院批转财政部制定的《关于国有企业利改税试行办法》。1984 年 9 月，国务院批准发布了财政部制定的《国有企业第二步利改税试行办法》，推行了第二步利改税，将第一步利改税所实行的税后留利改为调节税。利改税促进了建筑业企业政企分开，提高了企业经济效益，有利于创造公平竞争的市场环境。另外，国家对企业的支持与投资也开始采用“拨改贷”方式（拨改贷是指我国基本建设投资由财政无偿拨款，改为通过中国人民建设银行以贷款方式供应的制度），确立企业的独立利益，推动企业逐步建立自负盈亏的经营机制。

2. 加快改革，推行经营承包阶段（1986—1991 年）

1986 年底，国务院下发《关于深化企业改革增强企业活力的若干规定》，在全国范围推行企业承包经营责任制，同时推行了租赁制、资产经营责任制、股份制等多种经营形式（企业制度）。1987 年，建筑业开始推行“鲁布革”工程管理经验（“鲁布革”是指鲁布革水电站，其引水系统工程是我国首次利用世界银行贷款，并按照国际惯例对引水系统工程实行国际招标和项目管理的工程），以“管理层与劳务层分离”为标志，以“项目法施工”为突破口，推动了我国建筑业生产方式变革和建设工程管理体制的深层次改革。同时，建筑市场价格体制改革出台允许价格浮动和禁止封锁建筑市场等政策。

这一阶段的承包制等改革，在思想上较易为各方面接受，“市场”已在建筑业经济活动中占有相当的比重，一定程度上激发了企业的活力。但此阶段的改革仍然是一种过渡性的改革，在总体上没有真正突破计划经济与商品经济的对立，需要有新的制度设计和改革。

3. 全面创新，推进市场经济阶段（1992—2000 年）

1992 年春，邓小平南方谈话冲破了关于市场和计划争论的框框，为党的十四大提出建立社会主义市场体制奠定了理论基础。建立社会主义市场经济体制的目标，要求完善市场环境，转换建筑企业的经营机制，使建筑企业成为真正以市场为导向的资源配置主体。1993 年 11 月，党的十四届三中全会通过了《中共中央关于建立社会主义市场经济体制若干问题的决定》，确立了社会主义市场经济体制的基本框架。1994 年 7 月开始实施的《中华人民共和国公司法》，标志着在制度层面上实现了国有企业制度的全面创新。党的十五大提出“公有制为主体、多种所有制共同发展是我国社会主义初级阶段的一项基本经济制度。”1998 年 3 月开始实施的《中华人民共和国建筑法》，为加强建筑活动的监督管理，维护建筑市场秩序提供了法律保护。

社会主义市场经济体制、基本经济制度及相关法律法规的逐步建立和完善，为建筑业带来了全新的发展机遇和广阔的发展空间。整个建筑业得到全面快速发展，建筑企业经济效益进一步好转。“九五”期末（2000 年）建筑业企业建筑总产值已达到 12 497.60 亿元，比“八五”期末（1995 年）的 5 793.75 亿元增长约 2.16 倍；根据国家统计局发布的《1995 年国民经济和社会发展统计公报》和《2000 年国民经济和社会发展统计公报》，“九五”期末全社会建筑业实现增加值 5 918 亿元，比“八五”期末的 3 556 亿元增长约 1.66 倍。

4. 转型升级，保持快速增长阶段（2001—2010 年）

我国于 2001 年 12 月正式加入世界贸易组织（World Trade Organization，WTO），标志着我国的产业对外开放进入了一个全新的阶段，这对国内建筑市场和建筑企业，对我国建筑业进入国际建筑市场产生了深远影响。

2001—2005 年，我国建筑业按照“立足科学发展，着力自主创新，完善体制机制，促进社会和谐”的总体要求，努力推进结构调整和产业升级，产值规模不断扩大，支柱地位日益凸显。现代企业制度建设、结构调整取得明显进展，大中型企业以股权多元化、中小型企业以民营化为特征的产权制度改革已全面展开。改制过程中一些民营企业参股、控股、完全收购国有企业，彻底改变了原有国有企业的体制和机制。产业结构进一步优化，集中度不断提高，综合承包、施工总承包、专业化承包、劳务分包的企业组织结构逐步形成，各类企业之间的市场化联系纽带基本形成。根据国家统计局发布的《2001 年国民经济和社会发展统计公报》和《2005 年国民经济和社会发展统计公报》，“十五”期间全社会建筑业实现增加值由 2001 年的 6 462 亿元提高到 2005 年 10 018 亿元。

2006—2010 年，建筑业管理体制改革、企业改革改制得到继续推进，监管机制逐步健全，企业综合实力明显提高。根据《2010 年国民经济和社会发展统计公报》，2010 年全社会建筑业实现增加值达到 26 451 亿元。根据中华人民共和国商务部公布的数据，2010 年我国对外承包工程业务完成营业额 922 亿美元，同比增长 18.7%；新签合同额 1 344 亿美元，同比增长 6.5%。

这一阶段，虽然建筑业产值规模保持了快速发展的态势，但是可持续发展能力仍然不足，建筑业很大程度上依赖于高速增长的固定资产投资规模，发展模式粗放，发展质量不高，工业化、信息化、标准化水平偏低，管理手段落后；建造资源耗费量大，碳排放量突出；市场主体行为不规范，政府监管有待加强，诚实守信的行业自律机制尚未形成。

5. 深化改革，迈向高质量发展阶段（2011 年至今）

“十二五”以来，建筑业以加快发展方式转变和产业结构调整为主线，以继续深化体制机制改革为动力，出台了多项深化改革的政策措施，涉及全国市场统一、工程质量治理、部分资质取消、营改增实施、PPP 模式推行、招投标方式改革、生产方式变革、承包模式变革、管理工具变革和市场信用管理等，为建筑业由“粗放式”向“精细化”转型，追求服务高水平、产品高品质和发展高效益提供了有利条件。

“十三五”时期，我国建筑业取得了辉煌的成就，工程建设从业人员为“中国建造”谱写了新的篇章，建筑业发展质量和效益迎来全面提升。根据国家住房和城乡建设部党组书记、部长王蒙徽署名文章《住房和城乡建设事业发展成就显著》，主要体现在以下五个方面。第一，建筑业支柱产业地位和作用不断增强。2019 年建筑业总产值、增加值分别达到 24.84 万亿元、7.09 万亿元，比 2015 年分别增长 37%和 52%。建筑业增加值占国内生产总值的比重保持在 6.6%以上，带动了上下游 50 多个产业发展，为全社会提供了超过 5 000 万个就业岗位。第二，建造方式加快转型。大力推广装配式钢结构等新型建造方式，全国新开工装配式建筑年均增长 55%。促进建筑节能和绿色建筑快速发展，城镇新建建筑执行节能强制性标准比例基本达到 100%。第三，工程设计、建造水平大幅提高。港珠澳大桥、北京大兴国际机场等一批世界级标志性重大工程相继建成。我国在超高层、深基坑、大空间、大跨度的高难度建筑工程，以及大型桥梁、水利枢纽、高速铁路等专业工程方面，设计施工技术已达到国际先进水平。第四，建筑业企业实力不断增强。2020 年有 74 家中国内地企业进入国际承包商 250 强榜单。2019 年具有中级工技能水平以上的建筑工人达 579.8 万人。第五，建筑业“走出去”步伐加快。2019 年我国对外承包工程业务完成营业额 1 729 亿美元，新签合同额 2 602.5 亿美元，分别比 2015 年增长 12.2%、23.8%，对推动“一带一路”建设发挥了重要作用。

近几年，从产值规模增长的情况来看，建筑业经历了从高速到缓慢再到平稳的发展过程，建筑业数量型、速度型发展态势有所弱化；从发展质量提升的情况来看，建筑业在工业化、绿色化、信息化等方面取得了一定成效，向高标准、高品质、高效益发展迈出了一大步；从境外业务拓展的情况来看，根据《2023 年建筑业发展统计分析》，2023 年我国对外承包工程业务完成营业额 1 609.1 亿美元，比 2022 年增长 3.83%，新签合同额 2 645.1 亿美元，比 2023 年增长 4.52%，完成双增长，“走出去”发展成果良好。

1.1.3 “双碳”目标下的中国建筑业转型发展

1.“双碳”目标下的中国建筑业转型发展背景

党的十九大提出了习近平新时代中国特色社会主义思想，作出了我国经济已由高速增长阶段转向高质量发展阶段的重要判断，为建筑业改革转型提供了路径指导。党的二十大报告指出：“推动经济社会发展绿色化、低碳化是实现高质量发展的关键环节，要加强推动能源清洁低碳高效利用，推进工业、建筑、交通等领域清洁低碳转型。”

近年来，中国越来越注重建筑业的转型升级及绿色节能发展，并出台了多项意见、规划等文件，指导新时期的建筑业发展。

2017 年 2 月，国务院为建筑业改革出台顶层设计文件——《关于促进建筑业持续健康发展的意见》（国办发〔2017〕19 号），提出“中国建造”这一理念，引导建筑业按照“适用、经济、安全、绿色、美观”的要求，进一步改革转型、向高质量发展。

2020 年 7 月，住房和城乡建设部、国家发展改革委、科技部等 13 部门发布了《关于推动智能建造与建筑工业化协同发展的指导意见》，指出智能建造与建筑工业化融合发展，对推动建筑业转型升级和高质量发展意义重大。同月，住房和城乡建设部、国家发展改革委、教育部、工业和信息化部等七部门发布《绿色建筑创建行动方案》，提出发展超低能耗建筑和近零能耗建筑。同年 9 月，习近平主席在联合国大会上提出中国“二氧化碳排放力争于 2030 年前达到峰值，努力争取 2060 年前实现碳中和”的具体目标。

2021 年 3 月，在全国人民代表大会会议、中国人民政治协商会议全国委员会全体会议（全国两会）政府工作报告中，“碳达峰”行动方案、优化能源结构和大力发展新能源被列为政府工作重点；同年 9 月，《中共中央 国务院关于完整准确全面贯彻新发展理念做好碳达峰碳中和工作的意见》中提出，大力发展节能低碳建筑，全面推广绿色低碳建材。

2022 年 1 月，住房和城乡建设部印发《“十四五”建筑业发展规划》，提出以建设世界建造强国为目标，大力发展并形成涵盖全产业链的智能建造产业体系。同年 12 月，住房和城乡建设部在《“十四五”建筑节能与绿色建筑发展规划》中进一步详细指明了各地区要因地制宜地执行节能低碳标准，并以更高的要求明确了到 2025 年我国低能耗建筑和绿色建筑的占比面积，以进一步提高“十四五”时期建筑节能水平，推动绿色建筑高质量发展。

2024 年 3 月，国务院办公厅转发国家发展改革委、住房城乡建设部《加快推动建筑领域节能降碳工作方案》（国办函〔2024〕20 号），聚焦提升新建建筑节能降碳水平、推进既有建筑改造升级、强化建筑运行节能管理等方面提出了 12 项重点任务，为推动建筑领域节能降碳工作提供了重要指引，对加快提升建筑领域绿色低碳发展质量、满足人民群众对美好生活的需要具有重要意义。

建筑领域是我国能源消耗和碳排放的主要领域之一。根据中国建筑节能协会和重庆大学城乡建设与发展研究院供稿在《建筑》杂志发布的《中国建筑能耗与碳排放研究报告（2023 年）》，2021 年全国建筑全过程能耗总量（含房屋建筑与基础设施）为 23.5 亿 tce（吨标准煤），占全国能源消费总量比重为 44.7%；2021 年全国建筑全过程碳排放总量为 50.1 亿 t CO_2（二氧化碳），占全国能源相关碳排放的比重为 47.1%。随着人民群众对建筑居住环境需求的日益提高，建筑能耗和碳排放还将快速增长，加快推动建筑领域节能降碳意义重大。“双碳”目标将是未来中国各个行业发展、转型最重要的指导依据，建筑行业应积极探索绿色低碳发展之路，优化建筑施工技术、强调建筑绿色节能施工、降低建筑能耗、实现建筑节能是建筑行业可持续发展的必然举措。

2.“双碳”目标下的中国建筑业转型发展对策

实现建筑业绿色低碳转型，需要通过信息技术与建造技术的深度融合。将绿色、节能等施工技术以及BIM技术、大数据、人工智能、物联网等新兴信息技术与建筑业绿色低碳转型相融合，形成涵盖设计规划、建材生产、施工建造、运营管理为一体的智能建造产业体系，有助于解决传统建造方式产生的各种问题，加快实现建筑业绿色低碳转型升级和“双碳”目标。

1）以设计为引领，推动建筑设计可视化

随着“绿色、低碳、节能”的发展理念深入人心，建筑设计在追求功能适用和经济效益的基础上，对技术先进性和环境协调性提出了更高要求。可视化协同设计是智能建造的基础，建立“可视化”理念是智能建造推进的充分和必要条件。加快大数据、物联网、互联网、人工智能等前沿技术在建筑设计阶段的应用，基于顶层设计的视角确立建筑节能低碳发展路线和布局。

在建筑设计阶段，利用BIM软件的三维可视化、模型仿真设计、数据共享与协同等功能，进行建筑室内外环境、建筑节能、建筑材料整合利用、建筑规划布局等分析，以此建立建筑信息数据库，实现对整个项目的协同和管理。并利用BIM技术进行采光、室内外风、日照、太阳辐射和热工模拟，以此确定最合理的绿色建造设计方案，减少在施工和运营阶段的资源浪费与碳排放。通过互联网、物联网等可视化技术与建筑设计情景相融合，确保建筑技术先进性和资源节约性，为后期施工和运营奠定坚实的基础。

2）以建材为抓手，助力建材生产智力化

建筑材料是建筑产业链中的重要组成部分。加速探索开发和应用绿色建材技术，实现建材生产的高质量、高效率、高环保的智力转型，迫切需要从施工产品设计、原材料生产、建筑设计改造入手，提高建材生产过程资源和能源的综合利用率，保护生态环境，减少空气污染，降低企业生产成本，减少建筑建材垃圾。基于BIM技术、物联网、云计算、工业互联网、移动互联网技术，建立智能化建材研发与生产控制系统，以实现建材产品精准设计和精准生产为目标，通过智力化的建材生产管控系统明确建材生产各主体协同工作流程和成果交付内容，依据设计图纸结合生产制造要求建立设计模型，实现建材生产“收、发、存、领、用、退”全过程的有效管理。通过人员定位、安全应急、门禁管理、运行管理、维护巡检管理、设备管理等功能的应用，构建安全、生产、运维的三维一体化管理体系，实现建材生产管理全过程管控的可视、可知、可控。通过智能生产、智能分析、智能决策，帮助建材生产企业减少原材料浪费、降低成本和环境污染，提高建材企业的生产效率和产品质量。

3）以施工为重点，强化建筑施工数字化

建筑生产作业环境往往具有“脏、危、杂、重”的特点，随着中国建筑业逐渐步入工业化、智能化、绿色化阶段，对建筑产品的生产和建造过程提出了更高要求。依托数字化时代下BIM和VR技术的结合应用，对施工现场情景进行模型化和数据化，构建可视化的虚拟施工现场，实现施工现场的精细化管理。推广建筑机器人等智能施工机械在施工现场的应用，优化智能施工机械之间的协同作业能力，构建工程建造信息模型管控平台，建立工程项目建造的全过程、全参与方和全要素的系统化管控数字化管控系统，在EIM（engineering information modeling）管控平台和建筑信息模型技术的驱动下，机器人代替人完成工程量大、重复作业多、危险环境、繁重体力消耗等情况下的施工作业。建立“互联网+监测”的智能管理方式，在建筑施工现场积极执行关于建筑节能与绿色建筑的标准规范，使用计算机技术对施工现场电力系统、空调系统、供水系统、给排水系统等各系统的运行进行全面实时监控，统筹资源间的最优分配，实现施工现场能耗管理智能化。推进“BIM+装配式建筑”在建筑施工领域的应用，将BIM技术引入预制构件生产、运输和安装全过程，助力实现施工现场数字化、低碳化。推动智慧工地建设，加快施工现场管理向数字化转型，在满足工程质量的同时使施工现场环境更加和谐，节约施工成本，减少环境污染和提高施工效率。

4）以运营为抓手，实现建筑运营信息化

根据《中国建筑能耗与碳排放研究报告（2023年）》，2021年全国建筑全过程碳排放总量为50.1亿t CO_2（含房屋建筑与基础设施）。其中：建材生产阶段碳排放26.0亿t CO_2，建筑施工阶段碳排放1.1亿t CO_2，建筑运行阶段碳排放23.0亿t CO_2。建筑运行阶段碳排放约占建筑全过程碳排放总量的45.9%。因此，从根本上转变“重建设轻运营”的观念，利用新一代的信息技术对运营阶段的碳排放进行全面实时管控，实现建筑的绿色运营管理非常重要。

建立城市碳排放管理平台，针对当下对建筑碳排量信息收集不足等问题，充分利用大数据和互联网等信息技术，及时采集建筑能源消耗和碳排放数据，摸清建筑能源消耗和碳排放的空间分布特征，为进一步进行设备升级或节能管控提供准确的数据支撑。推进智慧物业建设，建立完善的智慧物业信息管理平台；基于大数据、物联网和云计算等技术建立建筑能耗管理系统，从节能、节水、垃圾分类、环境绿化、污染防治等方面进行系统管控，有效避免设备过度运行导致能源浪费的情况，从而实现建筑的绿色物业管理。逐步完善社会供水、供电、供气、供热等相关行业数据共享，通过地理信息系统、大数据、物联网等信息技术构建城市信息模型，有效将城市用电、用水、用气、用热等数据高效整合至一个信息系统中，实现对各类能源的统一调配，减少过程浪费。加快推进智慧建筑发展下远程监控服务的建设，通过“5G+物联网”技术的应用，业主可通过互联网进入房屋能源监控平台，在任何地方可远程对房间的能耗情况进行实时把控，并通过智慧分析系统统一控制房间照明、制冷、供热等，减少不必要的能源损耗。通过多样化的现代信息技术对建筑运营阶段的碳排放和能源消耗进行实时全面的监管与统计，避免各类资源浪费，减少环境污染，提高建筑主体的环境管理能力和突发公共事件应急管理能力。

1.2 建筑工程绿色与节能施工概述

1.2.1 建筑工程绿色施工概述

1. 绿色施工的定义

“绿色”一词强调的是对原生态的保护，其根本是为了实现人类生存环境的有效保护和促进经济社会的可持续发展。绿色施工要求在施工过程中，保护生态环境，关注资源节约与充分利用，全面贯彻以人为本的理念，保证建筑业的可持续发展。《建筑工程绿色施工规范》(GB/T 50905—2014) 中对绿色施工的概念做了最权威的界定：绿色施工是指在保证质量、安全等基本要求的前提下，通过科学管理和技术进步，最大限度地节约资源，减少对环境的负面影响，实现节能、节材、节水、节地和环境保护（“四节一环保”）的建筑工程施工活动。

具有可持续发展思想的施工方法或技术，称为“绿色施工技术”或“可持续施工技术”。它不是独立于传统施工技术的全新技术，而是用可持续的眼光重新审视传统施工技术，是符合可持续发展战略的施工技术。因此，绿色施工的根本指导思想是可持续发展。绿色施工的实现途径是绿色施工技术的应用和绿色施工管理的升华，绿色施工必须依托相应的技术和组织管理手段来实现。

绿色施工作为建筑全寿命周期中的一个重要阶段，是实现建筑领域资源节约和节能减排的关键环节。实施绿色施工，应依据因地制宜的原则，贯彻执行国家、行业和地方相关的技术经济政策和标准。绿色施工应是可持续发展理念在工程施工中全面应用的体现，绿色施工并非仅指在工程施工中实施封闭施工，没有尘土飞扬，没有噪声扰民，在工地四周栽花、种草，实施定时洒水等这些内容，而是涉及可持续发展的各个方面，如生态与环境保护、资源与能源利用、社会与经济发展等内容。

2. 绿色施工的原则

基于可持续发展理念，绿色施工必须遵循下面四点原则。

（1）以人为本的原则。人类生产活动的最终目标是创造更加美好的生存条件和发展环境，因此，这些活动必须以顺应自然、保护自然为目标，以物质财富的增长为动力，实现人类的可持续发展。绿色施工就是把关注资源节约和保护人类的生存环境作为基本要求，把人的因素放在核心位置，关注施工活动对生产、生活的负面影响，不仅包括对施工现场内的相关人员，也包括对周边人群和全社会的负面影响，把尊重人、保护人作为主旨，以充分体现以人为本的根本原则，实现施工活动与人和自然的和谐发展。

（2）环保优先的原则。自然生态环境质量直接关系到人类的健康，影响着人类的生存与发展，保护生态环境就是保护人类的生存和发展。工程施工活动对周边环境有较大的负面影响，绿色施工应秉承环保优先的原则，把施工过程中的烟尘、粉尘、固体废弃物等污染物以及振动、噪声、强光等直接刺激感官的污染物控制在允许范围内，这也是绿色施工中“绿色”内涵的直接体现。

（3）资源高效利用原则。资源的可持续是人类发展可持续的主要保障，建筑施工是典型的资源消耗型产业，在未来相当长的时期内，建筑业还将保持较大规模的需求，这必将消耗数量巨大的资源。绿色施工就是要把改变传统粗放的生产方式作为基本目标，把高效利用资源作为重点，坚持在施工活动中节约资源、高效利用资源、开发利用可再生资源来推动工程建设水平持续提高。

（4）精细化施工的原则。精细化施工可以减少施工过程中的失误，减少返工，从而做到减少资源的浪费。因此，绿色施工应坚持精细化施工的原则，将精细化融入施工过程中，通过精细策划、精细管理、严格规范标准、优化施工流程、提升施工技术水平、强化施工动态监控等方法，促使施工方式由传统的高消费粗放型、劳动密集型向资源集约型和智力、技术、管理密集型的方向转变，逐步践行精细化施工原则。遵循精细化施工的原则，实施绿色施工，应进行总体方案优化。在规划、设计阶段，应充分考虑绿色施工的总体要求，为绿色施工提供基础条件。实施绿色施工，应对施工策划、材料采购、现场施工、工程验收等各阶段进行控制，加强对整个施工过程的管理和监督。

3. 建筑工程绿色施工技术分类

绿色施工的总体框架一般由施工管理、节能、节材、节水、节地和环境保护 6 个方面组成。对于绿色施工技术，则可从多种维度进行分类，比如“四节一环保”、分部分项工程、应用场景与对象等，如图 1.1 所示，也可采用综合分类对绿色施工技术体系进行归纳梳理。

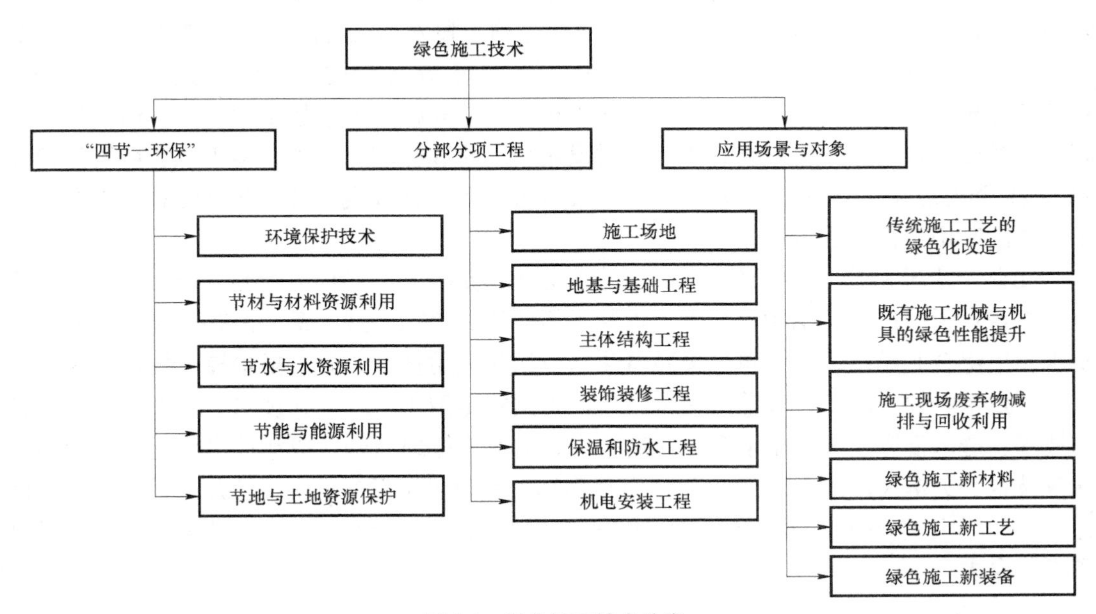

图 1.1 绿色施工技术分类

1）按照“四节一环保”类别分类

按照“四节一环保”类别对绿色施工技术进行分类，可分为环境保护技术、节材与材料资源利用技术、节水与水资源利用技术、节能与能源利用技术、节地与土地资源保护技术。

① 环境保护技术。具体包括施工现场降尘控制技术、光污染控制技术、噪声控制技

术等。

② 节材与材料资源利用。具体包括建筑垃圾回收利用与现场消纳技术、模块化可周转材料技术、数字化仿真模拟技术等。

③ 节水与水资源利用。具体包括雨水回收利用技术、非自来水水源开发应用技术、节水施工工艺和设备等。

④ 节能与能源利用。具体包括节能型机械及电器选用技术、光伏发电技术、用电分区控制与计量技术等。

⑤ 节地与土地资源保护。具体包括永临结合综合技术、施工场地动态规划技术、工厂化预制技术、逆作施工技术等。

2）按照分项分部工程类别分类

按照分项分部工程类别对绿色施工技术进行分类，可分为施工场地、地基与基础工程、主体结构工程、装饰装修工程、保温和防水工程、机电安装工程等。

3）根据应用场景与对象分类

根据应用场景与对象，可将绿色施工技术划分为传统施工工艺的绿色化改造，既有施工机械与机具的绿色性能提升，施工现场废弃物减排与回收利用绿色施工新材料、新工艺、新装备等类别。

4）采用综合分类归纳梳理

中国土木工程学会总工程师工作委员会通过对全国近 2 000 个工程项目的绿色施工技术的研究，形成了绿色施工技术索引——《绿色施工技术与工程应用》，将节材、节地、节水、节能、环保、安全等作为绿色施工技术效果，从基坑支护技术、地基与基础工程技术、钢筋工程技术、混凝土工程技术、钢结构工程技术、模板与脚手架工程技术、信息技术、施工设备应用技术、永临结合技术、临时设施装配化和标准化技术、施工现场环境保护技术等 11 个类别共 77 项技术，对绿色施工技术进行了综合分类和技术案例汇总，为绿色施工技术的应用提供了系统性指引。

此外，住房和城乡建设部发布的《建筑业 10 项新技术（2017 版）》，作为引导我国建筑施工行业科技进步的纲领性文件，设置了相应的绿色施工技术章节，其中包括封闭降水及水收集综合利用技术、建筑垃圾减量化与资源化利用技术、施工扬尘控制技术、施工噪声控制技术、绿色施工在线监测评价技术、工具式定型化临时设施技术、垃圾管道垂直运输技术、透水混凝土与植生混凝土应用技术、混凝土楼地面一次成形技术、建筑物墙体免抹灰技术等关键技术内容。2021 年 3 月住房和城乡建设部发布的《绿色建造技术导则（试行）》中，在绿色施工方面，从协同与优化、环境保护、资源节约、信息技术应用方面提出了指导要求。

1.2.2 建筑工程节能施工概述

1. 节能施工的定义

建筑节能，是指在建筑材料生产、房屋建筑和构筑物施工及使用过程中，满足同等需要或达到相同目的的条件下，尽可能降低能耗。具体是指在建筑物的规划、设计、新建（改建、扩建）、改造和使用过程中，执行节能标准，采用节能型的技术、工艺、设备、材料和产品，提高保温隔热性能和采暖供热、空调制冷制热系统效率，加强建筑物用能系统的运行管理，利用可再生能源，在保证室内热环境质量的前提下，增大室内外能量交换热阻，以减少供热系统、空调制冷制热、照明、热水供应因大量热消耗而产生的能耗。

建筑节能工程施工则是按照建筑工程施工图设计文件和施工方案要求，针对建筑节能措施所开展的建造活动。

节能施工，一方面，可定义为工程项目实际施工过程中，尽可能使用自然资源替代人造资源，最大程度上降低对环境造成的污染，要全部使用对环境污染最低的建筑资源所涉及的相关施工技术；另一方面，主要指可以运用可再生能源与资源来代替一次性能源与资源，减少在建筑工程施工中的消耗。无论从哪一角度定义和解释，应用的最终目标都是在于最大程度上降低建筑工程项目施工中对环境的污染，包括大气环境、水环境和土壤环境；同时，节能施工也强调充分利用环保材料和低排放能源，即追求对能源与资源的节约与最大化利用。

由此可见，节能施工的重点在于环保、节能。其中，环保不仅是指建筑工程项目实际施工中强调对自然的和谐统一，还要尽量回归自然，为人们营造出更加良好的生态宜居、健康环保的居住环境；节能是指最大程度上降低对不可再生资源的使用，要通过多种节能技术方法和材料来打造低碳且可实现健康、生态循环与可持续发展的建筑工程项目。尤其在现代社会发展中，这种绿色节能环保施工技术的应用已经在先进科技支撑下得以实现，而且人们的绿色环保意识也不断强化，越来越重视对绿色节能施工技术的应用和研究。

2. 特征

1）节约性特征

建筑工程项目施工的每个环节都需要大量施工材料，尤其现代建筑工程项目建设规模不断扩大，功能要求越来越多样化，在内部格局设计与各项电器安装方面所使用的建筑材料也越来越复杂，使施工技术要求不断升高，针对建筑施工材料各项性能也提出更多标准及需求。

节能施工技术的应用不但能有效保护诸多资源与能源的过度消耗，还会帮助建筑方合理、有效地控制工程造价，从而实现建筑成本造价的节约，特别是建筑工程项目的施工材料方面所发挥的成本占据整个工程项目的 50%～70%，是项目成本的重要支出项。实际施工中，采用节能施工技术可将绿色环保材料投入所需领域，回收与循环利用特殊材料，从而最大程度上降低采购施工材料的成本压力。

2）可持续性特征

节能施工技术的价值作用不仅体现在实际的施工阶段和不同施工环节中，更体现在建筑工程项目方面，确保建筑在后续正常使用期间呈现出绿色环保效果。建筑结构与施工材料都需要结合可持续发展的基本特征合理筛选，针对建筑工程项目的实际结构和借助于节能施工技术中风能与光能等自然资源来实现高效化利用，在保证建筑工程项目舒适性和功能性基础上，降低对不可再生资源的消耗。

3. 常见建筑节能施工技术分析

1）门窗节能

首先，要合理选择环保性良好的门窗材料，如铝合金，其具有结构轻巧、占地面积小的特点，该材料消耗低于传统材料，因此符合节能施工技术要求。铝合金还具有很好的隔音降噪、防水、保温性能，能帮助降低建筑后续使用时的能源消耗；其次，要做好门窗面积规划，按照设计图纸要求，先确认框架面积大小，再判断门窗开闭结构的大小，多个结构的面积要尽可能贴合，避免缝隙过大等问题，以免增加能耗。确认面积大小后，应当根据规范确认门窗朝向进行规范施工，且尽可能通过平开的方式安装。针对窗户上的玻璃材料，可选择双层中空玻璃，其有利于室内保温、采光，可降低室内住户的电气设备需求，具有节约电能的作用。

2）屋面、地面节能

屋面是建筑室内保温系统的重要结构，施工时应选择强度达标，兼具良好隔水性、导热性的保温材料，如加气混凝土块、聚苯水泥板、聚苯乙烯板、沥青珍珠岩板等。屋面建设施工还需要用到浇筑、发泡材料。其中：前者建议选择陶瓷颗粒物、碎石块及炉渣灰等，后者建议选择硬质聚氨酯泡沫塑料，粉煤灰及水泥混凝土等。

现代建筑大多采用平屋顶的结构形式，平屋顶保温构造分为正置式和倒置式两种方式，应尽可能采用倒置式保温，能有效降低温度变化和太阳辐射对防水层的不利影响。除了设置保温层，平屋顶的节能施工还可以通过屋顶绿化和架空隔热层风来实现。屋顶绿化不但具有良好的保温隔热作用，而且能提高城市绿化率。通过设置架空隔热层可以产生良好的通风效果，但这种方式不适宜在寒冷地区采用。

另外，直接与土壤、空气接触的地面也要进行节能施工，在寒冷地区或对保温性能要求较高的建筑，可以对整个地面铺设聚苯板，以满足建筑节能要求。

3）墙体节能

墙体节能方面，材料选择不仅要考虑绿色节能性，还要考虑材料的使用寿命，因为墙体结构无法随意更换，所以必须长期使用，而现代建筑的使用寿命比较长，如果材料使用寿命短，将导致建筑整体寿命不达标，还可能造成安全隐患。对此，针对常规的墙体材料，要重点根据其性能选择，条件允许的情况下，可以选择防火岩棉板、石墨烯材料等。施工方面，应根据客观条件从保温复合外墙、夹心复合外墙和外保温复合外墙三者中选择，然后按照设计要求施工，在符合客观条件的情况下，三者均具备降低室内住户供暖用电需求，间接节约电能的重要作用。

外墙外保温是最高效、最科学的保温节能技术，能够获得良好的建筑节能效果，主要由保温层、面层组成，聚苯乙烯板是常用的保温层材料，通过钉固或粘贴的方式固定，超轻保温浆料可以直接涂抹在外墙表面，面层主要是聚合物水泥砂浆，起保护和固定作用。外墙外保温不会产生热桥，有利于保持室内温度的稳定，可以减少温度波动对墙体的破坏，延长建筑使用寿命，而且不会影响室内装修。所以在建筑施工时通常采用外墙外保温系统，尤其是在老旧小区改造过程中应用更为方便。

4）新能源技术应用

建筑节能施工技术不能完全消除所有能耗，但可以通过新能源取代传统能源，利用前者特性抵消后者消耗所造成的污染性影响，降低能耗成本，因此很多新能源技术也可用于建筑施工，在该领域成为节能施工技术的一种。

例如太阳能。太阳能属于光能，具有极高的清洁度，也是一种可再生资源，几乎取之不尽，用之不竭，因此可以将相关技术用于建筑施工。应用中，可以先安装太阳能采集装置，如平板式太阳能收集板、真空型太阳能管等，这些装置能将太阳能转化为电能，以降低施工电能消耗。也有其他装置能将太阳能转化为热能，而热能具有多种应用途径，可在建筑使用阶段帮助降低能耗，如通过热能加热生活用水，帮助节约天然气、电能，且不会造成任何污染。

5）其他节能技术

（1）浅层地热能技术。该项技术主要是通过专业设施，将地壳浅表层储存的热能收集起来，然后将热能用于建筑地板供热等方面，能够有效降低建筑室内供热需求，帮助节约电能、天然气及石油等不可再生资源消耗，也规避了许多环境污染问题。当前浅层地热能技术的实现方式有两种：土壤源热泵技术和水源热泵技术，这两项技术的核心能源为电能，但电能需求量比较小，因此同样具有良好的环保性。但针对这两种实现方式，实际应用中要因地制宜选择，如土壤源热泵技术适用于空气湿度较大的环境，而后者适用于空气湿度较小的环境。

（2）智能家居技术。该项技术虽然隶属于智能技术体系，但要将其用于建筑领域，依然要进行专门的施工，因此其也可以被视作一种节能施工技术。智能家居技术是通过智能系统精确控制特定的家居设备，能够在无人干预的情况下结合实际情况自动管理建筑室内环境，确保室内环境在客观条件下处于住户希望的最佳状态。例如：智能家居可以控制建筑采光，即结合外部自然光强度、角度等控制智能窗户的角度、开合大小，确保室内光照充足，降低住户对照明设备的需求，可起到节约电能的作用。该项技术的施工包括普通窗户等其他部位施工技术体系，同时新增了传感器、控制单元、线路连接等设备安装工程，施工时要考虑安装需求，做好预留、规划工作。

第2章 绿色施工主要措施

2.1 节材与材料资源利用

2.1.1 节材问题及一般措施

1. 节材中存在的问题

长期以来，国内对建筑节材方面关注较少，也没有采取较为有效的节材措施，造成我国现阶段建筑节材方面存在许多问题，主要体现在以下几个方面：建筑规划和建筑设计不能适应当今社会的发展，导致大规模的旧城改造和未到设计使用年限的建筑物被拆除；很少从节材的角度优化建筑设计和结构设计；高强材料的使用积极性不高，高强混凝土使用量比较少；建筑工业化生产程度低，现场湿作业多，预制建筑构件使用少；新技术、新产品的推广应用滞后，二次装修浪费巨大；建筑垃圾等废弃物的资源化再利用程度较低；建筑物的耐久性差，往往达不到设计使用年限；等等。

2. 节材的一般措施

（1）图纸会审时，应审核节材与材料资源利用的相关内容。① 审核主要材料生产厂家距施工现场的距离，尽量减少材料运距，降低运输能耗和材料运输损耗；② 在保证质量、安全的前提下，尽量选用绿色、环保的复合新型建材；③ 在满足设计要求的前提下，通过优化结构体系，采用高强钢筋、高性能混凝土等措施，减少钢筋、混凝土用量；④ 结合工程和施工现场周边情况，合理采用工厂化加工的部品和构件，减少现场材料生产，降低材料损耗，提高施工质量，加快施工进度。

（2）编制材料进场计划。根据进度编制详细的材料进场计划，明确材料进场的时间、批次，减少库存，降低材料存放损耗及减少仓储用地，防止到料过多造成退料的转运损失。

（3）制定节材目标。开工前，应结合工程实际情况、项目自身施工水平等，制定主要材料的目标损耗率，并予以公示，加以执行。

（4）限额领料。根据制定的主要材料目标损耗率和经审定的设计施工图，计算出主要材料的领用限额，根据领用限额控制每次的领用数量，最终实现节材的目标。

（5）动态布置材料堆场。根据不同施工阶段特点，动态布置现场材料堆场，以就近卸载、方便使用为原则，避免和减少二次搬运，降低材料搬运的损耗和能耗。

（6）场内运输和保管。主要做到三方面：① 材料场内运输工具适宜，装卸方法得当，有效避免损坏和遗洒造成的浪费；② 现场材料堆放有序，储存环境适宜，措施得当；③ 保管制度健全，责任落实。

（7）新技术节材。主要做到三方面：① 施工中采取技术和管理措施提高模板、脚手架等周转次数；② 优化安装工程中预留、预埋、管线路径等方案，避免后凿后补，重复施工；③ 现场建立废弃材料回收再利用系统，对建筑垃圾分类回收，尽可能在现场再利用。

2.1.2　结构材料的节材措施

1. 混凝土的节材措施

（1）减少普通混凝土的用量，并大力推行轻骨料混凝土和高强度混凝土。轻骨料混凝土是利用轻质骨料制成的混凝土，与普通混凝土相比，轻骨料混凝土具有自重轻、保温隔热、抗火、隔声好等优点。同时，在施工过程中注重高强度混凝土的推广与应用。高强度混凝土不仅可以提高构件承载力，还可以减小混凝土构件的截面尺寸，减轻构件自重，延长其使用寿命并减少装修，获得较大的经济效益。另外，高强度混凝土材料密实、坚硬，其耐久性、抗渗性、抗冻性均较好。因此，为降低结构物自重、增大使用空间，高层及大跨结构中常使用高强混凝土材料。大力推广、应用高强钢筋和高性能混凝土，具有节能、节材、节地和环保成效。

（2）推广使用商品混凝土。商品混凝土集中搅拌比现场搅拌节约水泥，减少现场散堆放、倒放等造成的砂石损失。采用商品混凝土还可提高劳动生产率，降低工程成本，保证工程质量，节约施工用地，减少粉尘污染，实现文明施工。因此，发展和推广商品混凝土的使用是实现清洁生产、文明施工的重大举措。

（3）逐步提高新型预制混凝土构件在结构中的比重，加快建筑的工业化进程。新型预制混凝土构件主要包括新型装配式楼盖、叠合楼盖、预制轻混凝土内外墙板和复合外墙板等。严格执行已颁布的有关装配式结构及叠合楼盖的技术规程。使用预制混凝土构件可以节约材料，减少现场生产作业量，降低污染。

（4）进一步推广清水混凝土节材技术。清水混凝土又称“装饰混凝土”，属于一次浇筑成型材料，不需要其他外装饰，省去了涂料、饰面等化工产品的使用，既减少了大量建筑垃圾，又有利于保护环境。另外，清水混凝土可以避免抹灰开裂、空鼓或脱落的隐患，减轻结构施工漏浆、楼板裂缝等缺陷。

（5）采用预应力混凝土结构技术。工程中采用无黏结预应力混凝土结构技术，可节约钢材、混凝土，从而有利于减轻结构自重。

2. 钢材的节材措施

（1）推广使用高强钢筋，减少资源消耗。如预应力混凝土螺纹钢筋，与普通螺纹钢筋筋向外凸不同，其筋向内凹，是一种制作预应力混凝土构件的高强钢筋。这是因为 PC（precast concrete，混凝土预制件）钢筋能克服混凝土的易断性，并在预应力状态下给混凝土以压缩力，从而增加混凝土的强度。凹螺纹 PC 钢筋制造的建筑构件可节约钢材，降低工程造价，还可以缩短施工周期。

（2）推广和应用高强钢筋与新型钢筋连接、钢筋焊接网与钢筋加工配送技术。通过这些技术的推广应用，可以减少施工过程中的材料浪费，并提高施工效率和工程质量，优化钢筋配料和钢构件下料方案。钢筋及钢结构制作前，应对下料单及样品进行复核，无误后方可批量下料，以减少因下料不当而造成的浪费。

（3）优化钢结构的制作和安装方法。大型钢结构宜采用工厂制作和现场拼装的施工方式，并采用分段吊装、整体提升、滑移、顶升等安装方法，以减少用材量。另外，对大体积混凝土、大跨度结构等工程，应采取数字化技术并对其专项施工方案进行优化。

2.1.3 围护结构的选材及其节材措施

1. 围护结构的选材

1）保温外墙的选材

保温外墙要求具有保温、隔热、隔声、耐火、防水、耐久等功能，并满足建筑对其强度的要求。保温外墙对住宅的节材和节能都有重要的作用。我国幅员辽阔，根据《民用建筑热工设计规范》（GB 50176—2016），按一级区划划分，分为严寒、寒冷、夏热冬冷、夏热冬暖和温和五个气候区。为了节约采暖和制冷能耗，对其外墙热功能的要求分别为：严寒和寒冷地区以保温为主，前者可不考虑夏季隔热，后者部分地区应兼顾夏季防热；夏热冬冷和夏热冬暖地区以夏季防热为主，前者适当兼顾冬季保温，后者可不考虑保温；温和地区则考虑冬季保温，一般可不考虑夏季防热。

要想满足保温功能，做法比较简单，采用保温材料即可。防热可选择的途径较多，除采用保温材料外，还可采用热反射、热对流等办法，或者是两者、三者的组合。对此，需要充分优化防热方案，对比内保温和外保温两种做法，使得所选方案更节能、更有效、更经济。

2）非承重内墙的选材

非承重内墙，特别是住宅分户墙和公用走道，要具有耐火、隔声、保温功能和具有一定的强度。我国的非承重内隔墙多以水泥硅酸盐和石膏两大类胶凝材料为主要组成材料，且可分为板和块两大类。板类中有薄板、条板，品种有几十种之多，但其中能真正商品化的产品较少，板缝开裂成了我国建筑非承重内墙的通病，因而对此材料也有一个优选的问题；块类则有各种砖块和砌块等，如烧结普通砖、蒸压加气混凝土砌块。

水泥的强度高、性能好，是用途广、用量最大的建筑材料，但其生产能耗高，会排放二氧化碳，对环境造成严重污染。虽然石膏胶凝材料的强度比水泥低，在流动的水中溶解度也较小，但由于其自身显著的优势，是较好的非承重材料。石膏胶凝材料的优点主要表现在：重量轻，耐火性能优异；具有木材的暖性和呼吸功能；凝结时间短，特别适应大规模的工业化生产和文明的干法施工，符合建筑产业化的需要；生产节能、使用节材、可废物再利用、可循环使用、不污染环境，符合国家可持续发展与循环经济的需要。

2. 围护结构的节材措施

（1）门窗、屋面、外墙等围护结构选用耐候性、耐久性较好的材料。一般门窗多采用密封性能、保温隔热性能、隔声性能良好的型材和玻璃等材料，屋面、外墙材料要具有良好的防水性能和保温隔热性能。

（2）当屋面或墙体等部位采用基层加设保温隔热系统的方式施工时，应选择高效节能、耐久性好的保温隔热材料，以减小保温隔热层的厚度及材料用量。

（3）屋面或墙体等部位的保温隔热系统采用专用的配套材料，以加强各层次之间的黏结或连接强度，确保系统的安全性和耐久性。

（4）根据建筑物的实际特点，优选屋面或外墙的保温隔热材料系统和施工方式，以确保其密封性、防水性和保温隔热性。例如：采用保温板粘贴、保温板干挂、聚氨酯硬泡喷涂、保温浆料涂抹等施工方式，达到保温隔热的效果。

（5）加强保温隔热系统与围护结构的节点处理，尽量降低热桥效应。针对建筑物的不同部位保温隔热特点，选用不同的保温隔热材料及系统，做到经济适用。

2.1.4　绿色装修及装饰装修材料的节材措施

1. 绿色装修的概念

室内环境质量与人的健康具有非常密切的关系。然而，因使用建筑装饰装修和各种新型建筑装修材料造成居住环境污染、装修材料产生的污染物对人体健康造成侵害的事件时有报道，民用建筑室内环境污染问题日益突出。随着大众环境意识、环保意识和健康意识的提高，身体健康与室内环境的关系也越来越受到人们的重视。因此，从建筑装饰装修方面着力于绿色建筑、健康住宅的营造，成为越来越多的开发商、建筑师追求的目标。

建筑装饰装修是指为使建筑物、构造物内外空间达到一定的环境质量要求，使用装饰装修材料对建筑物、构造物外表和内部进行修饰处理的工程建筑活动。绿色装修则指通过利用绿色建筑及装饰装修材料，对居室等建筑结构进行装饰装修，创造并达到绿色室内环境主要指标，使之成为无污染、无公害、可持续、有助于消费者健康的室内环境的施工过程。

绿色装修是随着科技发展而发展的，并没有绝对的绿色家居环境。提倡绿色装修的目的在于通过分析我国装饰装修业的现状及问题，采用必要的技术和措施，将室内装修污染危害降到最低限度。

2. 装饰装修材料的节材措施

（1）购买装饰装修材料前，应充分了解建筑模数，尽量购买符合模数尺寸的装饰装修材料，减少现场裁切量。

（2）贴面类材料在施工前，应进行总体排版，尽量减少非整块材料的数量。

（3）尽量采用非木质的新材料或人造板材代替木质板材。

（4）防水卷材、壁纸、油漆及各类涂料基层必须符合国家标准要求，避免起皮、脱落。各类油漆及粘结剂应随用随开启，不用时及时封闭。

（5）幕墙及各类预留预埋应与结构施工同步。

（6）对于木制品及木装饰用料、玻璃等各类板材等，宜在工厂采购或定制。

（7）尽可能采用自黏结片材，减少现场液态粘结剂的使用量。

（8）推广土建装修一体化设计与施工，减少后凿后补。

2.1.5　周转材料的分类、特征及节材措施

1. 周转材料的分类及特征

建筑物生产过程中，不但要消耗各种构成实体和有助于工程形成的辅助材料，还要耗用大量如模板、挡土板、搭设脚手架的钢管、竹木杆等周转材料。所谓周转材料，即通常

所说的工具型材料和材料型工具，被广泛应用于隧道、桥梁、房建、涵洞等构筑物的施工生产领域，是施工企业重要的生产物资之一。

周转材料按其在施工生产过程中的用途不同，一般可分为四类。

（1）模板类材料。即浇筑混凝土用的木模、钢模等，包括配合模板使用的支撑材料、滑膜材料和扣件等。按固定资产管理的固定钢模和现场使用固定大模板则不包括在内。

（2）挡板类材料。土方工程用的挡板，还包括用于挡板的支撑材料。

（3）架料类材料。搭脚手架用的竹竿、木杆、竹木跳板、钢管及其扣件等。

（4）其他。指除以上三类之外，作为流动资产管理的其他周转材料，如塔吊使用的轻轨、枕木（不包括附属于塔吊的钢轨）及施工过程中使用的安全网等。

2. 周转材料的节材措施

（1）周转材料集中规模管理。对周转材料实行集团内的集中规模管理，可以降低企业的成本，提高企业的经济效益，提升企业的核心竞争力，并更好地满足集团内多个工程对周转材料的需求，同时可以为企业与整个建筑行业的进一步融通往来奠定基础。

（2）加强材料管理人员业务培训。为真正做到物尽其用、人尽其才，变过去的经验型材料收发员为新型材料管理人员，企业决策层应对材料人员进行定期培训，以提高他们的工作技能，扩大其知识面，使其具备良好的职业道德素质和较新的管理观念。

（3）降低周转材料的租费及消耗。要降低周转材料的租费及消耗，就要在采购、租赁和管理环节上加强控制，具体做法包括：① 采购时选用耐用、维护与拆卸方便的周转材料和机具；② 对周转材料的数量与规格把好验收关，因租金是按时间支付的，故对租用的周转材料要特别注重其进场时间；③ 与施工队伍签订损耗率和周转次数明确的责任合同，这样可以保证在使用过程中严格控制损耗，同时加快周转材料的使用次数，还可以使租赁方在使用完成之后及时退还周转材料，从而达到降低周转材料成本的目的。

（4）选择合理的周转材料取得方式。通常为免去公司为租赁材料而消耗的费用，集团公司一般有自己的周转材料。但是某些情况下租赁较为经济合理，故公司在使用周转材料前，要综合考虑以下因素，以得出较合理的选择方案。① 工程施工期间的长短及所需材料的规格。一般公司自行购买需要长期使用且适用范围比较广的周转材料较为划算。② 现阶段公司货币资金的使用情况。若公司临时资金紧张，可优先选择临时租赁方案。③ 周转材料的堆放场地问题。周转材料是间歇性、循环使用的材料，因此在选择购买周转材料前，应事先规划好堆放闲置周转材料的场地。

（5）控制材料用量。加强材料管理并严格控制用料制度，加快新材料、新技术推广和使用。在施工过程中优先使用定型钢模、钢框竹模、竹胶板等新型模板材料，并注重引进以外墙保温板替代混凝土施工模板等多种新的施工技术。对施工现场耗用较大的辅材实行包干，且在进行施工包干时，优先选用制作、安装、拆除一体化的专业队伍进行模板工程施工，可以大大减少材料的浪费。

（6）提高机械设备和周转材料的利用率。① 项目部应在机械设备和周转材料使用完毕后，立即归还租赁公司，这样既可以加快施工工期，又能减少租赁费用。② 选择合理的施工方案，先进、科学、经济合理的施工方案可以达到缩短工期、提高质量、降低成本的目的。③ 在施工过程中注意引进和探索能降低成本、提高工效的新工艺、新技术、新材料，严把质量关，减少返工浪费，保证在施工中按图施工、按合同施工、按规范施工，确保工程质量，减少返工造成的人工和材料的浪费。

（7）做好周转材料的护养维修及管理工作。周转材料的养护和维修工作，主要包括以下几个方面。① 钢管、扣件、U 形卡等周转材料要按规格、型号摆放整齐，并且在使用后及时进行除锈、上油等维护工作。为不影响下次使用，应及时检查并更换扣件上不能使用的螺丝。方木、模板等周转材料在使用后，要按其大小、长短堆放整齐。② 由于周转材料数量大，种类多，故应加强周转材料的管理，建立相应的奖罚措施。在使用时，相应的负责人认真盘点数量后，材料员方可办理相应的出库手续，并由施工队负责人员在出库手续上签字确认。③ 当工程结算后，应要求施工队把周转材料堆放整齐，以便于统计数量，如果归还数量小于应归还数量，要对施工队作出相应的处罚。

（8）施工前对模板工程的方案进行优化。在多层、高层建筑建设过程中，多使用可重复利用的模板体系和工具式模板支撑，并通过采用整体提升、分段悬挑等方案来优化高层建筑的外脚手架方案。

2.2　节水与水资源利用

2.2.1　节水一般措施

（1）施工过程中采用先进的节水施工工艺。对于现场搅拌用水和养护用水，应采取有效的节水措施。例如：现场水平结构混凝土采取覆盖薄膜的养护措施，竖向结构采取刷养护液进行养护，杜绝无措施浇水养护。对已安装完毕的管道进行打压调试，采取从高到低、分段打压，利用管道内已有水循环调试等。

（2）施工现场不宜使用市政自来水进行喷洒路面和绿化浇灌等。在满足施工机械和搅拌砂浆、混凝土等施工工艺对水质要求的前提下，施工用水应优先考虑使用建设单位或附近单位的循环冷却水或复用水等。

（3）合理利用给水管网。施工现场给水管网的布置应本着管路就近、供水畅通、安全可靠的原则，在管路上设置多个供水点，并尽量使这些供水点构成环路，同时考虑不同的施工阶段，管网具有移动的可能性。另外，应采取有效措施减少管网和用水器具的漏损。

（4）施工现场的临时用水应使用节水型产品，安装计量装置并采取针对性的节水措施。例如：现场机具、设备、车辆冲洗用水应设立循环用水装置；办公区、生活区的生活用水应采用节水系统和节水器具，提高节水器具配置比率。施工现场建立雨水、中水或可再利用水的搜集利用系统，使水资源得到梯级循环利用，如施工养护和冲洗搅拌机的水，可以回收后用于现场洒水降尘。

（5）施工中对各项用水量进行计量管理，具体内容包括：① 施工现场分别对生活用水与工程用水确定用水定额指标，并实行分别计量管理机制；② 大型工程的不同单项工程、不同标段、不同分包生活区的用水量，在条件允许的情况下，均应实行分别计量管理机制；③ 在签订不同标段分包或劳务合同时，将节水定额指标纳入合同条款，进行计量考核；④ 对混凝土搅拌站点等用水集中的区域和工艺点进行专项计量考核。

2.2.2 非传统水源高效利用

（1）微咸水、海水利用。我国具有海水淡化和海水直接利用的有利条件，国内一些经济较为发达的沿海城市，如青岛、大连，在利用海水方面有一定的经验，其他沿海城市也开始利用海水替代淡水，解决当地淡水资源不足问题。但与发达国家相比，我国海水利用量仍然较少。如果我国能充分利用优越的海水资源条件，大力开发利用海水资源，将可以大大缓解滨海城市的缺水问题。同时，若能在施工中充分利用城市污水和海水，变废为宝，也将会是一笔很丰厚的财富。

（2）推行中水回用及雨水收集利用。“中水”的定义有多种解释，在污水工程方面称为“再生水”，工厂方面称为“回用水”，一般以水质作为区分的标志，主要是指城市污水或生活污水经处理后达到一定的水质标准，可在一定范围内重复使用的非饮用水。施工现场要优先采用城市处理污水等非传统水源进行机具、设备、车辆冲洗、喷洒路面、绿化浇灌等。雨水收集应注意蒸发量，收集系统尽量建于室内或地下，建于室外时，应加以覆盖减少蒸发。施工面积较大，地区年降雨量充沛的施工现场，可以考虑雨水回收利用。收集的雨水可用于洗衣、洗车、冲洗厕所、绿化浇灌、道路冲洗等，也可采取透水地面等直接将雨水渗透至地下，补充地下水。需注意的是：雨水收集可以与中水回收结合进行，共用一套回收系统。

（3）基坑降水利用。基坑优先采取封闭降水措施，尽可能少抽取地下水。不得已情况下需要基坑降水时，应该建立基坑降水储存装置，将基坑水储存并加以利用。基坑水可用于绿化浇灌、道路清洁洒水、机具设备清洗等，也可用于混凝土养护用水和部分生活用水。

（4）施工过程水回收。现场机具、设备、车辆冲洗用水应建立循环用水装置。现场混凝土养护、冲洗搅拌机等施工过程水应建立回收系统，回收水可用于现场洒水降尘等。

2.3 节能与能源利用

2.3.1 施工节能的概念及主要措施

1. 施工节能的概念

施工节能是指建筑工程施工企业采取技术上可行、经济上合理、有利于环境、社会可接受的措施，提高施工所耗费能源的利用率。目前，我国在各类建筑物与构筑物的建造和使用过程中，具有资源消耗高、能源利用效率低等特点。作为建筑节能实体的工程项目，必须充分认识节约能源资源的重要性和紧迫性，要用相对较少的资源利用、较好的生态环境保护实现项目管理目标，除符合建筑节能外，主要是通过对工程项目进行优化设计与改进施工工艺，对施工现场的水、电、建筑用材、施工场地等进行合理的安排与精心组织管理，做好每一个节约的细节，减少施工能耗并创建节约型项目。

2. 施工节能的主要措施

（1）制定合理的施工能耗指标，提高施工能源利用率。制定合理的施工能耗指标必须依靠施工企业自身的管理经验，结合工程实际情况，按照“科学、务实、前瞻、动态、可操作”的原则进行，并在实施过程中全面细致地收集相关数据，及时调整相关指标，最终形成比较准确的单个工程能耗指标，以供类似工程参考。主要包括以下内容：① 根据工程特点，开工前制定能耗定额，定额应按生产能耗、生活办公能耗分开制定，并分别建立计量管理机制。一般能耗为电能，油耗较大的土木工程、市政工程等，还包括油耗；② 大型工程应该分不同单项工程、不同标段、不同施工阶段、不同分包生活区制定能耗定额，并采取不同的计量管理机制；③ 进行进场教育和技术交底时，应将能耗定额指标一并交底，并在施工过程中计量考核；④ 专项重点能耗考核，对大型施工机械，如塔式起重机、施工电梯等，单独安装电表，进行计量考核，并有相关制度配合执行。

（2）国家、行业和地方会定期发布推荐、限制和禁止使用的设备、机具、产品名录，绿色施工禁止使用国家、行业、地方政府明令淘汰的施工设备、机具和产品，优先使用国家、行业推荐的节能、高效、环保的施工设备和机具。

（3）施工用电作为建筑施工成本的一个重要组成部分，其节能已经成为建筑施工企业深化管理、控制成本的一个重要途径。建筑施工临时用电主要应用在电动建筑机械、相关配套施工机械、照明用电等方面。根据建筑施工用电的特点，建筑施工临时用电应该分别设定生产、生活、办公和施工设备的用电控制指标，定期进行计量、核算、对比分析，并预留预防与纠正措施。

（4）按照设计图纸文件要求，编制科学、合理、具有可操作性的施工组织设计，确定安全、绿色、节能的方案和措施。要根据施工组织设计分析施工机械使用频次、进场时间、使用时间等，合理安排施工顺序和工作面等，减少施工现场或划分的作业面内的机械使用数量和电力资源的浪费。安排施工工艺时，应优先考虑耗用电能的或其他能耗较少的施工工艺，避免设备额定功率远大于使用功率或超负荷使用设备的现象。如进行钢筋的连接施工时，尽量采用机械连接，减少采用焊接连接。

（5）根据当地气候和自然资源条件，充分利用太阳能、地热等可再生能源。特别在日照时间相对较长的地区，应当充分利用太阳能这一可再生资源。例如：太阳能热水器作为可多次使用的节能设备，有条件的项目也可以配备，作为生活热水的部分来源；减少夜间施工作业的时间，降低施工照明所消耗的电能；在办公室、宿舍的朝向、开窗位置和面积等的设计上，应充分考虑自然光照射，降低采光和空调所消耗的电能；地热资源丰富的地区，应当考虑尽量多地使用地热能，特别是在施工人员生活方面。

2.3.2　机械设备与机具的节能措施

1. 机械设备的选择

（1）选择功率与负载相匹配的施工机械设备，避免大功率施工机械设备低负载长时间运行。施工机械设备容量选择原则是：在满足负荷要求的前提下，主要考虑电机经济运行，使电力系统有功损耗最小。对于已投入运行的变压器，由实际负荷系数与经济负荷系数差值情况即可认定运行是否经济，等于或相近时为经济，相差较大时则不经济。此外，根据负荷特性和运行方式，还需考虑电机发热、过载及启动能力留有一定裕度。对恒定负荷连续工作制机械设备，可使设备额定功率等于或稍大于负荷功率；对变动负荷连续工作制设备，可使电机额定电流（功率、转矩）大于或稍大于折算至恒定负荷连续工作制的等效负荷电流（功率、转矩），但此时需要校核过载、启动能力等不利因素。

（2）机电安装可采用节电型机械设备，如逆变式电焊机和能耗低、效率高的手持电动工具等。其中，逆变式电焊机具有高效、节能、轻便、电弧稳定、溶池容易控制、动态响应快、性能可靠、焊接电弧稳定、焊缝成形美观、飞溅小、噪声低、节电等特性。

（3）机械设备宜使用节能型油料添加剂，在可能的情况下考虑回收利用，节约油量。节能型油料添加剂可有效提高机油的抗磨性能，减轻机油在高温下的氧化分解和防止酸化，防止积炭及油泥等残渣产生，最终改善机油质量并降低机油消耗。由于受施工环境和条件的影响，施工机械设备的燃油浪费现象比较严重，如果能够回收利用，既环保又节能。

2. 加强机械设备的使用管理

（1）机械设备的使用管理在大型工程项目的施工过程中，具有数量多、品种复杂且相对集中等特点，机械设备的使用应有专门的机械设备技术人员专管负责。

（2）建立健全施工机械设备管理台账，详细记录机械设备编号、名称、型号、规格、原值、性能、购置日期、使用情况、维护保养情况等，大型施工机械定人、定机、定岗，实行机长负责制，并随着施工的进行，及时检查设备完好率和利用率，及时订购配件，以便更好地维护有故障的机械设备。

（3）易损件有一定储备，但不造成积压浪费，同时做好各类原始记录的收集整理工作，机械设备完成项目施工返回时，由设备管理部门组织相关人员对所返回的设备检查验收，对主要设备需封存保管。

（4）机械设备操作正确与否直接影响其使用寿命的长短，提高操作人员技术素质是使用好设备的关键。对施工机械设备的管理，应制定严格的规章制度，加强对设备操作人员的培训考核和安全教育，按机械设备操作、日常维护等技术规程执行，避免由于错误操作或疏忽大意造成机械设备损坏事故。首先，应该加强操作人员的技术培训工作，操作人员应通过国家有关部门的培训和考核，取得相应机械设备的操作上岗资格；其次，针对具体机型，从理论和实际操作上加强双重培训，只有操作人员掌握一定理论知识和操作技能后，才能上机操作；最后，加强操作人员使用好机械设备的责任心，积极开展评先创优、岗位练兵和技术比武活动，多手段培养操作人员刻苦钻研、爱岗敬业、竭诚奉献的精神也是施工机械设备管理过程中的重要一环。

3. 加强机械设备的维护管理

（1）施工机械维护分为日常维护、定期维护等。日常维护是为了保证具备良好的工作状态，保证机械有效运行。日常维护管理由各设备操作人员执行，主要工作内容包括施工机械每次运行前和运行中的检视与排除运行故障，以及运行后对施工设备进行养护，添加燃料、润滑油料，检查与消除所发现的故障等。定期维护是指建筑施工企业须按维护保养制度规定的维护保养周期或说明书中规定的保养周期，定期对施工机械设备进行强制性维护保养工作，主要包括例行维护保养、一级维护保养、二级维护保养、走合期维护保养、换季性维护保养、设备封存期维护保养等。必须严格按时强制执行，不得随意延长或提前作业。有的施工企业往往以施工任务紧、操作人员少、作业时间长等理由推脱，极易造成机械设备早期磨损，这种思想必须根除。按有关规定需要进行维护保养的机械，如果正在工地作业，宜在工程间隙进行维护保养，不必等到施工结束进行。

（2）严格执行设备维修保养制度，坚持设备评优工作，机械设备保养、维修、使用三者既相互关联，又互为条件。任何机械设备在使用较长时间后都会出现不同程度的故障，为降低故障发生概率、延长设备使用寿命，应该根据机械设备的使用情况密切配合施工生产，按设备规定的运转周期（公里或小时）定期做好各项保养与维修工作。另外，设备管理部门在制定维修及保养计划时，可以根据各类设备的具体情况和新旧设备的不同特点而采取不同的措施。

（3）施工机械保养维护直接影响其使用寿命，而且具有季节性特征。在炎热的夏季，由于气温较高、雨量多、空气潮湿、辐射热强，给机械施工带来许多困难。因此，在高温季节对施工机械的使用和保养的好坏将直接影响施工效率。① 必须加强发动机冷却系统的维护和保养。经常检查和调整风扇皮带的张紧度，可防止风扇皮带过松打滑而降低冷却强度，并防止风扇皮带过紧致使水泵轴承过热而烧损。经常检查冷却系统各管道和接头处，及时解决破裂和漏水问题，保持散热器上水室的水位有足够的高度并及时增补，切勿在工作中发现缺水而在发动机过热的情况下向发动机加注冷水。② 加强发动机及传动部分的润滑和调整工作，在高温下发动机及各传动部分机构能迅速启动和运转，对磨损所产生的影响主要取决于采用的润滑油品质。因此，对发动机及传动机构，在夏季高温条件下施工时应换用滴点较高的润滑脂，对液压传动系统中的工作油液也要采用专门的夏季用油。还应特别防止水分或空气进入内部。若油中进入空气和水分，当油泵把油液转变为高压工作油液时，空气和水分会助长系统内热的急剧增加而引起发动机过热，过热将使工作油液变稀，并加速油液氧化以及系统内部各零件的磨损和腐蚀，降低系统的传动效率。③ 蓄电池的电解液也会因气温过高而导致水分蒸发速度加快，所以在夏季必须注意加强对蓄电池的检查，加注蒸馏水。为防止大电流充电造成蓄电池温度过高，引起蒸发量增加，必须调整发电机调节器，以减少发电机的充电电流，并检查和清洗蓄电池的通气孔，否则可能使蓄电池的电解液过热膨胀而导致蓄电池爆裂。

（4）对于施工企业已装备的具有先进技术水平、价格昂贵的机械设备，因其技术含量高，难以单凭经验和普通的维修工具维修。因此，应采用现代化的手段，以经济合理的方法维修。实行“视情修理法”，即视设备的功能、工作环境、磨损大小，在充分了解与掌握其故障情况、损坏情况、技术情况的前提下进行状态维修和项目维修，这样在确保正常使用的同时，既保证了设备的完好率，又能充分发挥设备的最大工作效率，可避免此类机械不坏不修，坏了无法修的情况。

（5）为了促进各基层单位的管理工作，建筑施工企业每年应组织开展机械设备检查评比活动。为了防止基层单位平时不重视设备现场管理、检查时搞突击应付，检查评比宜采用不定期抽检的方式进行。另外，检查评比的结果应与企业的奖惩制度相结合，体现“增产节约有奖，损失浪费要罚”的原则，对优秀的管理单位与个人给予奖励，对管理差的予以处罚，以此推动企业的设备管理工作，减少设备的故障停机率，保证企业的正常生产和企业自身的利益。

要搞好施工机械设备使用和维护管理，需要各级单位领导的重视、各部门的配合，使设备管理制度化、规范化、科学化，只有按正常的管理程序，努力提高机械设备的完好率、生产率、经济寿命率，使其在工程施工中发挥应有的作用，才能使施工机械设备使用和维护管理工作走向良性循环轨道，从而降低施工机械设备与机具的能耗。

2.3.3 生产、生活及办公临时设施的节能措施

1. 节能一般措施

（1）利用场地自然条件，合理设计生产、生活及办公临时设施的体形、朝向、间距和窗墙面积比，使其获得良好的日照、通风和采光。南方地区可根据需要在其外墙窗设遮阳设施。建筑物的体形用体形系数来表示。建筑物体形系数是建筑设计术语，在《严寒和寒冷地区居住建筑节能设计标准》（JGJ 26—2018）中给出的定义为：建筑物与室外大气接触的外表面积与其所包围的体积的比值。它实质上是指单位建筑体积所分摊到的外表面积。体积小、体形复杂的建筑，体形系数较大，对节能不利；体积大、体形简单的建筑，体形系数较小，对节能较为有利。

（2）我国地处北半球，太阳光一般偏南，所以建筑物南北朝向比东西朝向节能。窗墙面积比为窗户洞口面积与房间立面单元面积的比值。加大窗墙面积比，对节能不利，故外窗面积不应过大。在不同地区，不同朝向的窗墙面积比应控在一定范围内。

（3）临时设施宜采用节能材料，墙体、屋面使用隔热性能好的材料，减少夏季空调、冬季取暖设备的使用时间及耗能量。新型墙体节能材料如蒸压加气混凝土砌块、石膏砌块、玻璃纤维增强水泥轻质墙板、轻集料混凝土条板、复合墙板等，具有节能、保温、隔热、隔声、体轻、高强度等特点，施工企业可以根据工程所在地的实际情况合理选用，以减少夏季空调、冬季取暖设备的使用时间及耗能量。合理配置采暖、空调、风扇数量，规定使用时间，实行分段分时使用，节约用电。

2. 降耗措施

（1）施工用水。采用循环水、基坑积水和雨水收集等作为施工用水，均是节约施工用水和降低能耗，甚至节约施工成本的主要措施。施工车辆进出场清洗用水采用高压水设备进行冲洗，冲洗用水可以采用施工循环废水。混凝土浇筑前模板冲洗用水和混凝土养护用水，均可利用抽水泵将地下室基坑内深井降水的地下水抽上来进行冲洗、养护。上部施工时，在适当部位增设集水井，做好雨水的收集工作，用于上部结构的冲洗、养护，也是切实可行的节水措施。

（2）生活用水。节约施工人员生活用水的主要措施有：所有厕所水箱均采用手动节水型产品；冲洗厕所采用废水；所有水龙头采用延迟性节水龙头；浴室内均采用节水型淋浴；厕所、浴室、水池安排专人管理，做到人走水关，严格控制用水量；浴室热水实行定时供水，做到节约用电、用水。

（3）临时加工场。施工现场的木工加工场、钢筋加工场等，均采用钢管脚手架、模板等周转设备料搭设，做到可重复利用，减少一次性物资的投入量。

（4）临时设施。现场临时设施尽量做到工具化、装配化、可重复利用化。施工围墙采用原有围墙材料进行加工，并且悬挂施工识别牌。氧气间、乙炔间、标养室、门卫、茶水棚等可以是工具化可吊装设备。临时设施能在短时间内组装及拆卸，可整体移动或拆卸再组装用以再次利用，这将大大节约材料及其他社会资源。

2.3.4　施工用电及照明的节能措施

1. 合理组织施工及节约施工、生活用电

在节约施工用电方面，要积极做好施工准备，按照设计图纸文件要求，编制科学、合理、具有可操作性的施工组织设计，确定安全、节约用电方案和措施。要根据施工组织设计，分析施工机械使用频次、进场时间、使用时间，合理调配，减少施工现场的机械使用数量和电力资源的浪费。例如：尽量安排在夜间进行塔吊大规模吊装作业，避开白天用电高峰时段；施工用垂直运输设备要淘汰低能效、高能耗的老式机械，使用高能效的人货两用电梯，合理管理，停机时切断电源，并设置楼层呼叫系统，便于操作，可避免空载；施工照明不要随意接拉电线、使用小型照明设备，操作人员在哪个区域作业时，就使用哪个区域的灯塔照明，无作业时，及时关闭灯塔。

在节约生活用电方面，办公及生活照明要使用低电压照明线路，避免使用大功率耗电型电器。办公照明白天利用自然光，不开或少开照明灯，采用比较省电的冷光源节能灯具，严格控制泛光照明，办公室人走灯熄，杜绝长明灯、白昼灯。夏季办公室空调温度设置应该大于 26 ℃，空调开启后，关严门窗并间断使用。人离开办公室时，及时关闭空调，减少空调耗电量，避免“开着窗户开空调”现象。尽量减少频繁开启计算机、打印机、复印机等办公设备，设备尽量在省电模式下运行，耗电办公设备停用时随手关闭电源。

2. 施工临时用电的节能设计

有条件的企业，应对施工临时用电进行节能设计。

（1）临电线路合理设计、布置，临电设备宜采用自动控制装置，在建筑施工过程的初期，分析施工各地点的用电位置及常用电点的位置。根据施工需要设置用电地点、设备以及铺设路线，在保证工程用电就近的前提下避免重复铺设及不必要的铺设，减少用电设备与电源间的路程，降低电能传输过程的损耗。

（2）在施工灯具悬挂较高场所的一般照明，宜采用高压钠灯、金属卤化物灯或镇流高压荧光汞灯，除特殊情况外，不宜采用管形卤钨灯及大功率普通白炽灯。灯具悬挂较低的场所照明采用荧光灯，不宜采用白炽灯。照明灯具的控制可采用声控、光控灯节能控制措施。优先选用节能电线，电线节能要求合理选择电线、电缆截面，在用电负荷计算时尽可能准确。

3. 临时用电应采取的节电措施

（1）正确估算用电量。在选择变压器容量时，既不能选得过大，也不能选得过小。建筑工地施工用电大体上分为动力和照明两大类，或分为照明、电动机和电焊机三大类。目前有关施工用电量估算的计算公式很多，有的公式并不合理，计算负荷偏大或偏小，与实际负荷相去甚远，造成电能的无功损耗比重加大。因此，要从诸多的计算公式中筛选出合理的公式进行施工用电量的估算。

（2）提高供电线路功率因数。一般在交流电路中，电压与电流之间相位差（常用φ表示）的余弦叫作“功率因数”，即为$\cos\varphi$。可见，功率因数是衡量电气设备效率高低的一个系数。功率因数低，说明电路用于交变磁场转换的无功功率大，降低了设备的利用率，

增加了线路供电损失，所以提高施工临时用电供电线路功率因数也是一项好的节电措施。为了提高功率因数，一方面，可以从加强施工用电管理等方面采取措施；另一方面，在供电线路中接入并联电容器，采用并联电容器补偿功率因数，以提高技术经济效益。

（3）平衡三相负载。由于建筑施工工地单相、两相负载比较多，为了达到三相负载平衡，必须从用电管理制度着手，在施工组织设计阶段充分调查研究，根据不同用电设备，按照负荷性质分门别类，尽量做到三相负载趋于平衡。用户接电必须向工地供电管理部门提交书面申请（注明用电容量和负荷性质），待供电部门审批后，方能接在供电部门指定的线路上。平日不经供电部门允许，任何人不得擅自在线路上接电。

（4）采用新技术、新装置，不断更新用电设备。新装置主要包括配电变压器、电动机和电焊机等。① 从配电变压器考虑：电力变压器的功率因数与负载的功率因数及负载率有关。在条件允许的地方最好采用 2 台变压器并联运行，或把生产用电、生活用电与照明分开，用不同的变压器供电。这样可以在轻负载的情况下，将一部分变压器退出运行，减少变压器的损耗。同时，对旧型号变压器进行有计划、有步骤的更新，以国家重点推广的节能产品来取代。② 从电动机考虑：电动机是建筑施工现场消耗无功功率的主要设备。目前，正在运行的电动机，如负载经常低于 40%，则应予更换。对空载率高于 60%的电动机，应加装限制电动机空载运行的装置。③ 从电焊机考虑：电焊机是工地常用的电气设备，由于间断工作，很多时间处在空载运行状态，往往消耗大量的电能。电焊机加装空载自动延时断电装置，限制空载损耗是一项有效的节电措施。

4. 加强用电管理，减少不必要的电耗

要克服临时用电“临时凑合”的观点，选用合格的电线电缆，严禁使用断芯、断股的破旧线缆，防止因线径不够发热或接触不良产生火花，消耗电能，引起火灾。临时用电必须严格按标准规范规定施工，安装接线头应压接合格的接线端子，不得直接缠绕接线。铜铝连接必须装接铜铝过渡接头，以克服电化学腐蚀引起接触不良。

制定临时用电制度。教育职工随手关灯，严禁使用电炉取暖、做饭，严禁使用电褥子，保证既节电又安全。建筑企业应从临电施工组织设计开始，正确估算临电用量，合理选择电气设备，科学考虑设备线缆布置，重视临电安装，加强用电管理，最终快速地将施工现场电能浪费降到最小。

2.4 节地与施工用地保护

2.4.1 临时用地的范围、管理及保护

1. 临时用地的范围

临时用地是指在工程建设施工和地质勘察中，建设用地单位或个人在短期内需要临时使用，不宜办理征地和农用地转用手续的，或者在施工、勘察完毕后不再需要使用的国有或者农民集体所有的土地，不包括因临时使用建筑或者其他设施而使用的土地。

临时用地是临时使用而非长期使用的土地，在法规表述上可称为“临时使用的土地”。

与一般建设用地不同的是：临时用地不改变土地用途和土地权属，只涉及经济补偿和地貌恢复等问题。

1）与建设有关的临时用地

工程建设施工临时用地，包括工程建设施工中设置的建设单位或施工单位新建的临时住房和办公用房、临时加工车间和修配车间、搅拌站和材料堆场，还有预制场、采石场、挖砂场、取土场、弃土（渣）场、施工便道、运输通道和其他临时设施用地；因从事经营性活动需要搭建临时性设施或者存储货物临时使用土地；架设地上线路、铺设地下管线和其他地下工程所需临时使用的土地等。地质勘探过程中的临时用地，包括建筑地址、厂址、坝址、铁路、公路选址等需要对工程地质、水文地质情况进行勘测、勘察所需要临时使用的土地等。

2）不宜临时使用的土地

临时用地应该以不得破坏自然景观、污染和影响周边环境、妨碍交通、危害公共安全为原则。下列土地一般不得作为临时用地：城市规划道路路幅用地，防汛通道、消防通道、城市广场等公用设施和绿化用地，居民住宅区内的公共用地，基本农田保护区和文物保护区域内的土地，公路及通信管线控制范围内的土地，永久性易燃易爆危险品仓库，电力设施、测量标志、气象探测环境等保护区范围内的土地，自然保护区、森林公园等特用林地和重点防护林地，以及其他按规定不宜临时使用的土地。

2. 临时用地的管理

《中华人民共和国土地管理法》第五十七条规定："临时使用土地的使用者应当按照临时使用土地合同约定的用途使用土地，并不得修建永久性建筑物。临时使用土地期限一般不超过二年。"

临时用地的管理应遵循以下原则：统筹安排各类、各区域临时用地；尽可能节约用地、提高土地利用率；可以利用荒山的，不占用耕地；可利用劣地的，不占用好地；占用耕地与开发复垦耕地相平衡，保障土地的可持续利用。

具体在管理中，要做好以下几方面内容。

（1）在项目可行性研究阶段，应编制临时用地取、弃土方案，针对项目性质、地形地貌、取土条件等来确定取、弃土用地控制指标，并据此编制土地复垦方案，纳入建设项目用地预审内容。

（2）对于生产建设过程中被破坏的农民集体土地复垦后不能用于农业生产或恢复原用途的，经当地农民集体同意后，可将这部分临时用地由国家依法征收。

（3）在项目施工过程中，探索建立临时用地监理制度，加强用地批后监管。

（4）用地单位和个人不得改变临时用地的批准用途和性质，不得擅自变更核准的位置，不得无故突破临时用地的范围；不得擅自将临时用地出卖、抵押、租赁、交换或转让给他人；不得在临时用地上修建永久性建筑物、构筑物和其他设施；不得影响城市建设规划、市容卫生，妨碍道路交通，损坏通信、水利、电路等公共设施，不得堵塞和损坏农田水系配套设施。

3. 临时用地保护

1）合理减少临时用地

在环境与技术条件可能的情况下，积极应用新技术、新工艺、新材料，尽量不用传统的、落后的施工方法。如在地下工程施工中尽量采用顶管、盾构、非开挖水平定向钻孔等先进的施工方法，避免传统的大开挖，减少施工对环境的影响。

深基坑施工应考虑设置挡墙、护坡、护脚等防护设施，以缩短边坡长度。在技术经济比较的基础上，对深基坑的边坡坡度、排水沟形式与尺寸、基坑填料、取弃土设计等方案进行比选，可避免高填深挖。尽量减少土方开挖和回填量，最大限度地减少对土地的扰动，以保护周边自然生态环境。认真勘察，引用计算精度较高以及合理、有效且方便的理论公式计算。制定最佳土石方的调配方案，在经济运距内充分利用移挖作填，严格控制土石方工程量。

施工单位要严格控制临时用地数量，施工便道、各种料场、预制场要结合工程进度和工程永久用地统筹考虑，尽可能设置在公共用地范围内。在充分论证取土场复垦方案的基础上，合理确定施工场地、取土场地点、取土数量和取土方式，尽量结合当地农田水利工程规划，避免大规模集中取土，并将取、弃土和改地、造田结合起来。有条件的地方要尽量采用符合技术标准的工业废料、建筑废渣填筑，减少取土用地。

2）红线外临时占地要重视环境保护

红线外临时占地要重视环境保护，不破坏原有自然生态，并保持与周围环境、景观相协调。在工程量增加不大的情况下，应优先选择能够最大限度节约土地、保护耕地和林地的方案，严格控制占用耕地和林地，要尽量利用荒山、荒坡地、废弃地、劣质地，少占用耕地和林地。对确实需要临时占用的耕地、林地，考虑利用低产田或荒地，便于恢复。工程完工后，及时对红线外占地恢复原地形、地貌，将施工活动对周边环境的影响降至最低。

3）保护绿色植被和土地的复耕

建设工程临时性占用的土地，对环境的影响在施工结束后不会自行消失，而是需要人为地通过恢复土地原有的使用功能来消除。按照“谁破坏、谁复垦”的原则，用地单位为土地复垦责任人，履行复垦义务。取土场、弃土（碴）场、拌和场、预制场、料场以及当地政府不要求留用的施工单位临时用房和施工便道等临时用地，原则上界定为可复垦的土地。对于可复垦的土地，复耕责任人要按照土地复垦方案和有关协议，确定复垦的方向、标准，在工程竣工后按照合同条款的有关规定履行复垦义务。

清除临时用地上的废渣、废料和临时建筑、建筑垃圾等，翻土且平整土地，造林种草，恢复土地的种植植被。对占用的农用地仍复垦作农田地，在清理临时用地后，对压实的土地进行翻松、平整、适当布设土埂，恢复破坏的排水、灌溉系统。施工单位临时用房、料场、预制场等临时用地，如果非占用耕地不可，用地单位在使用硬化前，要采取隔离措施将混凝土与耕地表层隔离，便于以后土地的复垦。因建设确需占用耕地的，用地单位在生产建设过程中必须开展“耕作层剥离”，及时将耕作层的熟土剥离并堆放在指定地点，集中管理，以便用于土地复垦、绿化和重新造地，以缩短耕地熟化期，提高土地复垦质量，恢复土地原有的使用功能，利用和保护施工用地范围内原有绿色植被（特别在施工工地的生活区），对于施工周期较长的现场，可按建筑永久绿化的要求兴建绿化。

2.4.2 施工总平面布置的优化

施工总平面布置是对拟建项目施工现场的总平面布置，就是对施工中所有占据空间位置的要素进行总的安排，目的是合理分配和安排施工过程中对人员、材料、机械设备和各种为施工服务的设施所需空间，使它们相互间能够有效组合和安全运行，获得较高的生产效率，并节约用地，从而取得较好的经济效益。

1. 施工总平面布置的原则

（1）平面图布置应符合劳动保护、技术安全、消防和环境保护的要求。

（2）合理确定并充分利用施工区域和场地面积，尽量减少专业工种之间的交叉作业。为便于工人生产和生活，施工区和生活区宜分开且距离要近。

（3）科学规划施工道路，在满足施工要求的情况下，场内尽量布置环形道路，使道路畅通，运输方便，各种材料仓库依道路布置，使材料能按计划分期分批进场。

（4）临时设施的位置和数量应既方便生产管理，又方便生活，因陋就简、勤俭节约，在满足施工需要的前提下，本着节约用地和保护施工用地的原则，现场布置紧凑合理，尽量减少施工用地，不占或少占农田，并便于施工管理。

（5）为了尽量减少临时设施，要充分利用原有的建筑物、构筑物、交通线路和管线等现有设施为施工服务；临时构筑物、道路和管线还应注意与拟建的永久性构筑物、道路和管线结合建造，并且临时设施应尽量采用装配式施工设施，以提高其安拆速度。

下面主要对临时设施的布置进行叙述。

2. 施工现场临时设施的种类及功能区域划分

施工现场的临时设施较多，这里主要指施工期间为满足施工人员居住、办公、生活福利用房，以及施工所必需的附属设施而临时搭建或租赁的各种房屋。可根据工地施工人数以及施工作业的要求，计算这些临时设施的建筑面积。临时设施必须合理选址、正确用材，确保使用功能且使用方便，同时满足安全、卫生、环保和消防要求。

1）临时设施的种类

① 办公设施。包括办公室、会议室、保卫传达室等。

② 生活设施。包括宿舍、食堂、商店、厕所、淋浴室、阅览娱乐室、卫生保健室等。

③ 生产设施。包括材料仓库、防护棚、加工棚（如混凝土搅拌站、砂浆搅拌站、木材加工、钢筋加工、金属加工和机械维修）、操作棚。

④ 辅助设施。包括道路、现场排水设施、围墙、大门、供水处、吸烟处等。

2）临时设施功能区域划分

按照功能，施工现场可划分为施工作业区、辅助作业区、材料堆放区和办公生活区等。施工现场以内的办公生活区应当与施工作业区、辅助作业区、材料堆放区分开设置，办公生活区与作业区之间设置标准的分隔设施，保持安全距离，以免非工作人员误入危险区域。安全距离是指在可能坠落范围半径和高压线防电距离之外。

根据《高处作业分级》（GB/T 3608—2008）附录A中的A.1条，根据基础高度 h_b，可能坠落范围半径 R 规定如表2.1所示。同时，根据《施工现场临时用电安全技术规范》（JGJ 46—2005）第4.1.2条，在建工程（含脚手架）的周边与外电架空线路的边线之间的最小安全操作距离应符合表2.2的规定。

表2.1　可能坠落范围半径*R*规定

基础高度 h_b/m	可能坠落范围半径 R/m
$2 \leqslant h_b \leqslant 5$	3
$5 < h_b \leqslant 15$	4
$15 < h_b \leqslant 30$	5
$h_b > 30$	6

表2.2　最小安全操作距离

外电线路电压等级/kV	最小安全操作距离/m
＜1	4
1～10	6
35～110	8
220	10
330～500	15

如因条件限制，办公生活区设置在坠落半径区域内，必须采取可靠的防护措施。办公生活临时设施也不得设置在沟边、崖边、河流边、强风口处、高墙下以及滑坡、泥石流等灾害地质带上和山洪可能冲击到的区域。功能区的规划设置还应考虑交通、水电、消防和卫生、环保等因素。

3. 临时设施的搭设与使用管理

1）临时办公和生活用房

临时办公和生活用房应采用经济、美观、占地面积小、对周边地貌环境影响较小，且适合于施工平面布置动态调整的多层轻钢活动板房、钢骨架水泥活动板房等标准化装配式结构。

① 行政管理的办公室等应靠近施工现场或是施工现场出入口，以便联络和加强对外联系；施工管理办公室尽可能布置在比较中心地带，便于加强工地管理。

② 工人居住用临时房屋应布置在施工现场以外，以靠近为宜；当工人居住用的临时房屋设在施工现场以内时，一般在现场的四周靠边布置或集中于工地某一侧，选择在地势高、通风、干燥、无污染源的位置，防止雨水、污水流入；不得在尚未竣工建筑物内设置员工集体宿舍；福利设施房屋应布置在生活区，最好设置在工人集中的地方。

③ 食堂宜布置在生活区，也可设置在施工区和生活区之间。食堂应选择在通风、干燥的位置，须防止雨水、污水流入，远离厕所、垃圾站、有毒有害场所等有污染源的地方，装修材料必须符合环保和消防要求。

④ 商店应布置在生活区工人较集中的地方或工人上下班路过的地方。

⑤ 厕所大小应根据施工现场作业人员的数量设置；高层建筑施工超过 8 层以后，每隔 4 层宜设置临时厕所；施工现场应设置水冲式或移动式厕所，厕所地面应硬化且门窗齐全。

2）生产性临时设施

生产性临时房屋，如混凝土搅拌站、仓库、加工厂、作业棚、材料堆场等，应尽量靠近已有交通线路或即将修建的正式或临时交通线路，可缩短运输距离，并按照施工的需要全面分析比较确定位置。

混凝土搅拌站根据工程的具体情况可采用集中、分散或集中与分散相结合三种布置方式。当现浇混凝土量大，又有混凝土专用运输设备时，可选用商品混凝土、工地、工地附近等方法设置大型搅拌站集中布置，其位置可采用线性规划方法确定，否则须分散设置小型搅拌站，它们的位置均应靠近使用地点或垂直运输设备。

3）塔式起重机的设置

塔式起重机的位置首先应满足安装的需要，同时充分考虑混凝土搅拌站、料场位置，以及水、电管线的布置等。

固定式塔式起重机的位置应根据机械性能，建筑物的平面形状、大小，施工段划分，建筑物四周的施工现场条件和吊装工艺等因素决定，一般宜靠近路边，减少水平运输量。有轨式塔式起重机的轨道沿建筑物一侧或内外两侧布置，主要取决于建筑物的平面形状、尺寸和四周施工场地条件。

4）材料堆场

材料堆场与仓库的布置通常区别不同材料、设备和运输方式，考虑设置在运输方便、位置适中、运距较短且安全的地方，并根据各个施工阶段需要的先后进行布置，尽量节约用地。材料堆场要求建筑材料的堆放应根据用量大小、使用时间长短、供应与运输情况确定，用量大、使用时间长、供应运输方便的，应当分期分批进场，以减少堆场面积。施工现场各种工具、构件、材料的堆放必须选择适当位置，既便于运输和装卸，又减少二次搬运。

5）施工场地仓库位置

水泥库应当选择地势较高、排水方便的地方；水泥库和砂、石堆场应设置在搅拌站附近，既要相互靠近，又要便于材料的运输和装卸；砖、砌块和预制构件应当直接布置在垂直运输机械或用料点的附近，以免二次搬运；钢筋、木材仓库应布置在加工厂附近。

工具库应布置在材料加工区与施工区之间交通方便处，零星和专用工具可分设施工区段；车库应布置在现场的入口；油料、氧气、电石库等易燃易爆材料库应布置在边缘、人少，并且是下风向的安全地点。工业项目建筑工地还应考虑主要设备的仓库（或堆场），笨重设备应尽量放在车间附近的设备组装场，其他设备仓库可布置在车间外围或其他空地上。

若施工现场的防护棚较多，如加工站厂棚、机械操作棚、通道防护棚等，大型站厂棚可用砖混、砖木结构，应当进行结构计算，保证结构安全；小型防护棚一般用钢管扣件脚手架搭设，应当严格按照《建筑施工扣件式钢管脚手架安全技术规范》（JGJ 130—2011）要求搭设。

6）加工场的设置

各种加工场的布置均应在不影响建筑安装工程施工正常进行的条件下，以方便生产、安全防火、环境保护和运输费用少为原则，将加工场集中布置在同个地区，且多处于工地边缘，并将各加工场以及与其相应的仓库或材料堆场布置在同一地区。

① 预制加工场。宜尽量利用建设单位的空地，如材料堆场、铁路专用线转弯的扇形

地带或场外临近处。

② 钢筋加工场。对于需进行冷加工、对焊、点焊的钢筋和大片钢筋网，宜设置中心加工场，其位置应靠近混凝土预制构件加工场；对于小型加工件，利用简单机具成型的钢筋加工，可在靠近使用地点的各个分散钢筋加工棚进行。

③ 木材加工场。一般原木、锯材堆场应布置在铁路、公路或水路沿线附近；木材加工场和成品堆放场要按工艺流程布置在施工区边缘的下风向。

④ 砂浆搅拌站。对于工业建筑工地，由于砌筑工程量不大，砂浆量小且分散，集中拌制容易造成浪费，最好采取分散设置在各使用地点。

⑤ 金属结构、锻工、电焊和机修等车间。由于它们在生产上联系密切，宜布置在一起。

⑥ 产生有害气体和污染空气的临时加工场。如沥青池、生石灰熟化池、石棉加工场等应靠边布置，并且位于下风向。

7）施工道路

场内运输道路要求充分利用拟建的永久性道路，即提前修建永久性道路或者先修路基和简易路面，作为施工所需的临时道路，在工程结束之前铺筑路面，以达到减少道路占用土地和节约投资的目的。一般先施工管网，临时道路应尽量布置在无管网地区或扩建工程范围的地段上，以免开挖管道沟时破坏路面。理想的临时道路应该要把仓库、加工厂和施工点等合理地贯穿起来。为保证施工现场的道路畅通，道路应有 2 个以上进出口，应尽量设置环形道路或末端设置回车场地，且尽量避免临时道路与铁路交叉；主要道路宜采用双车道，次要道路宜采用单车道，并满足运输、消防要求。

8）封闭管理

施工现场围墙应采用轻钢结构预制装配式活动围挡，以减少建筑垃圾，保护环境。根据《建筑施工安全检查标准》（JGJ 59—2011），施工现场围挡一般应高于 1.8 m。应沿工地四周连续设置，不得留有缺口，并根据地质、气候、围挡材料进行设计与计算，确保围挡的安全性。禁止在围挡内侧堆放泥土、砂石等散状材料以及架管、模板等，严禁将围挡作挡土墙使用。施工现场应当有固定的出入口，出入口处应设置牢固美观的大门，大门上应标有制作企业的名称和标志。

4. 临时水电管网及其他动力设施的布置

1）临时水电管网

根据施工现场具体情况，确定水源和电源的类型和供应量，然后确定引入现场的主干管（线）和支干管（线）的供应量和平面布置形式。当有可以利用的水、电源时，可直接将利用的水、电源从外面接入工地，沿工地内主要干道布置主干管（线），并且通过支干管（线）与各用户接通。

临时总变电站应设置在高压线引入工地处，不应放在工地中心（避免高压线穿过工地）；临时水池、水塔应设在用水中心和地势较高处。当没有可利用的水、电源时，可在工地中心或靠近主要用电区域设置临时发电设备，为了获得水源，可设置抽水设备和加压设备抽吸地表水或地下水。管网一般沿道路布置，供电线路应避免与其他管道设在同一侧。

施工现场供水电管网的线路布置相似，有环状、枝状和混合式三种形式。水电管网均可布置在地面以下，但电管网也可采用架空布置。根据《施工现场临时用电安全技术规范》（JGJ 46—2005）第 7.1.9 条，架空线路与邻近线路或固定物的距离应符合表 2.3 的规定。

表2.3 架空线路与邻近线路或固定物的距离

<table>
<tr><td>项目</td><td colspan="7">距离类别</td></tr>
<tr><td rowspan="2">最小净空距离/m</td><td colspan="2">架空线路的过引线、接下线与邻线</td><td colspan="2">架空线与架空线电杆外缘</td><td colspan="3">架空线与摆动最大时树梢</td></tr>
<tr><td colspan="2">0.13</td><td colspan="2">0.05</td><td colspan="3">0.50</td></tr>
<tr><td rowspan="4">最小垂直距离/m</td><td rowspan="3">架空线同杆架设下方的通信、广播线路</td><td colspan="3">架空线最大弧垂与地面</td><td rowspan="3">架空线最大弧垂与暂设工程顶端</td><td colspan="2" rowspan="2">架空线与邻近电力线路交叉</td></tr>
<tr><td rowspan="2">施工现场</td><td rowspan="2">机动车道</td><td rowspan="2">铁路轨道</td></tr>
<tr><td>1 kV 以下</td><td>1～10 kV</td></tr>
<tr><td>1.0</td><td>4.0</td><td>6.0</td><td>7.5</td><td>2.5</td><td>1.2</td><td>2.5</td></tr>
<tr><td rowspan="2">最小水平距离/m</td><td colspan="2">架空线电杆与路基边缘</td><td colspan="2">架空线电杆与铁路轨道边缘</td><td colspan="3">架空线边线与建筑物凸出部分</td></tr>
<tr><td colspan="2">1.0</td><td colspan="2">杆高（m）+3.0</td><td colspan="3">1.0</td></tr>
</table>

2）消防设备

一般建设项目要设置灭火器和消火栓。根据《建设工程施工现场消防安全技术规范》（GB 50720—2011）第 5.2.1 条："在建工程及临时用房的下列场所应配置灭火器：易燃易爆危险品存放及使用场所；动火作业场所；可燃材料存放、加工及使用场所；厨房操作间、锅炉房、发电机房、变配电房、设备用房、办公用房、宿舍等临时用房；其他具有火灾危险的场所。"第 5.3.7 条："室外消火栓应沿在建工程、临时用房和可燃材料堆场及其加工场均匀布置，与在建工程、临时用房和可燃材料堆场及其加工场的外边线的距离应不小于 5 m。消火栓的间距应不大于 120 m。消火栓的最大保护半径应不大于 150 m。"大规模建设项目还要设置消防站，一般消防站应设置在易燃建筑物附近。

2.5 环 境 保 护

2.5.1 扬尘控制

1. 扬尘的来源及危害

建筑施工中出现的扬尘主要来源于渣土的挖掘与清运、回填土、裸露的料堆、拆迁施工中由上而下抛撒垃圾、堆存的建筑垃圾、渣土清运、现场搅拌混凝土等，扬尘还可能来自堆放的原材料（如水泥、白灰）在路面风干及底泥堆场修建工程和护岸工程施工。

在施工中，建筑材料的装卸和运输、各种混合料拌和、土石方调运、路基填筑、路面稳定等施工过程对周围环境会造成短期内粉尘污染。运输车辆的增加和调运土石方的落土也会使相关公路交通条件恶化，对原有交通秩序产生较大的影响。施工时产生的粉尘会覆盖在附近的农作物表面，影响其生长，尤其对果木影响更大。燃油施工机械排放的尾气，如CO_2、SO_2、NO_x等，会增加该路段的大气污染负荷。

2. 扬尘控制措施

1）确定合理的施工方案

在确定施工方案前，建设单位应会同设计、施工单位和有关部门对可能造成周围扬尘污染的施工现场进行检查，制定相应的技术措施，并纳入施工组织设计范畴。

2）场地处理

施工场地是扬尘产生的重要因素，需要对施工工地的道路和材料加工区按规定进行硬化，保证现场地面平整，坚实无浮土。对于长时间闲置的施工工地，施工单位应当对其裸露工地进行临时绿化或者铺装。对现场易飞扬物质采取有效措施，如洒水、地面硬化、围挡、密网覆盖、封闭等，应最大限度地防止和减少扬尘产生。

3）施工车辆控制

运送土方、垃圾、设备及建筑材料等的施工车辆通常会污损场外道路，因此，必须采取措施封闭严密，保证车辆清洁。运输容易散落、飞扬、流漏的物料的车辆，例如散装建筑材料、建筑垃圾、渣土等不应装载过满，且车厢应确保牢固、严密，以避免物料散落造成扬尘。运输液体材料的车辆应当严密遮盖和有围护措施，防止在装运过程中沿途抛、洒、滴、漏。施工运输车辆不准带泥驶出工地，施工现场出口应设置洗车槽，以便车辆驶出工地前进行轮胎冲洗。

4）绿化防尘

树木能减少粉尘污染的原因，一是由于其有降低风速的作用，随着风速的减慢，气流中携带的大粒粉尘的数量会随之下降；二是树叶表面的吸附作用，树叶表面通常不平，有些具有茸毛且能分泌黏性油脂及汁液，可吸附大量粉尘。此外，树木枝干上的纹理缝隙也可吸纳粉尘。不同种类的植物滞尘能力有所不同，一般叶片宽大、平展、硬挺、叶面粗糙、分泌物多的植物滞尘能力更强，植物吸滞粉尘的能力与叶量的多少成正比。

5）设置挡风抑尘墙

挡风墙是一种有效的扬尘污染治理技术，其工作原理是当风通过挡风抑尘墙时，墙后出现分离和附着并形成上、下干扰气流来降低风速，极大地降低风的动能，减少风的湍流度，消除风的涡流，降低料堆表面的剪切应力和压力，从而减少料堆起尘量。一般认为，在挡风板顶部出现空气流的分离现象，分离点和附着点之间的区域称为“分离区”，这段长度称为尾流区的“特征长度”或“有效遮蔽距离”，挡风抑尘墙的抑尘效果主要取决于挡风板尾流区的特征长度和风速。风通过挡风抑尘墙时，不能采取堵截的办法把风引向上方，应该让一部分气流经挡风抑尘墙进入庇护区，这样风的动能损失最大。

挡风抑尘墙在露天堆场使用一般要考虑三个主要问题：设网方式、设网高度和与堆垛的距离。设网方式方面，通常有主导风向设网和堆场四周设网两种常用的设网方式，采用何种方式主要取决于堆场大小、堆场形状、堆场地区的风频分布等因素。设网高度方面，与堆垛的高度、堆场大小和对环境质量要求等因素有关。对于一个具体工程来说，要根据堆场地形、堆垛放置方式、挡风抑尘墙及其设置方式，计算出网高与堆垛高度、网高与庇护范围的关系，结合堆场附近的环境质量要求等综合因素确定堆场挡风抑尘墙的高度。与堆垛的距离方面，挡风抑尘墙应距离堆场堆垛适当距离。对于由多个堆垛组成的堆场而言，可以视堆场周围情况因地制宜地设置，一般可以沿堆场堆垛边上设置挡风抑尘墙。

工地周边必须设置一定高度的围蔽设施，保证围墙封闭严密并保持整洁完整。工程脚手架外侧采用合格的密目式安全立网进行全封闭，封闭高度高出作业面，并定期清洗立网，若发现破损立即更换。为了防止施工过程中产生飞扬的尘土、废弃物及杂物飘散，应当在其周围设置不低于堆放物高度的封闭性围栏或使用密目钢丝网覆盖；对粉末状材料应封闭存放。土方作业阶段宜采取洒水、覆盖等措施。

场区内可能引起扬尘的材料及建筑垃圾搬运应有降尘措施，如覆盖、洒水等；浇筑混凝土前清理灰尘和垃圾时尽量使用吸尘器，避免使用吹风器等易产生扬尘的设备；机械剔凿作业时可用局部遮挡、掩盖、水淋等防护措施；高层或多层建筑清理垃圾应搭设封闭性临时专用道或采用容器吊运及外挂密目网等措施。

6）抑尘剂抑尘

抑尘剂抑尘技术是指采用化学抑尘剂抑尘，这是目前较有效的一种防尘方法，具有抑尘效果好、抑尘周期长、设备投资少、综合效益高、对环境无污染的特点。

粉尘的沉降速度随粉尘的粒径和密度的增加而增大，所以设法增加粉尘的粒径和密度是控制扬尘的有效途径。使用抑尘剂可以使扬尘小颗粒凝聚成大颗粒，增大扬尘颗粒的密度，加快扬尘颗粒的沉降速度，从而降低空气中的扬尘。抑尘机理通常采用固结、润湿、凝并三种方式来实现。固结是使需要抑尘的区域形成具有一定强度和硬度的表面，以抵抗风力等外力因素的破坏；润湿是使需要抑尘的区域始终保持一定的湿度，这时扬尘颗粒密度增加，其沉降速度也会增大；凝并作用可使细小扬尘颗粒凝聚成大粒径颗粒，达到快速沉降的目的。

化学抑尘剂产品大致可分为润湿型、黏结型、吸湿保水型和多功能复合型，其中功能单一的居多。随着化工产品的迅速发展，各种表面活性剂、超强吸水剂等高分子材料的广泛应用，抑尘剂的抑尘效率将不断提高，新型抑尘剂也会更多。

7）清拆建筑垃圾扬尘控制

清拆建筑物、构筑物时容易产生扬尘，需要在建筑物、构筑物拆除前做好扬尘控制计划。例如：当清拆建筑物时，应对清拆建筑物进行喷淋除尘，并设置立体式遮挡尘土的防护设施；当爆破拆除时，可采用清理积尘、淋湿地面、预湿墙体、屋面敷水袋、楼面蓄水、建筑外设高压喷雾状水系统和搭设防尘排栅等综合降尘措施。还要选择风力小的天气进行爆破作业，当气象预报风速达到 4 级以上时，应停止房屋爆破或者拆除房屋。清拆建筑时，还可以采用静性拆除技术降低噪声和粉尘。静性拆除通常采用液压设备、无振动拆除设备等无声拆除设备拆除既有建筑物。

8）其他措施

灰土和无机料拌和时应采用预拌进场，碾压过程要洒水降尘。在场址选择时，对于临时的、零星的水泥搅拌场地应尽量远离居民住宅区。装卸渣土、沙等物料严禁凌空抛撒，严禁从高处直接向地面清扫废料或者粉尘。建筑工程完工后，施工单位应及时拆除工地围墙、安全防护设施和其他临时设施，并将工地及四周环境清理干净。

2.5.2 噪声与振动控制

1. 建筑施工噪声的特点

建筑施工噪声是指在建筑施工过程中产生的干扰周围生活环境的声音，它是噪声污染的一项重要内容，对居民的生活和工作会产生重要的影响。

建筑施工噪声被视为一种无形的污染，它是一种感觉性公害，被称为城市环境“四害”之一，其具有以下特点。

（1）普遍性。由于建筑工程的对象是城镇的各种场所及建筑物，城镇中任何位置都可能成为施工现场。因此，任何地方的城镇居民都可能受到施工噪声的干扰。

（2）突发性。由于建筑施工噪声是随着建筑作业活动的发生或某些施工设备的使用而出现的，因此对于城镇居民来说是一种无准备的突发性干扰。

（3）暂时性。建筑施工噪声的干扰随着建筑作业活动的停止而停止，因此是暂时性的。

此外，施工噪声还具有强度高、分布广、波动大、控制难等特点。

2. 噪声对人体的危害

噪声对人体的危害是多方面的，不仅会对生理上的听觉、内分泌、视觉、消化等系统造成严重的危害，也会对心理产生负面的影响。

从生理上来说，噪声对人体听觉器官的影响是一个渐进的过程，其对人的危害也是随着时间递增的。短时间的噪声污染，有可能对人造成暂时性听阈位移，但听力会随着脱离噪声环境而逐渐恢复到原来的水平。然而，建筑施工噪声的特点之一便是周期性长，它有可能对附近居民造成永久性听阈位移，这是一个从生理影响逐渐移行至病理的过程，并且这种危害是永久性、不可逆的。永久性听阈位移症状对人体影响主要包括三个方面。

（1）听力损失。人体听觉敏感度永久下降，听阈升高、听觉功能障碍甚至听觉损失。

（2）噪声性耳聋。患者早期表现为听觉疲劳，离开噪声环境后慢慢恢复，久之则造成永久性损害，形成感音神经性聋。

（3）爆震性耳聋。通常是由一次性的强噪声作用引起的听力损伤，如建筑施工现场的爆破作业、搅拌机、电锯、电刨、机械碰撞声等，患者常表现出耳鸣、耳痛、头晕、听力下降等症状，严重有可能耳道出血，并感染上中耳炎。

从心理上来说，建筑施工噪声对人的影响通常表现为情绪上的多变和冲动，如烦恼、激动、易怒、失去理智等负面情绪，使人们无法有效地集中精神，影响工作效率和正常生活。

3. 施工噪声的主要成因

施工的不同阶段，使用各种不同的施工机械。根据不同的施工阶段，施工现场产生噪声的设备和活动包括：① 土石方施工阶段。有装载机、挖掘机、推土机、运输车辆等；② 打桩阶段。有打桩机、混凝土罐车等；③ 结构施工阶段。有电锯、混凝土罐车、地泵、汽车泵、振捣棒、支拆模板、搭拆钢管脚手架、模板修理和外用电梯等；④ 装修及机电设备安装阶段。有外用电梯、拆脚手架、石材切割、电锯等。

城市建筑施工噪声的形成主要有以下原因：① 施工设备陈旧落后。部分施工单位受经济因素制约，施工过程中使用简易、陈旧、质量低劣或技术落后的施工设备，导致施工时噪声严重超标；② 施工设备的安置不合理。一些施工单位对电锯、混凝土搅拌机等噪声大的施工设备安置于不合理的位置，导致施工中产生的噪声影响周围居民的正常生活。比如缺少必要的降噪手段，一些施工单位将噪声极大的设备露天安置，不采取任何防噪、降噪措施，致使这些设备产生的噪声超出规范要求，一些施工单位为提高工程进度进行夜间施工，严重影响附近居民的正常生活秩序。

4. 建筑施工噪声控制

施工现场噪声排放不得超过《建筑施工场界环境噪声排放标准》（GB 12523—2011）的规定，因此，要使噪声排放量达到规定要求，在施工过程中必须采取控制措施。

1）从声源上控制噪声

尽量选用低噪声设备和工艺代替高噪声设备与加工工艺，在施工过程中选用低噪声搅拌机、钢筋夹断机、振捣器、风机、电动空压机、电锯等设备。同时，淘汰落后的施工设备。例如：在桩施工中改垂直振打的施工工艺为螺旋、静压、喷注式打桩工艺；以焊接代替铆接，用螺栓代替铆钉等可使噪声降低。钢管切割机和电锯等小型设备通常用于脚手架搭设和模板支护，为了消减其噪声，一方面优化施工方案，可改用定型组合模板和脚手架等，从而避免对钢管和模板的切割，同时降低施工成本；另一方面可将其移至地下室等隔声处，可避免对周边的干扰。在制作管道时也可采用相应的方式。

采取隔声与隔振措施可避免或减少施工噪声和振动，对施工设备采取降噪声措施，通常在声源附近安装消声器消声。消声器是防治空气动力性噪声的主要设备，它适用于气动机械。将消声器设置在通风机、鼓风机、压缩机、燃气轮机、内燃机等各类排气放空装置的进出风管的适当位置。常用的消声器有阻性消声器、抗性消声器、阻抗复合消声器、穿微孔板消声器等。选用消声器种类时，考虑所需消声量、噪声源频率特征和消声器的声学特性及空气动力特征等因素，达到经济合理的效果。

2）在传播途径上控制噪声

吸声是利用吸声材料和吸声结构吸收周围的声音，通过降低室内噪声的反射来降低噪声。吸声材料包括玻璃棉、矿渣棉、毛毡、泡沫塑料、吸声砖、木丝板、甘蔗板等。吸声结构有穿孔共振吸声结构、微穿孔板吸声结构、薄板共振吸声结构等。

隔声的原理是声衍射，在正对噪声传播的路径上，设立一道尺度相对声波波长足够大的隔声墙来隔声。常用的隔声结构有隔声棚、隔声间、隔声机罩、隔声屏等。从结构上分，有单层隔声和双层隔声结构两种。隔声性能遵从“质量定律”，密实厚重的材料是良好的隔声材料，如砖、钢筋混凝土、钢板、厚木板、矿棉被等。由于隔声屏障具有效果好、应用较为灵活和比较廉价的优点，被广泛应用于建筑施工噪声的控制上。例如在打桩机、搅拌机、电锯、振捣棒等强噪声设备周围设临时隔声屏障。

隔振是防止振动能量从振动源传递出去。隔振装置主要包括金属弹簧、隔振器、隔振垫（如剪切橡皮、气垫）等，常用的材料还有软木、矿渣棉、玻璃纤维等。

阻尼是用内摩擦损耗大的一些材料来消耗金属板的振动能量并变成热能散失掉，从而抑制振动，致使辐射、噪声大幅度地消减。常用的阻尼材料有沥青、软橡胶和其他高分子涂料等。

3）合理安排与布置施工

合理安排施工时间，除特殊建筑项目经环保部门批准外，一般项目，当对周围环境有较大影响时，应该采取夜间不施工的方案。对于自身消除噪声比较困难的设备，例如挖掘机、推土机等在土石方施工中使用的大型设备，在施工中应合理安排作业时间，而且在工作区域周边通过搭设隔声防震结构等方法消减对周边的影响。

合理布置施工场地，根据声波衰减的原理，可将高噪声设备尽量远离噪声敏感区。如某施工工地，两面是居民住宅，一面是商场，一面是交通干线，可将高噪声设备设置在交通干线一侧，其余的靠近商场一侧，尽可能远离两面的居民点，这样高噪声设备声波经过一定距离的衰减，可降低对居民生活的影响。施工边界四周是敏感点，但与施工场界的距离有远有近，可将高噪声设备设置在离敏感点较远的一侧，同时尽可能将设备靠近工地，有利于降低施工场界噪声，这样既可避免设备离敏感点过近，又保证声波在开阔地扩散衰减。

4）使用成型建筑材料

大多数施工单位是在施工现场切割钢筋加工钢筋骨架，一些施工场界较小，施工期较长的大型建筑，应选在其他地方将钢筋加工好再运到工地使用。还有一些施工单位在施工场界内做水泥横梁和槽形板，造成施工场界噪声严重超标，若选用加工成型的建筑材料或异地加工成型后再运至工地，可大大降低施工场界噪声。

5）严格控制人为噪声

进入施工现场不得高声叫喊，不得无故甩打模板、乱吹哨，限制高音喇叭的使用，最大限度地减少噪声扰民。模板、脚手架钢管的拆、立、装、卸要做到轻拿轻放，上下、前后有人传递，严禁抛掷。另外，所有施工机械、车辆必须定期保养维修，并在闲置时关机以免发出噪声。

2.5.3 光污染控制

1. 城市光污染的来源

光污染是指通过过量的或不适当的光辐射对人类生活和生产环境造成不良影响，它一般包括白亮污染、人工白昼污染和彩光污染。有时人们按光的波长分为红外光污染、紫外光污染、激光污染及可见光污染等。

“光污染”已成为一种新的城市环境污染源，正严重威胁着人类的健康。城市建设中，光污染主要来源于建筑物表面釉面砖、磨光大理石、涂料，特别是玻璃幕墙等装饰材料形成的反光。随着夜景照明的迅速发展，特别是高压气体放电灯的广泛采用，使夜景照明亮度过高，形成了“人工白昼”。施工过程中，夜间施工的照明灯光及施工中电弧焊、闪光对接焊工作时发出的弧光等也是光污染的重要来源。

2. 光污染的危害

首先，光的辐射及反射污染严重影响交通，街上和交通路口一幢幢大厦幕墙，就像一面面巨大的镜子，在阳光下对车辆和红绿灯进行反射，光进入快速行驶的车内，造成人突发性暂时失明和视力错觉，瞬间遮挡司机视野，令人感到头晕目眩，危害行人和司机的视觉功能，甚至造成交通事故；建在居住小区的玻璃幕墙给周围居民生活也带来麻烦，通常幕墙玻璃的反射光比太阳光更强烈，刺目的强烈光线破坏了室内原有的气氛，使室温增高，影响到正常的生活。在长时间白色光亮污染环境下生活和工作，容易使人产生头昏目眩、失眠、心悸、食欲下降、心绪低落、神经衰弱及视力下降等病症，造成人的正常生理及心理发生变化，长期照射会诱使某些疾病加重。玻璃幕墙容易污染，尤其是大气含尘量多、空气污染严重、干燥少雨的北方广大地区玻璃蒙尘纳垢难看，有碍市容。此外，由于一些玻璃幕墙材质低劣、施工质量差、色泽不均匀、波纹各异，光反射形成杂乱漫射，这样的建筑物外形使人感到光怪离奇，形成更严重的视觉污染。

其次，土木工程中钢筋焊接工作量较大，焊接过程中产生的强光会对人造成极大的伤害。电焊弧光主要包括红外线、可见光和紫外线，这些都属于热线谱。当这些光辐射作用在人体上时，机体组织便会吸收，引起机体组织热作用、光化学作用或电离作用，导致人体组织发生急性或慢性的损伤。红外线对人体的危害主要是引起组织的热作用。在焊接过程中，如果眼部受到强烈的红外线辐射，会立即感到强烈的灼伤和灼痛，发生闪光幻觉。长期接触可能造成红外线白内障、视力减退，严重时可导致失明。当电焊弧光的可见光线辐射人的眼睛时，会产生疼痛感，看不清东西，在短时间内失去劳动能力。电焊弧光中的紫外线对人体的危害主要是光化学作用，对人体皮肤和眼睛造成损害。皮肤受到强烈的紫外线辐射后，可引起皮炎，弥漫性红斑，有时出现小水泡、渗出液，有烧灼感、发痒症状。如果这种作用强烈时还会伴有全身症状：头痛、头晕、易疲劳、神经兴奋、发烧、失眠等。紫外线过度照射人的眼睛，可引起眼睛急性角膜炎和结膜炎，即电光眼炎，其症状是两眼高度畏光、流泪、异物感、刺痛、眼睑红肿、痉挛并伴有头痛和视物模糊。

3. 光污染的预防与治理

尽量避免或减少施工过程中的光污染，在施工中灯具的选择上，以日光型为主，尽量减少射灯及石英灯的使用，夜间室外照明灯加设灯罩，透光方向集中在施工范围。

在施工组织计划时，应将钢筋加工场地设置在距居民和工地生活区较远的地方。若没有条件，应设置采取遮挡措施，如遮光围墙等，以避免电焊作业时，消除和减少电焊弧光外泄及电气焊等发出的亮光，还可选择在白天阳光下工作等施工措施来解决这些问题。此外，在规范允许的情况下尽量采用套筒连接。

施工机械车辆灯具照射也会对人体眼睛造成伤害，严重的会导致短暂失明。为了减少施工机械车辆灯具照射产生的光污染，需要制定针对性的预防措施。在施工现场应制定管理措施，并对司机进行交底和管理。如在现场设置提示牌和反光牌，尽量避免使用远光灯，远光灯作为信号灯使用。有必要时，可设置专人对夜间的车辆进行灯光指挥，减少远光灯污染，预防事故发生。

2.5.4　水污染控制

水污染是指水体因某种物质的介入，而导致其化学、物理、生物或者放射性等方面特性的改变，从而影响水的有效利用，危害人体健康或者破坏生态环境，造成水质恶化的现象。

施工现场产生的污水主要包括雨水、污水（又分为生活和施工污水）两类。在施工过程中产生的大量污水，如没有经过适当处理就排放，便会污染河流、湖泊、地下水等水体，直接、间接地危害这些水体重大生物，最终危害人类及环境。

1. 建筑施工对地下水资源的影响

造成地下水资源污染的原因很多，其中，建筑施工对地下水的影响是不容忽视的。

首先，施工期的水质污染主要来自雨水冲刷和扬尘进入河水，从而增加了水中悬浮物浓度，污染地表水质。施工期间路面水污染物产生量与降水强度、次数、历时等有关，因建筑材料裸露，降雨时地表径流带走的污染物数量比营运期多，主要污染物是悬浮物、油类和耗氧类物质。土木工程在施工过程中会挖出大量淤泥和废渣，如果直接排入水体或堆弃在田地上，会使水体浑浊度增加，同时占压田地。施工期间对水体的油污染主要来自机械、设备的操作失误，导致用油溢出、储存油泵出、盛装容器残油倒出、修理过程中废油及洗涤油污水倒出、机械运转润滑油倒出等，这些物质直接排入水体后便形成了水环境中的油污染。施工区内有毒的物质、材料，如油料、化学品等，若保管不善被雨水冲刷进入水体，便会造成较大污染。再加上施工区人员集中，会产生较多的生活污水，如果这些生活污水未经处理直接排入附近水体或渗入地下，将对水源的使用功能产生较大影响。

其次，城市地下工程的发展及城市基础工程施工也会对地下水资源产生不利影响。如果在工程施工中不注重对地下水资源的保护和监测，地下水资源将会遭受严重的流失和污染，对经济的发展和生活环境造成巨大的负面影响。例如：对于大型工程来说，随着基础埋置深度越来越深，基坑开挖深度的增加不可避免会遇到地下水。由于地下水的毛细作用、渗透作用和侵蚀作用均会对工程质量有一定影响，所以必须在施工中采取措施解决这些问题。通常的解决办法有隔水和降水两种。隔水具体可采用隔水帷幕等措施。降水对地下水的影响通常要强于隔水，降水是强行降低地下水位至施工底面以下，使得施工在地下水位以上进行，以消除地下水对工程的负面影响。该种施工方法不仅造成地下水大量流失，改变地下水的径流路径，还由于局部地下水位降低，邻近地下水向降水部位流动，地面受污染的地表水会加速向地下渗透，对地下水造成更大的污染。更为严重的是，由于降水局部形成漏斗状，改变了周围土体的应力状态，可能会使降水影响区域内的建筑物产生不均匀沉降，使周围建筑或地下管线受到影响甚至破坏，威胁人们的生命安全。另外，由于地下水的动力场和化学场发生变化，会引起地下水中某些物理化学组分及微生物含量发生变化，导致地下水内部失去平衡，从而使污染加剧。除此，施工中为改善土体的强度和抗渗能力所采取的化学注浆，施工产生的废水、洗刷水、废浆以及机械漏油等都可能影响地下水质。

2. 施工现场的污水处理办法

（1）污水排放单位应委托有资质的单位进行废水水质检测，提供相应的污水检测报告。

（2）保护地下水环境，采用隔水性能好的边坡支护技术，在缺水地区或地下水位持续下降的地区，基坑降水尽可能少地抽取地下水；当基坑开挖抽水量太大时，应进行地下水回灌，避免地下水被污染。

（3）工地厕所的污水应配置三级无害化化粪池，不接市政管网的污水处理设施，或使用移动厕所，由相关公司集中处理。

（4）工地厨房的污水有大量的动、植物油，动、植物油必须先除去才可排放，否则会使水体中的生化需氧量增加，从而导致水体发生富营养化作用，这将会对水生物产生极大的负面影响，动、植物油凝固并混合其他固体污物更会对公共排水系统造成阻塞及破坏。

一般工地厨房污水应使用三级隔油池隔除油脂，常见的隔油池有 2 个隔间并设多块隔板，当污水注入隔油池时，水流速度减慢，使污水里较轻的固体及液体油脂和其他较轻废物浮在污水上层并被阻隔停留在隔油池里，污水则由隔板底部排出。

（5）凡在现场进行搅拌作业的，必须在搅拌机前台设置沉淀池，污水流经沉淀池，进行沉淀后可进行二次使用。对于不能二次使用的施工污水，经沉淀池沉淀后方可排入市政污水管道。建筑工程污水包括地下水、钻探水等，其中含有大量的泥沙和悬浮物。对于施工产生的污水，一般可采用三级沉降池进行自然沉降，污水自然排放，大量淤泥通过人工清除可以取得一定的效果。

（6）对于化学品等有毒材料、油料的储存地，应有严格的隔水层设计，同时做好渗漏液收集和处理。对于机修含油废水一律不直接排入水体，集中后通过油水分离器处理，出水中的矿物油浓度需要达到 5 mg/L 以下，对处理后的废水进行综合利用。

3. 水污染防治措施

施工期间做好地下水监测工作，监控地下水变化趋势，在施工现场应针对不同的污水设置相应的处理设施，如沉淀池、隔油池、化粪池等，并与市政管网连接，且不能二次使用的施工污水，经沉淀池沉淀后方可排入市政污水管道。

保护地下水环境，可以采用隔水性能好的边坡支护技术，在缺水地区或地下水位持续下降的地区，基坑降水尽可能少地抽取地下水。对于化学品等有毒材料、油料的储存地，应有严格的隔水层设计，并做好渗漏液收集和处理。施工前做好水文地质、工程地质勘察工作，并进行必要的抽水实验或计算，以正确估计可能的涌水量、漏斗降深及影响范围。

施工过程中，观测周围地表沉降以免引起不均匀沉降，影响周围建筑物、构筑物以及地下管线的正常使用和危害人民生命财产安全，施工现场产生的污水不能随意排放，不能任其流出施工区域污染环境。

2.5.5　土壤保护

1. 土地资源的现状

土壤作为独立的自然体，是指位于地球陆地地表，包括具有浅层水地区的具有肥力、能生长植物的疏松层，由矿物质、有机质、水分和空气等物质组成，是一个非常复杂的系统。

从资源经济学角度来看，土地资源是人类发展过程中必不可少的资源，而我国土地资源的现状表现为：① 人口膨胀致使城市化进程进一步加快，也在一步步地侵蚀和毁灭土壤的肥力；② 过度过滥使用农药化肥，使土壤质量急剧下降；③ 污水灌溉、污泥肥田、固体废物和危险废物的土壤填埋、土壤的盐碱化、土地沙漠化对土壤的污染和破坏显见又难以根治，西部地区（特别是西北地区）土壤退化与土壤污染状况非常严重。基于上述因素，对于土壤的保护是非常迫切的。

2. 土壤保护的措施

制约土壤保护的关键因素是我国的人口膨胀，而且不可能在短期内减少人口压力，故针对目前我国土地资源的现状，为及时防止土壤环境的恶化，应积极采取土壤保护措施。具体在建筑施工中，应采取如下保护措施。

（1）保护地表环境，必须防止土壤侵蚀、流失，因施工造成的裸土，及时覆盖砂石或种植速生草种，以减少土壤侵蚀；因施工造成容易发生地表径流土壤流失的情况，应采取设置地表排水系统、稳定斜坡、植被覆盖等措施，减少土壤流失。

（2）沉淀池、隔油池、化粪池等不发生堵塞、渗漏、溢出等现象，及时清掏各类池内沉淀物，并委托有资质的单位清运。

（3）对于有毒有害废弃物，如电池、墨盒、油漆、涂料等，应回收后交有资质的单位处理，不能作为建筑垃圾外运，避免污染土壤和地下水。

（4）施工后应恢复被施工活动破坏的植被。与当地园林、环保部门或当地植物研究机构进行合作，在先前开发地区种植当地或其他合适的植物，以恢复剩余空地地貌或科学绿化，补救施工活动中人为破坏植被和对地貌造成的土壤侵蚀。

（5）在城市施工时如有泥土场地易污染现场外道路时可设立冲水区，用冲水机冲洗轮胎，防止污染施工外部环境。修理机械时产生的液压油、机油、清洗油料等废油不得随地泼倒，应收集到废油桶中并统一处理。禁止将有毒、有害的废弃物用作土方回填。

（6）限制或禁止黏土砖的使用，降低路基并充分利用粉煤灰。节约土地要从源头上做起，即推进墙体材料改革，建筑业以新型节能的墙体材料代替实心黏土砖，让新型墙体材料占领市场。

2.5.6 建筑垃圾控制

工程施工过程中每日均生产大量废物，如泥沙、旧木板、钢筋废料和废弃包装物料等，这些基本用于回填，大量未处理的垃圾露天堆放或简易填埋，便会占用大量宝贵土地并污染环境。

1. 建筑施工垃圾组成及产生的主要原因

建筑垃圾多为固体废弃物，主要来自建筑活动中的三个环节：建筑物的施工过程、建筑物的使用和维修过程以及建筑物的拆除过程。建筑施工过程中产生的建筑垃圾主要有碎砖、混凝土、砂浆、包装材料等；使用过程中产生的主要有装修类材料、塑料、沥青、橡胶等；建筑拆卸时产生的主要有废混凝土、废砖、废瓦、废钢材、木材、碎玻璃、塑料制品等。此处主要对施工过程中产生的几项施工垃圾介绍如下。

1）*碎砖*

产生碎砖的主要原因包括：① 运输过程、装卸过程；② 设计和采购的砌体强度过低；③ 不合理的组砌方法和操作方法产生了过多的碎砖；④ 加气混凝土块的施工过程中未使用专用的切割工具，随意用瓦刀或锤等工具进行切块；⑤ 施工单位造成的倒塌。

2）*混凝土*

产生混凝土垃圾的主要原因有：① 模板支设不合理，造成胀模后修整过程中漏浆；② 浇筑时造成溢出和散落；③ 模板支设不严密，造成漏浆现象；④ 拌制多余的混凝土；⑤ 多数工程采用混凝土灌注桩，由于桩基施工单位的技术水平和工人的操作水平所制约，出现桩头超打现象，截下的桩头成为混凝土施工垃圾。

3）*砂浆*

砂浆产生建筑垃圾的主要原因包括：① 砌筑砌体时由于铺灰过厚，导致多余砂浆被挤出；② 未回收砌体砌筑时产生的舌头灰；③ 运输过程中，使用的运输工具产生漏浆现象；④ 在水平运输时，运输车装浆过多而撒漏；⑤ 在垂直运输时，由于运输车辆停放不妥造成翻倒；⑥ 搅拌和运输工具未及时清理；⑦ 落地灰未及时清理利用；⑧ 抹灰质量不合格而重新施工。

4）包装材料

包装材料产生的垃圾主要有：① 防水卷材的包装纸；② 块体装饰材料的外包装；③ 设备的外包装箱；④ 门窗的外保护材料。

2. 建筑施工垃圾的控制

1）建筑垃圾减量

开工前制定建筑垃圾减量目标。通过加强材料领用和回收的监管、提高施工管理，减少垃圾产生以及重视绿色施工图纸会审，避免返工、返料等措施减少建筑垃圾产量。

2）建筑垃圾回收再利用

① 回收准备。首先，制定工程建筑垃圾分类回收再利用目标，并公示；其次，制定建筑垃圾分类要求，分几类、怎么分类、各类垃圾回收的具体要求是什么都要有明确规定，并在现场合适位置修建满足分类要求的建筑垃圾回收池；再次，制定建筑垃圾现场再利用方案，建筑垃圾应尽可能在现场直接再利用，减少运出场地的能耗和对环境的污染；最后，联系回收企业。以就近的原则联系相关建筑垃圾回收企业，如再生骨料混凝土、建筑垃圾砖、再生骨料砂浆生产厂家、金属材料再生企业等，并根据相关企业对建筑垃圾的要求，提出现场建筑垃圾回收分类的具体要求。

② 实施与监管。应制定尽可能详细的建筑垃圾管理制度，落实到位，并制定配套表格，确保所有建筑垃圾受到监控。同时，对职工进行教育和强调，建筑垃圾尽可能地全数按要求进行回收，尽可能在现场直接再利用。此外，及时分析建筑垃圾回收及再利用情况，并将结果公示，发现与目标值偏差较大时，及时采取纠正措施。

2.5.7　地下设施、文物和资源保护

地下设施主要包括人防地下空间、民用建筑地下空间、地下通道和其他交通设施、地下市政管网等设施。这类设施通常处于隐蔽状态，在施工中如果不采取必要的措施，极其容易受到损害，造成很大的损失。保护好这类设施的安全运行对于确保国民经济的生产和居民正常生活具有十分重要的意义。文物作为我国古代文明的象征，采取积极措施保护地下文物是每一个人的责任。当今世界矿产资源短缺的现状，使各国的危机感大大提高，并竞相加速新型资源的研发，因此，现阶段做好矿产资源的保护工作也是搞好文明施工、安全生产的重要环节。

地下设施、文物和资源通常具有不规律及不可见性，对其保护时我们需要做到仔细勘探、精密布局、谨慎施工。

1. 施工前的要求

（1）施工前对施工现场地下土层、岩层进行勘察，探明施工部位是否存在地下设施、文物或矿产资源，并向有关单位和部门进行咨询和查询，最终确认施工场地存在地下设施、文物或矿产资源的具体情况和位置。

（2）对已探明的地下设施、文物或矿物资源，制定适当的保护措施，编制相关保护方案。方案需经相关部门同意并得到监理工程师认可后方可实施。

（3）对施工场区及周边的古树名木优先采取避让方法进行保护，不得已需进行移栽的应经相关部门同意并委托有资质的单位进行。

2. 施工中的保护

（1）开工前和实施过程中，项目部应认真向每一位操作工人进行管线、文物及资源方面的技术交底，明确各自责任。

（2）应设置专人负责地下相关设施、文物及资源的保护工作，并经常检查保护措施的可靠性。当发现场地条件变化、保护措施失效时，立即采取补救措施。

（3）督促检查操作人员，遵守操作规程，禁止违章作业、违章指挥和违章施工。

（4）开挖沟槽和基坑时，无论人工开挖还是机械开挖均需分层施工。一旦遇到异常情况，必须仔细而缓慢地挖掘，把情况弄清楚后或采取措施后，方可按照正常方式继续开挖。

（5）施工过程中如遇到露出的管线，必须采取相应的有效措施。如进行吊托、拉攀、砌筑等固定措施，并与有关单位取得联系，配合施工，以求施工过程的安全可靠。施工过程中一旦发现文物，立即停止施工，保护现场并尽快通报文物部门并协助文物部门做好相应的工作。

（6）施工过程中发现现状与交底或图纸内容、勘探资料不相符时或出现直接危及地下设施、文物或资源安全的异常情况时，应及时通知相关单位到场研究，商议制定补救措施，在未做出统一结论前，施工人员不得擅自处理。

（7）施工过程中一旦发生地下设施、文物或资源损坏事故，必须在 24 h 内报告主管部门和业主，不得隐瞒。

2.5.8 人员安全与健康管理

绿色施工讲究以人为本。在国内安全管理中，已引入职业健康安全管理体系，各建筑施工企业也都积极建立职业健康安全管理体系，在施工生产中将原有的安全管理模式规范化、文件化、系统化地结合到职业健康安全管理体系中，使安全管理工作成为循序渐进、有章可循、自觉执行的管理行为。

1. 制度体系

（1）应按照国家法律、法规的有关要求，做好职工的劳动保护工作，制定施工现场环境保护和人员安全等突发事件的应急预案。

（2）制定施工防尘、防毒、防辐射等职业危害的措施，保障施工人员的长期职业健康。

（3）施工现场建立卫生急救、保健防疫制度，在安全事故和疾病疫情出现时提供及时救助。

（4）现场食堂应有卫生许可证，炊事员应持有效健康证明。

2. 场地布置

合理布置施工场地，保证生活及办公区不受施工活动的有害影响，注意现场宜设置医务室。高层建筑施工宜分楼层配备移动环保厕所，定期清运、消毒。

3. 管理规定

（1）提供卫生、健康的工作与生活环境，加强对施工人员的住宿、膳食、饮用水等生活与环境卫生等管理，明显改善施工人员的生活条件。

（2）生活区有专人负责，提供消暑或保暖措施。

（3）现场工人劳动强度和工作时间符合国家规定。

（4）从事有毒、有害、有刺激性气味和在强光、强噪声施工的人员佩戴与其相应的防护器具。

（5）深井、密闭环境、防水和室内装修施工有自然通风或临时通风设施。

（6）现场危险设备、地段、有毒物品存放地配置醒目安全标志，施工应采取有效防毒、防污、防尘、防潮、通风等措施，加强人员健康管理。

（7）厕所、卫生设施、排水沟及阴暗潮湿地带定期消毒。

（8）食堂各类器具清洁，个人卫生、操作行为规范。

4. 其他

提供卫生清洁的生活饮用水和生活热水。施工期间，派人送到施工作业面。茶水桶应安全、清洁。

2.6　绿色施工实践

2.6.1　工程简介

本项目为泰兴项目 5 万 t/d 工业污水处理厂及 1 号泵站主要工艺设备、附属设备、自控设备及低压电气设备安装工程，设计规模为工业污水处理 5 万 m^3/d，其中预处理规模为 8 000 m^3/d。主要负责泰兴经济开发区 5 万 t/d 工业污水处理厂及 1 号一体化污水提升泵站工艺设备、附属设备、自控设备及低压电气设备的安装及调试。

该项目积极做好环境管理控制与文明施工工作，保证两个目标实现：第一，杜绝发生一般及以上突发环境事件；第二，杜绝发生被中央生态环境保护督察组通报或因生态环境保护问题在省域及以上范围内被联合惩戒、环保信用评价降级等造成较大负面影响的事件。

下面主要对该项目采取的文明施工、环境保护、节能减排保证措施进行阐述。

2.6.2　文明施工、环境保护、节能减排保证措施

1. 文明施工、环境保护、节能减排管理体系

建立健全管理体系，各工点区域范围的文明施工现场分级负责创建文明工地。积极配合建设、监理、地方文物等单位进行文物保护工作。文明施工、文物保护管理体系框图见图 2.1。

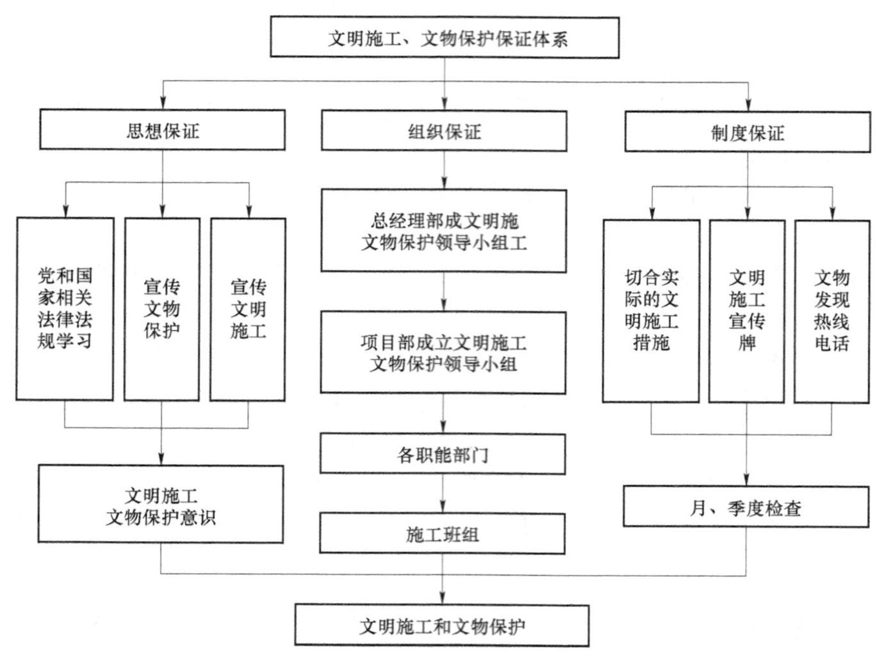

图 2.1　文明施工、文物保护管理体系框图

2. 文明施工、环境保护、节能减排岗位职责

项目经理全面负责本工程文明施工标准工地建设工作，定期组织对文明施工的工作检查，落实创建各项文明施工标准工地制度，及时参加建设单位组织的创建文明施工标准工地会议，配合建设单位做好文明施工工作。

总工程师在项目经理领导下，在施工生产中组织实施创建文明施工标准工地，组织各部门定期进行文明施工工作的检查，组织工程技术部编制文明施工措施，检查各部门文明施工的具体落实、执行情况。

项目经理部各部门及项目分部实施文明施工措施，创建文明施工标准工地。

3. 文明施工、环境保护、节能减排措施

1）施工围挡设施设置

（1）设置的临时设施如现场办公室，职工、民工宿舍等房屋，整齐放置，统一规划，保证明亮整洁。

（2）在施工期间，与既有道路相交处的施工范围边线设置围挡。在夜间，于施工围挡和交通路口挂红灯，保证施工沿线在夜间有足够的照明设施；施工期间，根据业主或当地政府要求，在要求的时间和地点提供和维持所有的照明灯光、护板、围墙、栅栏、警示信号标志，并安排专门的值班人员 24 h 值班，对工程保护和为工程提供安全和方便。

（3）积极开展文明施工窗口达标活动，做到施工中无重大工伤事故，施工现场周围道路平整无积水。

（4）严格按规范施工，对施工便道要经常洒水，防止尘土飞扬，并做好施工用水的处理工作，经常修理整平道路，清理道路上的零星块石路障，保证道路的路况完好畅通。

（5）因施工造成沿线单位及人员出入受阻碍的，采取有力措施，确保出入口和道路的

畅通和安全。同时，派专人协助维护所在地段的交通与人流，既保证施工安全，也保证车辆和行人的畅通和安全。

（6）在施工过程中，定期由文明施工管理机构组织项目经理部各部门有关人员检查，对达到文明施工要求的工点，进行奖励；对达不到的工点，实行惩罚，并责令其整改。

2）机具、材料管理

（1）在施工过程中，始终保持现场整齐干净，清理所有多余的材料、设备和垃圾，拆除不再需要的临时设施，做好文明施工。

（2）材料仓库用砖砌结构，材料进场后分类堆放，并按照ISO发布的ISO 9002文件（《质量体系生产安装和服务的质量保证模式》）有关要求进行标识。不得将工地一切材料和设施堆放在围栏外，在场内离开围栏分类堆放整齐，保证施工现场畅通，场地文明整洁。

（3）施工机具统一在确定场所内摆放，并用标识牌标明每一类施工机具摆放地点。

（4）所有施工机具保持整洁机容，每天进行例行保养。

（5）在运输和储存施工材料时，采取可靠措施防止漏失。

3）文明的宣传和监督

（1）学习文明施工管理规定，在每周安全学习例会中穿插文明施工管理规定的学习内容，务使每个职工明白文明施工的重要性。

（2）做好施工现场的宣传工作。在作业班组积极开展文明施工劳动竞赛。

（3）注意搞好与相关方的关系，以使工程顺利开展。

（4）施工管理人员佩卡上岗，施工现场主门右侧悬挂施工标牌，标明工程名称、工程负责人、工地文明施工负责人、施工许可证和投诉电话等内容，接受有关人员的监督。

4）文明施工承诺

（1）项目经理部办公室设投诉电话，接受协作单位和有关人员的监督。所有投诉问题保证在8 h内整改、答复。

（2）对于在文明施工和环保检查中发现的问题，保证在8 h内整改，并以书面形式答复。

（3）保证文明施工和环保管理措施落实，责任到人，有奖有罚。

（4）工程完工后，在14 d拆除工地围栏、安全防护设施和其他临时设施，清除设备、多余材料、淤泥和垃圾等，并将工地及周边环境清理整洁，做到工完料净场地清，达到业主和监理工程师满意的程度。

（5）无条件接受甲方和监理工程师有关文明施工的指示。

（6）积极与当地政府、环保等部门协作共同抓好环保工作。

5）基地卫生

（1）工地保证开水供应，禁止饮用生水。茶水桶内清洁无垢。

（2）办公室、宿舍实行卫生值日制。保持办公室和宿舍等室内环境整洁卫生，做到无痰迹、烟头纸屑等。

（3）宿舍内工具、工作服、鞋等定点集中摆放，保持整洁。床上生活用具堆放整齐，床下不能随意堆放杂物。

（4）食堂保持内外环境整洁，工作台和地上无油腻。食物存放配备冰箱和熟食罩，生熟分开，专人管理，保持清洁卫生。食堂一切用具，用后洗净，不能有污垢、霉变物。食堂应有加盖的泔桶或垃圾袋。炊事人员必须持健康合格证和培训证上岗，并做到“三白”（白工作服、白帽子、白口罩）。

（5）定期进行消毒、防尘、灭蝇、灭鼠活动。

（6）设专人管理厕所卫生，每天清洗，保持整洁。厕所内定期洒药消毒，并做好记录。

（7）工地配备急救药箱，医务人员每周一次巡视工地，做好季节性防病卫生宣传工作。

（8）卫生员要协助医务人员抓好防病和食堂卫生工作，做好记录，高温季节每天到食堂验收食品，防止食物中毒。

（9）由环卫部门定期外运生活污水、垃圾。

6）固体废弃物、危险废弃物处理

对于施工过程中产生的固体废弃物、建筑垃圾，统一分类归集。建筑垃圾统一堆放到指定的区域，由土建单位统一处理。固体废弃物统一堆放至固体垃圾堆积处，由市政环卫部门定时清理。施工过程中产生的危险废弃物，如化学液剂等，分类搜集、安全存储，防止混合。

（1）应按安全特性分类收集和存放危险化学废弃物，并在容器外注明危险性。必须单独收集和妥善存放剧毒化学废弃物、易燃易爆化学废弃物，不得混入普通危险化学废弃物中。

（2）不得将含有下列成分的化学废液相互混装收集：氧化剂、还原剂与有机物；氰化物、硫化物、次氯酸盐与酸；盐酸、氢氟酸等挥发性酸与不挥发性酸；浓硫酸、磺酸、羟基酸、聚磷酸等酸类与其他的酸；铵盐、挥发性胺与碱；含卤素的有机物与其他液体；其他化学性质相抵触、灭火方法相抵触和互相作用的化学品。

（3）危险化学废弃物的盛装容器应完好牢固，封口紧密，无破损、倾斜、倒置和渗漏等现象，确保不会发生废弃物将容器溶解、腐蚀等异常现象。容器外应有明显清晰的标识，准确标明废物的名称、成分、规格、形态、数量、危险性等，外文标识的应加注中文注释。回收危险化学废弃物时，如发现盛装容器或标识不符合规定要求，工作人员应当拒收。

（4）严禁将未经无害化处理、可能污染环境的危险化学废弃物直接排入下水道，或当成一般生活垃圾随意弃置或堆放填埋。严禁将危险化学废弃物与一般生活垃圾、生物性废弃物、医疗废弃物或放射性废弃物等混装贮存和回收。

（5）存放有普通危险化学废弃物，应提前填写废弃物清单，标明名称、联系人和联系电话，经施工负责人签字确认后报送管理部门。

（6）管理部门工作人员将废弃物清单交由与签约的废弃物回收处置专业机构审核。提前按规定要求包装好普通危险化学废弃物，并将通过审核的废弃物清单粘贴在盛装容器或包装物上。

（7）按约定时间将普通危险化学废弃物集中至回收地点，并派专人到现场向回收工作人员清点移交。清单未经审核或未按要求粘贴清单的危险化学废弃物，回收工作人员应当拒收。

（8）可根据需要随时进行剧毒化学废弃物、易燃易爆化学废弃物的回收工作。废弃物应单独列清单提前报送管理部门审核，由管理部门负责委托有资质的专业机构进行规范处置。

7）文明施工资料管理

（1）根据文明施工要求，做好相应的内业资料，如文明施工基础资料及施工许可证的记录、申报、保管工作。

（2）办公室布置文明施工有关的图表。

（3）定期举行文明施工管理活动，检查前期文明施工情况，发现问题及时整改，并做好记录。

第3章 绿色施工综合技术

3.1 地基与基础结构的绿色施工综合技术

3.1.1 深基坑双排桩加旋喷锚桩支护的绿色施工技术

1. 双排桩加旋喷锚桩技术适用条件

双排桩加旋喷锚桩基坑支护方案的选定须综合考虑工程的特点和周边的环境要求，在满足地下室结构施工及确保周边建筑安全可靠的前提下，尽可能做到经济合理，方便施工及提高工效。其适用于以下4种情况。

（1）基坑开挖面积大、周长长、形状较规则、空间效应非常明显，尤其应慎防侧壁中段变形过大的情况。

（2）基坑开挖深度较深，周边条件各不相同，差异较大，有的侧壁比较空旷，有的侧壁条件较复杂。

（3）基坑开挖范围内，基坑中下部及底部存在粉土、粉砂层，一旦发生流沙，基坑稳定将受到影响。

（4）地下水主要为表层素填土中的上层滞水及赋存的微承压水，此时须做好基坑止水降水措施。

2. 双排桩加旋喷锚桩支护技术

1）钻孔灌注桩结合水平内支撑支护技术

水平内支撑的布置可采用东西对撑并结合角撑的形式布置。该技术方案对周边环境影响较小，但该方案存在两个缺点：首先，如果工程施工场地太过紧张，按该技术方案实施，基坑无法分块施工，在周边安排好办公区、临时道路等基本临设后，剩余施工场地较小；其次，施工工期延长，具体内支撑的浇筑、养护、土方开挖及后期拆撑等施工工序均会增加施工周期。

2）单排钻孔灌注桩结合多道旋喷锚桩支护技术

锚杆体系除常规锚杆外，还有一种比较新型的锚杆形式——加筋水泥土桩锚。加筋水泥土是指插入加劲体的水泥土，加劲体可采用金属或非金属的材料。它采用专门机具施作，直径200～1 000 mm，可为水平向、斜向或竖向的等截面、变截面或有扩大头的桩锚体。加筋水泥土桩锚支护是一种有效的土体支护与加固技术，其特点是钻孔、注浆、搅拌和加筋一次完成，适用于砂土、黏性土、粉土、杂填土、黄土、淤泥、淤泥质土等土层中的基坑支护和土体加固。加筋水泥土桩锚可有效解决粉土、粉砂中锚杆施工困难问题，且锚固体直径远大于常规锚杆锚固体，所以可提供锚固力大于常规锚杆。

该技术可根据建筑设计的后浇带位置分块开挖施工，因此场地有足够的施工作业面，并且相比内支撑可节约一定的工程造价。该技术不利的一点是：加筋水泥土桩锚下层土开挖时，上层的斜桩锚必须有 14 d 以上的养护时间，并已张拉锁定。因此，多道旋喷锚桩的施工对土方开挖及整个地下工程施工会造成一定的工期影响。

3）双排钻孔灌注桩结合一道旋喷锚桩支护技术

为满足工期要求，需减少桩锚道数，但桩锚道数减少势必会减少支点，引起围护桩变形及内力过大，对基坑侧壁安全造成较大的影响。双排桩支护形式前后排桩拉开一定距离，各自分担部分土压力，两排桩桩顶通过刚度较大的压顶梁连接，由刚性冠梁与前后排桩组成一个空间超静定结构，整体刚度很大，加上前后排桩形成与侧压力反向作用的力偶的原因，使双排桩支护结构位移相比单排悬臂桩支护体系明显减少，有利于保证基坑侧壁安全。但纯粹双排桩悬臂支护形式相比桩锚支护体系变形较大，对于太深的基坑（如深 11 m 及以上）很难有安全保证。

3. 基坑支护绿色施工技术

1）钻孔灌注桩绿色施工技术

基坑钻孔灌注桩混凝土强度等级为水下 C30，压顶冠梁混凝土等级 C30，灌注桩保护层为 50 mm；冠梁及连梁结构保护层厚度 30 mm；灌注桩沉渣厚度不超过 100 mm，充盈系数 1.05～1.15，桩位偏差不大于 100 mm，桩径偏差不大于 50 mm，桩身垂直度偏差不大于 1/200。

应仔细按照设计图纸制作钢筋笼，避免放样错误，并满足国家相关规范要求。灌注桩钢筋采用焊接接头，单面焊 $10d$（d 为钢筋直径，下同），双面焊 $5d$，同一截面接头不大于 50%，接头间相互错开 $35d$，坑底上下各 2m 范围内不得有钢筋接头，纵筋锚入压顶冠梁或连梁内直锚段不小于 $0.6l_{ab}$（l_{ab} 为受拉钢筋的基本锚固长度），90° 弯锚度不小于 $12d$。如施工场地为粉土粉砂层，为保证成桩质量，施工时应根据地质情况采取优质泥浆护壁成孔、调整钻进速度和钻头转速等措施，或通过成孔试验确保围护桩跳打成功。

灌注桩施工时，应严格控制钢筋笼的标高，钢筋笼全部安装入孔后，检查安装位置，特别是钢筋笼在坑内侧和外侧配筋的差别，确认符合要求后，固定钢筋笼吊筋，固定必须牢固、有效。混凝土灌注过程中，应防止钢筋笼上浮和低于设计标高。如桩顶标高低于地面较多，桩顶标高不易控制，灌注过程将近结束时，安排专人测量导管内混凝土面标高，防止桩顶标高过低造成烂桩头或过高造成浪费。

2）旋喷锚桩绿色施工技术

基坑支护设计加筋水泥土桩锚采用旋喷桩，考虑到保护周边环境的重要性，可使用慢速搅拌中低压旋喷机具。旋喷锚桩施工应与土方开挖紧密配合。正式施工前，开挖按锚桩设计标高为准低于标高面向下 300 mm 左右、宽度不小于 6 m 的锚桩沟槽工作面。

旋喷锚桩施工采用钻进、注浆、搅拌、插筋的方法。水泥浆应拌和均匀，随拌随用，一次拌和的水泥浆应在初凝前用完。旋喷搅拌的压力为 29 MPa，旋喷提升速度为 20～25 cm/min，直至浆液溢出孔外。旋喷注浆应保证扩大头的尺寸和锚桩的设计长度。锚筋采用 3～4 根 ϕ15.2 mm 预应力钢绞线制作，每根钢绞线抗拉强度标准值为 1 860 MPa，每根钢绞线由 7 根钢丝铰合而成，桩外留 0.7 m 以便张拉。钢绞线穿过压顶冠梁时，自由段钢绞线与土层内斜拉锚杆要成一条直线，自由段部位钢绞线需加 ϕ60 mm 塑料套管，并做防锈、防腐处理。

在压顶冠梁及旋喷桩强度达到设计强度 75%后，用锚具锁定钢绞线。锚具和夹具应符合《预应力筋用锚具、夹具和连接器应用技术规程》（JGJ 85—2010）。

正式张拉前，先用 20%锁定荷载预张拉 2 次，再以 50%、100%的锁定荷载分级张拉，然后超张拉至 110%设计荷载，在超张拉荷载下保持 5 min，观测锚头无位移现象后，按锁定荷载锁定，锁定拉力为内力设计值的 60%。锚桩张拉的目的是通过张拉设备使锚桩自由段产生弹性变形，从而对锚固结构施加所需的预应力。在张拉过程中，应注重张拉设备选择、标定、安装、张拉荷载分级、锁定荷载及量测精度等方面的质量控制。

4. 地下水处理的绿色施工技术

1）三轴搅拌桩全封闭止水技术

基坑侧壁采用三轴深层搅拌桩全封闭止水，水灰比 1.3，桩径 850 mm，搭接长度 250 mm，水泥掺量 20%，28 d 抗压强度不小于 1.0 MPa，坑底加固水泥掺量 12%。三轴搅拌施工应保证墙体的连续性和接头的施工质量，保证桩与桩之间充分搭接，以达到止水作用。施工前做好桩机定位工作，桩机立柱导向架垂直度偏差不大于 1/250。相邻搅拌桩搭接时间不大于 15 h，因故搁置超过 2 h 以上的拌制浆液不得再用。

三轴搅拌桩在下沉和提升过程中均应注入水泥浆液，同时严格控制下沉和提升速度。搅拌下沉速度宜控制在 0.5～1.0 m/min，提升速度宜控制在 1.0～1.5 m/min，但在粉土、粉砂层，提升速度应控制在 0.5 m/min 以内，并视不同土层实际情况控制提升速度。若基坑工程相对较大，三轴水泥土搅拌桩不能保证连续施工，在施工中会遇到搅拌桩的搭接问题，为了保证基坑的止水效果，在搅拌桩搭接的部位采用双管高压旋喷桩进行冷缝处理。

2）坑内管井降水技术

基坑内地下水采用管井降水，内径 400 mm，间距约 20 m。管井降水设施在基坑挖土前布置完毕，并进行预抽水，以保证有充足的时间，最大限度降低土层内的地下潜水及降低微承压水头，保证基坑边坡的稳定性。

管井施工工艺流程：井管定位→钻孔、清孔→吊放井管→回填滤料、洗井→安装深井降水装置→调试→预降水→随挖土进程分节拆除井管，管井顶标高应高于挖土面标高 2 m 左右→降水至坑底以下 1 m→坑内布置盲沟，坑内管井由盲沟串联成一体，坑内管井管线由垫层下盲沟接出排至坑外→基础筏板混凝土达到设计强度后，根据地下水位情况暂停部分坑中管井的降排水→地下室坑外回填完成，停止坑边管井的降水→退场。

管井的定位采用极坐标法精确定位，避开桩位，并避开挖土主要运输通道位置。严格控制管井的布置质量，以保证管井抽水效果。

5. 基坑监测技术

为保证围护结构及周边环境的安全，确保基坑的安全施工，结合深基坑工程特点、现场情况及周边环境，应主要对以下项目进行监测：围护结构（冠梁）顶水平、垂直位移；围护桩桩体水平位移；土体深层水平位移；坡顶水平、垂直位移；基坑内外地下水位；周边道路沉降；周边地下管线的沉降；锚索拉力等。

基坑监测测点间距不大于 20 m，在安装、埋设完毕后，基坑开始挖土前，需采集所有监测项目的测点的初始数据，且次数不少于 3 次。监测工作从支护结构施工开始前进行，直至完成地下结构工程施工。较为完整的基坑监测系统需要对支护结构本身的变形、应力，周边邻近建构筑物、道路及地下管线沉降等进行监测，以及时掌握周边的动态。在施工监测过程中，监测单位及时提供各项监测成果，出现问题及时提出有关建议和警报，设计人员及施工单位及时采取措施，从而确保支护结构的安全，实现绿色施工。

3.1.2　超深基坑开挖期间基坑监测的绿色施工技术

1. 超深基坑监测绿色施工技术概述

随着城市建设的发展，向空中求发展、向地下深层要土地成了建筑商追求经济效益的常用手段，由此产生了深基坑施工问题。在深基坑施工过程中，由于地下土体性质、荷载条件、施工环境的复杂性和不确定性，仅根据理论计算、地质勘察资料和室内土工试验参数来确定设计和施工方案，往往含有许多不确定因素，尤其是对于复杂的大中型工程或环境要求严格的项目，对在施工过程中引发的土体性状、周边环境、邻近建筑物、地下设施变化的监测已成了工程建设必不可少的重要环节。

根据胡克定律所反映的应力应变关系，界面结构的内力、抗力状态必将反映到变形上。因此，可以通过以变形为基础分析水土作用与结构内力的方法，预先根据工程的实际情况设置各类具有代表性的监测点，施工过程中运用先进的仪器设备，及时从各监测点获取准确可靠的数据资料，经计算分析后，向有关各方汇报工程环境状况和趋势分析图表，从而围绕工程施工建立起高度有效的工程环境监测系统，要求系统内部各部分之间与外部各方之间保持高度协调和统一，从而起到以下作用：① 为工程质量管理提供第一手监测资料和依据，及时了解施工环境中地下土层、地下管线、地下设施、地面建筑在施工过程中所受的影响及影响程度；② 及时发现和预报险情的发生及发展程度；③ 根据一定的测量限值做预警预报，及时采取有效的工程技术措施和对策，确保工程安全，防止工程破坏事故和环境事故发生；④ 靠现场监测提供动态信息反馈来指导施工全过程，优化相关参数，实现信息化施工；⑤ 可通过监测数据来了解基坑的设计强度，为今后降低工程成本指标提供设计依据。

2. 超深基坑监测绿色施工技术特点

深基坑施工通过人工形成一个坑用挡土、隔水界面，由于水土物理性能随空间、时间变化很大，对这个界面结构形成了复杂的作用状态。水土作用、界面结构内力的测量技术复杂，费用大，该技术用变形测量数据，利用建立的力学计算模型，分析得出当前的水土作用和内力，用以基坑安全判别。

深基坑施工监测具有时效性。基坑监测通常是配合降水和开挖过程，有鲜明的时间性。测量结果是动态变化的，一天以前的测量结果都会失去直接的意义，因此深基坑施工中需随时监测，通常是每天一次，在测量对象变化快的关键时期，可能每天需进行数次。基坑监测的时效性要求对应的方法和设备具有采集数据快、全天候工作的能力，甚至适应夜晚或大雾天气等严酷的环境条件。

深基坑施工监测具有高精度性。由于正常情况下，基坑施工中的环境变形速率可能在0.1 mm/d以下，要测到这样的变形精度，要求基坑施工中的测量采用一些特殊的高精度仪器。

深基坑施工监测具有高精度性。基坑施工中的监测通常只要求测得相对变化值，不要求测量绝对值。基坑监测要求尽可能做到等精度，要求使用相同的仪器，在相同的位置上，由同一观测者按同一方案施测。

3. 超深基坑监测绿色施工技术的适用范围和监测内容

超深基坑监测绿色施工技术适用于开挖深度超过5 m的深基坑开挖过程中围护结构变形及沉降监测，周边环境包括建筑物、管线、地下水位、土体等变形监测，基坑内部支撑轴力及立柱等的变形监测。

对深基坑施工的监测内容通常包括：水平支护结构的位移；支撑立柱的水平位移、沉降或隆起；坑周土体位移及沉降变化；坑底土体隆起；地下水位变化以及相邻建（构）筑物、地下管线、地下工程等保护对象的沉降、水平位移与异常现象等。

4. 超深基坑监测绿色施工技术的技术要点

1）监测点的布置

监测点布设合理方能经济有效，监测项目的选择必须根据工程的需要和基地的实际情况而定。在布设监测点前，必须知道基地周边的环境条件、地质情况和基坑的围护设计方案，再根据以往的经验和理论预测来考虑监测点的布设范围、密度。能埋的监测点应在工程开工前埋设完成，并保证有一定的稳定期，在工程正式开工前，各项静态初始值应测取完毕。沉降、位移的监测点应直接安装在被监测的物体上。若道路地下管线无条件开挖样洞设点，则可在人行道上埋设水泥桩作为模拟监测点，此时模拟桩的深度应稍大于管线深度，且地表设井盖保护，避免影响行人安全；若马路上有如管线井、阀门管线设备等，则可在设备上直接设点观测。

2）周边环境监测点的埋设

《建筑基坑工程监测技术标准》（GB 50497—2019）规定，基坑边缘以外1～3倍的基坑开挖深度范围内需要保护的周边环境应作为监测对象，必要时尚应扩大监测范围。

监测点埋设一般原则为：管线取最老管线、硬管线、大管线，尽可能取露出地面的如阀门、消防栓、窨井作监测点，以便节约费用；管线监测点埋设采用长约80 mm的钢钉打入地面，管线监测点同时代表路面沉降；房屋监测点尽可能利用原有沉降点，不能利用的地方用钢钉埋设。

3）基坑围护结构监测点的埋设

（1）基坑围护墙顶沉降及水平位移监测点埋设。

在基坑围护墙顶间隔10～15 m埋设长10 cm、顶部刻有“+”字丝的钢筋作为垂直及水平位移监测点。

（2）围护桩测斜孔埋设。

根据基坑围护实际情况，考虑基坑在开挖过程中坑底的变形情况，应根据地质情况，将测斜管埋设在比较容易引起塌方的部位，一般按平行于基坑围护结构以20～30 m的间距布设，测斜管采用内径60 mm PVC管。测斜管与围护灌注桩或地下连续墙的钢筋笼绑扎在一道，埋深约与钢筋笼同深，接头用自攻螺丝拧紧，并用胶布密封，管口加保护钢管，以防损坏。管内有 2 组互为 90° 的导向槽，导向槽控制测试方位，下钢筋笼时，使其一组垂直于基坑围护，另一组平行于基坑围护并保持测斜管竖直。测斜管埋设时必须要有施工单位配合。

（3）坑外水位测量孔埋设。

在开挖基坑前，必须降低地下水位，但在降低地下水位后有可能引起坑外地下水位向坑内渗漏。地下水的流动是引起塌方的主要因素，所以地下水位的监测是保证基坑安全的重要内容。埋设水位监测管时，应根据地下水文资料，在含水量大和渗水性强的地方，在紧靠基坑的外边，以 20～30 m 的间距平行于基坑边埋设。水位孔埋设方法如下：用 30 型钻机在设计孔位置钻至设计深度，钻孔、清孔后放入 PVC 管，水位管底部使用透水管，在其外侧用滤网扎牢并用黄沙回填孔。

（4）支撑轴力监测点埋设。

支撑轴力监测利用应力计，它的安装须在围护结构施工时请施工单位配合安装，一般选方便的部位，选若干个断面，每个断面装 2 只应力计，以取平均值。应力计必须用电缆线引出，并编好号。编号可购置现成的号码圈，套在线头上，也可用色环来表示，色环编号的传统习惯是用黑、棕、红、橙、黄、绿、蓝、紫、灰、白分别代表数字 0、1、2、3、4、5、6、7、8、9。

（5）土压力和孔隙水压力监测点埋设。

土压力计和孔隙水压力计是监测地下土体应力和水压力变化的手段。这两种压力计的安装都须注意引出线的编号和保护。

土压力计要随基坑围护结构施工时一起安装，注意它的压力面须向外；每孔埋设土压力盒数量根据挖深而定，每孔第一个土压力盒从地面下 5 m 开始埋设，以后沿深度方向间隔 5 m 埋设一只，采用钻孔法埋设。首先，将压力盒的机械装置焊接在钢筋上，钻孔、清孔后放入，根据压力盒读数的变化可判定压力盒安装状况；安装完毕后，采用泥球回填密实。根据力学原理，压力计应安装在基坑隐患处的围护桩的侧向受力点。

孔隙水压力计的安装须用到钻机钻孔，在孔中可根据需要按不同深度放入多个压力计，再用干燥黏土球填实，待黏土球吸足水后，封堵好钻孔。

（6）基坑回弹孔埋设。

在基坑内部埋设，每孔沿孔深间距 1 m 放一个沉降磁环或钢环。土体分层沉降仪由分层沉降管、钢环和电感探测三部分组成。分层沉降管由波纹状柔性塑料管制成，管外每隔一定距离安放一个钢环，地层沉降时带动钢环同步下沉，将分层沉降管通过钻孔埋入土层中，采用细沙回填密实。埋设时，须注意波纹管外的钢环不被破坏。分层沉降仪具体通过电感探测装置，根据电磁频率的变化观测埋设在土体不同深度内的磁环的确切位置，再由其所在位置深度的变化计算出地层不同标高处的沉降变化情况。

（7）基坑内部立柱沉降监测点埋设。

在支撑立柱顶面埋设立柱沉降监测点，在支撑浇筑时预埋长约 100 mm 的钢钉。测点布设好后，必须绘制在地形示意图上，各测点须有编号。为使点名一目了然，各种类型的测点要冠以点名，点名可取测点的汉语拼音的第一个字母再加数字组成，如应力计可定名为 YL−1，测斜管可定名为 CX−1，如此等。

4）监测技术要求及监测方法

（1）测量精度。

《建筑基坑工程监测技术标准》（GB 50497—2019）规定，基坑围护墙（边坡）顶部、周边建筑及管线的水平位移监测精度应根据其水平位移预警值按表 3.1 确定。围护墙（边坡）顶部、立柱、基坑周边地表、管线和邻近建筑、道路的竖向位移监测精度应根据其竖向位移预警值按表 3.2 确定。

表3.1　水平位移监测精度要求

水平位移预警值	累计值 D/mm	D≤40		40＜D≤60	D＞60
	变化速率 v_D/（mm/d）	v_D≤2	2＜v_D≤4	4＜v_D≤6	v_D＞6
监测点坐标中误差/mm		≤1.0	≤1.5	＜2.0	≤3.0

注：① 监测点坐标中误差是指监测点相对测站点（如工作基点等）的坐标中误差，监测点相对于基准线的偏差中误差为点位中误差的$1\sqrt{2}$ 。

② 当根据累计值和变化速率选择的精度要求不一致时，水平位移监测精度优先按变化速率预警值的要求确定。

③ 以中误差作为衡量精度的标准。

表3.2　竖向位移监测精度要求

竖向位移预警值	累计值 S/mm	S≤20	20＜S≤40	40＜S≤60	S＞60
	变化速率 v_S/（mm/d）	v_S≤2	2＜v_S≤4	4＜v_S≤6	v_S＞6
监测点测站高差中误差/mm		≤0.15	≤0.5	≤1.0	≤1.5

注：监测点测站高差中误差是指相应精度与视距的几何水准测量单程一测站的高度差中误差。

垂直位移测量：基坑施工对环境的影响范围为坑深的 3～4 倍，因此，沉降观测所选的后视点应选在施工的影响范围之外，后视点应不少于两点。沉降观测的仪器选用精密水准仪，按二等精密水准观测方法测二测回，测回校差应小于 ±1 mm。地下管线、地下设施、地面建筑应在基坑开工前测取初始值，在开工期间，根据需要不断测取数据，从几天观测一次到一天观测几次均可，每次的观测值与初始值比较即为累计量，与前次的观测数据相比较即为日变量。测量过程中“固定观测者、固定测站、固定转点”，严格按国家二级水准测量的技术要求施测。

水平位移测量：水平位移测量要求水平位移监测点的观测采用精密经纬仪进行，一般常用的方法是偏角法。同样，测站点应选在基坑的施工影响范围之外。外方向的选用应不少于三点，每次观测都必须定向。为防止测站点被破坏，应在安全地段再设一点作为保护点，以便在必要时作恢复测站点之用。初次观测时，须同时测取测站至各测点的距离，有了距离，即可算出各测点的秒差，以后各次的观测只要测出每个测点的角度变化即可推算出各测点的位移量。

围护墙体侧向位移斜向测量：随着基坑开挖施工，土体内部的应力平衡状态被打破，从而导致围护墙体及深部土体的水平位移。测斜管的管口必须每次用经纬仪测取位移量，再用测斜仪测取地下土体的侧向位移量，测斜管内位移用测斜仪滑轮沿测斜管内壁导槽渐渐放至管底，自下而上每 1 m 或 0.5 m 测定一次读数，然后测头旋转 180° 再测一次，由此推算测斜管内各点位移值。再与管口位移量比较，即可得出地下土体的绝对位移量。位移方向一般取直接的或经换算过的垂直基坑边方向上的分量。

地下水位观测要求首次必须测取水位管管口的标高，从而可测得地下水位的初始标高，由此计算水位标高。在以后的工程进展中，可按需要的周期和频率，测得地下水位标高的每次变化量和累计变化量。测量时，水位孔管口高程以三级水准联测求得，管顶至管内水位的高差由钢尺水位计测出。

支撑轴力量测要求埋设于支撑上的钢筋计或表面应变计须与频率接受仪配合使用，组成整套量测系统，由现场测得的数据，按给定的公式计算出其应力值。各观测点累计变化量等于实时测量值与初始值的差值；本次测量值与上一次测量值的差值为本次变化量。

（2）土压力测试。

用土压力计测得土压力传感器读数，由给定公式计算出土压力值。

（3）土体分层沉降测量。

测量时，采用搁置在地表的电感探测装置，可以根据电磁频率的变化捕捉钢环确切位置，由钢尺读数可测出钢环所在的深度，根据钢环位置深度的变化，即可知道地层不同标高处的沉降变化情况。首次必须测取分层沉降管管口的标高，从而可测得地下各土层的初始标高。在以后的工程进展中，可按需要的周期和频率，测得地下各土层标高的每次变化量和累计变化量。

（4）监测数据处理。

监测数据必须填写在为该项目专门设计的表格上。所有监测的内容都须写明初始值、本次变化量、累计变化量。工程结束后，应对监测数据尤其是对报警值的出现进行分析，绘制曲线图，并编写工作报告。在基坑施工期间的监测必须由有资质的第三方进行，监测数据必须由监测单位直接寄送各有关单位。根据预先确定的监测报警值，对监测数据超过报警值的，报告上必须加盖红色报警章。

5. 超深基坑监测绿色施工技术的质量控制

监测是施工管理的“眼睛”，监测工作是为信息化施工提供正确的形变数据。为确保真实、及时地做好数据的采集和预报工作，监测人员必须对工作环境、工作内容、工作目的等做到心中有数。应从以下几个方面做好质量控制工作。

（1）精心组织、定人定岗、责任到人、严格按照各种测量规范及操作规程进行监测。每一项测量工作都要进行自检、互检和交叉检。

（2）做好监测点保护工作，各种监测点及测试元件应做好醒目标志，督促施工人员加强保护意识，若有破坏，立即补设，以便保持监测数据的连续性。

（3）根据工况变化、监测项目的重要情况及监测数据的动态的变化，随时调整监测频率，及时将形变信息反馈给甲方、总包、监理等有关单位，以便及时调整施工工艺、施工节奏，有效控制周边环境或基坑围护结构的形变。

（4）测量仪器须经专业单位鉴定后才能使用。使用过程中，定期对测量仪器进行自检，发现误差超限立即送检。

（5）密切配合有关单位建立有关应急措施预案，保持 24 h 联系畅通，随时按有关单位要求实施加密监测。

6. 超深基坑监测绿色施工技术的环境保护

测量作业完毕后，对临时占用、移动的施工设施应及时恢复原状，并保证现场清洁，仪器应存放有序，电器、电源必须符合规定和要求，严禁私自乱接电线；做好设备保洁工作，清洁进场，作业完毕到指定地点清理、整理仪器；所有作业人员应保持现场卫生，生产及生活垃圾均装入清洁袋集中处理，不得向坑内丢弃物品，以免砸伤槽底施工人员。

3.2 主体结构的绿色施工综合技术

3.2.1 大体积混凝土绿色施工技术

1. 大体积混凝土绿色施工的技术特点

大体积混凝土绿色施工综合技术的特点主要体现在如下方面。

（1）用面向顶、墙、地三个界面不同构造尺寸特征的整体分层、分向连续交叉浇筑的施工方法和全过程的精细化温控与养护技术，解决了大壁厚混凝土易开裂的问题，较传统的施工方法可大幅度提升工程质量及抗辐射能力。

（2）结构厚、体型大、钢筋密、混凝土数量多，工程条件复杂和施工技术要求高。

（3）采取一个方向、全面分层、逐层到顶的连续交叉浇筑顺序，浇筑层的设置厚度以450 mm为临界，重点控制底板厚度变异处质量，设置成A类质量控制点。

（4）采取柱、梁、墙板节点的参数化支模技术，精细化处理节点构造质量，可保证大壁厚的顶、墙和地全封闭一体化建筑物结构的质量。

（5）采取紧急状态下随机设置施工缝的措施，且同步铺不大于30 mm的同配比无石子砂浆，可保证混凝土接触处强度和抗渗指标。

2. 大体积混凝土绿色施工的工艺流程

大壁厚的顶、墙和地全封闭一体化建筑物的施工以控制模板支护及节点的特殊处理、大体量混凝土的浇筑及控制为关键，其展开后的施工工艺流程如下：施工前准备→绑扎厚底板钢筋→浇筑厚底混凝土→大厚度底板养护→绑扎大截面柱钢筋→支设柱模板→绑扎厚墙体加强筋及埋设降温水管→绑扎大截面梁钢筋及埋设降温水管→支设梁柱墙一体模板并处理转角缝→绑扎厚屋盖板钢筋及埋设降温水管→支撑顶模板，处理与梁、墙、柱模板节点→墙、柱、梁、顶混凝土分层分项浇筑→梁、板混凝土的分层、分向浇筑和振捣→抹面、扫出浮浆及泌水处理→整体结构的温度控制、养护及成品保护。

3. 大体积混凝土结构施工技术

大体积混凝土主要指混凝土结构实体最小几何尺寸不小于1 m，或预计会因混凝土中水泥水化引起的温度变化和收缩导致有害裂缝产生的混凝土。

1）配制大体积混凝土的材料及规定

（1）水泥应优先选用质量稳定有利于改善混凝土抗裂性能，C_3A 含量较低、C_2S 含量相对较高的水泥。

（2）细骨料宜使用级配良好的中砂，其细度模数宜大于 2.3。

（3）采用非泵送施工时粗骨料的粒径可适当增大。

（4）应选用缓凝型的高效减水剂。

2）大体积混凝土配合比及规定

（1）大体积混凝土配合比的设计除应符合设计强度等级、耐久性、抗渗性、体积稳定性等要求外，还应符合大体积混凝土施工工艺特性的要求，并符合合理使用材料、降低混凝土绝热温升值的原则。

（2）混凝土拌和物在浇筑工作面的坍落度宜不大于 160 mm。

（3）拌和水用量宜不大于 170 kg/m。

（4）粉煤灰掺量应适当增加，但宜不超过水泥用量的 40%；矿渣粉的掺量宜不超过水泥用量的 50%，两种掺和料的总量宜不大于混凝土中水泥重量的 50%。

（5）水胶比宜不大于 0.55。当设计有要求时，可在混凝土中填放片石（包括已经破碎的大漂石）。填放片石应符合下列规定。

① 可埋放厚度不小于 15 cm 的石块，埋放石块的数量宜不超过混凝土结构体积的 20%。

② 应选用无裂纹、无水锈、无铁锈、无夹层且未被烧过的、抗冻性能符合设计要求的石块，并应清洗干净。

③ 石块的抗压强度不低于混凝土强度等级的 1.5 倍。

④ 石块应分布均匀，净距不小于 150 mm，距结构侧面和顶面的净距不小于 250 mm，石块不得接触钢筋和预埋件。

⑤ 受拉区混凝土或当气温低于 0 ℃时，不得埋放石块。

3）大体积混凝土施工技术方案及主要内容

（1）大体积混凝土的模板和支架系统除应按国家现行标准进行强度、刚度和稳定性验算外，还应结合大体积混凝土的养护方法进行保温构造设计。

（2）模板和支架系统在安装或拆除过程中，必须采取防倾覆的临时固定措施。

（3）大体积混凝土结构温度应力和收缩应力的计算。

（4）施工阶段温控指标和技术措施的确定。

（5）原材料优选、配合比设计、制备与运输计划。

（6）混凝土主要施工设备和现场总平面布置。

（7）温控监测设备和测试布置图。

（8）混凝土浇筑顺序和施工进度计划。

（9）混凝土保温和保湿养护方法，其中保温覆盖层的厚度可根据温控指标的要求，参照有关规定的方法计算。

（10）主要应急保障措施。

（11）岗位责任制和交接班制度，测温作业管理制度。

（12）特殊部位和特殊气候条件下的施工措施。

4）试算

大体积混凝土结构的温度、温度应力及收缩应进行试算，预测施工阶段大体积混凝土浇筑体的温升峰值，芯部与表层温差及降温速率的控制指标，制定相应的温控技术措施。

对首个浇筑体应进行工艺试验，对初期施工的结构体进行重点温度监测。温度监测系统宜具备自动采集、自动记录功能。

5）大体积混凝土的浇筑及规定

（1）混凝土的入模温度（振捣后 50～100 mm 深处的温度）宜不高于 28 ℃。混凝土浇筑体在入模温度基础上的温升值宜不大于 45 ℃。

（2）大体积混凝土工程的施工宜采用分层连续浇筑施工或推移式连续浇筑施工。应依据设计尺寸进行均匀分段、分层浇筑。每段混凝土厚度应为 1.5～2.0 m。段与段间的竖向施工缝应平行于结构较小截面的尺寸方向。当采用分段浇筑时，竖向施工缝应设置模板。上、下两邻层中的竖向施工缝应互相错开。

（3）当采用泵送混凝土时，混凝土浇筑层厚度宜不大于 500 mm；当采用非泵送混凝土时，混凝土浇筑层厚度宜不大于 300 mm。

（4）大体积混凝土施工采取分层间歇浇筑混凝土时，水平施工缝设置除应符合设计要求外，应根据混凝土浇筑过程中温度裂缝控制要求、混凝土供应能力、钢筋工程施工、预埋管件安装等因素确定。

（5）大体积混凝土在浇筑过程中，应采取措施防止受力钢筋、定位筋、预埋件等移位和变形。

（6）大体积混凝土浇筑面应及时进行二次抹压处理。

6）特殊气候应对技术及规定

大体积混凝土施工在遇炎热、冬期、大风或者雨雪天气等特殊气候时，必须采用有效的技术措施，保证混凝土浇筑和养护质量，并符合下列规定。

（1）在炎热季节浇筑大体积混凝土时，宜遮盖混凝土原材料，避免日光暴晒，并用冷却水搅拌混凝土，或采用冷却骨料、搅拌时加冰屑等方法降低入仓温度，必要时，也可在混凝土内埋设冷却管通水冷却。混凝土浇筑后，及时保湿保温养护，避免模板和混凝土受阳光直射。条件许可时，应避开高温时段浇筑混凝土。

（2）冬期浇筑混凝土，宜采用热水拌和、加热骨料等措施提高混凝土原材料温度，混凝土入模温度宜不低于 50 ℃。混凝土浇筑后，应及时保温保湿养护。

（3）大风天气浇筑混凝土，在作业面应采取挡风措施，降低混凝土表面风速，并增加混凝土表面的抹压次数，及时覆盖塑料薄膜和保温材料，保持混凝土表面湿润，防止风干。

（4）雨雪天不宜露天浇筑混凝土，当需施工时，应采取有效措施，确保混凝土质量。浇筑过程中突遇大雨或大雪天气时，应及时在结构合理部位留置施工缝，尽快中止混凝土浇筑，立即覆盖已浇筑还未硬化的混凝土，严禁雨水直接冲刷新浇筑的混凝土。

7）大体积混凝土施工现场温控监测及规定

（1）大体积混凝土浇筑体内监测点的布置，应以能真实反映出混凝土浇筑体内最高温升、芯部与表层温差、降温速率及环境温度为原则。

（2）监测点的布置范围以所选混凝土浇筑体平面图对称轴线的半条轴线为测试区。在测试区内，监测点的布置应考虑其代表性，按平面分层布置；在基础平面对称轴线上，监测点宜不少于 4 处，布置应充分考虑结构的几何尺寸。

（3）沿混凝土浇筑体厚度方向，应布置外表、底面和中心温度测点，其余测点布设间距宜不大于 600 mm。

（4）大体积混凝土浇筑体芯部与表层温差、降温速率、环境温度及应变的测量，在混凝土浇筑后，每昼夜应不少于4次；入模温度的测量，每台班不少于2次。

（5）混凝土浇筑体的表层温度，宜以混凝土表面以内50 mm处的温度为准。

（6）测量混凝土温度时，测温计不应受外界气温的影响，并在测温孔内至少留置3 mm。

（7）根据工地条件，可采用热电偶、热敏电阻等预埋式温度计检测混凝土的温度。

（8）测温过程中，宜及时描绘出各点的温度变化曲线和断面的温度分布曲线。

4. 大体积混凝土绿色施工质量的保证措施

1）原材料的质量保证措施

（1）粗骨料宜采用连续级配，细骨料宜采用中砂。

（2）外加剂宜采用缓凝剂、减水剂；掺和料宜采用粉煤灰、矿渣粉等。

（3）在保证大体积混凝土强度及坍落度要求的前提下，应提高掺和料及骨料的含量，以降低单方混凝土的水泥用量。

（4）尽量选用水化热低、凝结时间长的水泥，优先采用中热硅酸盐水泥、大坝水泥、粉煤灰硅酸盐水泥、火山灰质硅酸盐水泥等。

2）施工过程中的质量保证措施

（1）在设计许可的情况下，采用混凝土60 d龄期的强度作为设计强度。

（2）采用低热或中热水泥，掺加粉煤灰、磨细矿渣粉等掺和料。

（3）掺入减水剂、缓凝剂、膨胀剂等外加剂。

（4）在炎热季节施工时，采取降低原材料温度、减少混凝土运输时吸收外界热量等降温措施。

（5）混凝土内部预埋管道，进行水冷散热。

（6）采取保温保湿养护。混凝土中心温度与表面温度的差值应不大于25 ℃，混凝土表面温度与大气温度的差值应不大于20 ℃。养护时间应不少于14 d。

3）施工养护过程中质量保证措施

（1）保湿养护的持续时间，不得少于28 d。保温覆盖层的拆除应分层逐步进行，当混凝土的表层温度与环境最大温差小于20 ℃时，可全部拆除。

（2）保湿养护过程中，应经常检查塑料薄膜或养护剂涂层的完整情况，保持混凝土表面湿润。

（3）大体积混凝土拆模后，应采取预防寒流袭击、突然降温和剧烈干燥等养护措施。在养护过程中，若发现表面泛白或出现干缩细小裂缝时必须立即检查，采取覆盖措施补救。顶板混凝土表面二次抹面后，在薄膜上盖上棉被，搭接长度不小于100 mm，以减少混凝土表面的热扩散，延长散热时间，减小混凝土内外温差。

3.2.2　预应力钢结构的绿色施工技术

1. 预应力钢结构的特点

预应力钢结构的主要特点是：充分利用材料的弹性强度潜力以提高承载力；改善结构的受力状态，以节约钢材；提高结构的刚度和稳定性，调节其动力性能；创新结构承载体系、保证建筑造型。预应力钢结构还具有施工周期短、技术含量高的特点，是高层及超高层建筑的首选。

在预应力钢构件制作过程中实施参数化下料、精确定位、拼接及封装，实现预应力承重构件的精细化制作；在大悬臂区域钢桁架的绿色施工中采用逆作法施工工艺，即结合实际工况，先施工屋面大桁架，再施工桁架下悬挂部分梁柱；先浇筑非悬臂区楼板及屋面，待预应力桁架张拉结束，再浇筑悬臂区楼板，实现整体顺作法与局部逆作法施工组织的最优组合。

2. 预应力钢结构绿色施工的要求

预应力钢结构施工工序复杂，实施以单拼桁架整体吊装为关键工作的模块化不间断施工工序。十字形钢柱及预应力箱梁钢桁架梁的精细化制作模块、大悬臂区域及其他区域的整体吊装及连接固定模块、预应力索的张拉力精确施加模块的实施是使工程连续、高质量施工的保证。十字形钢骨架及预应力箱梁钢桁架按照参数化精确下料、采用组立机进行整体的机械化生产。实现局部大截面预应力构件在箱梁钢桁架内部的永久性支撑及封装，预应力结构翼缘、腹板的尺寸偏差均在 2 mm 范围内，并对桁架预应力转换节点进行优化，形成张拉快捷方便，可有效降低预应力损失的节点转换器。

3. 预应力钢结构绿色施工的技术要点

1）预应力构件的精细化制作技术

（1）十字形钢骨柱精细化制作技术要点。

合理分析钢柱的长度，考虑预应力梁通过十字形钢柱的位置。

入库前，核对质量证明书或检验报告，并检查钢材表面质量、厚度及局部平整度，现场抽样合格后使用。

十字形钢构件组立采用 H 形钢组立机，组立前，应对照图纸确认所组立构件的腹板、翼缘板的长度、宽度、厚度，无误后才能上机组装。具体要求如下：腹板与翼缘板垂直度误差≤2 mm；腹板对翼缘板中心偏移≤2 mm；腹板与翼缘板点焊距离为 400±30 mm；腹板与翼缘板点焊焊缝高度≤5 mm，长度为 40～50 mm；H 形钢截面高度偏差为±3 mm。

（2）预应力钢骨架及索具的精细化制作技术要点。

大跨度、大吨位预应力箱型钢骨架构件采用单元模块化拼装的整体制作技术，并通过结构内部封装施加局部预应力构件。

预应力钢骨架在下料过程中要采用精密的切割技术，对接坡口切割下料后进行二次矫平处理。

预应力钢骨架的腹板两长边采用刨边加工隔板及工艺隔板组装的方式，在组装前对四周进行铣边加工，以作为大跨箱形构件的内胎定位基准，并在箱形构件组装机上按 T 形盖部件上的结构定位组装横隔板，组装两侧 T 形腹板部件要求与横隔板、工艺隔板顶紧定位组装。制作无黏结预应力筋的钢绞线要符合国家标准《预应力混凝土用钢绞线》（GB/T 5224—2023）的规定，无黏结预应力筋中的每根钢丝应是通长的，无接头，不存在死弯，若存在死弯必须切断，并采用专用防腐油脂涂料或外包层对无黏结预应力筋外表面进行处理。

2）主要预应力构件安装操作要点

施工时，保证十字形钢骨架吊在空中时柱脚高于主筋一定距离，以利于钢骨柱能够顺利吊入柱钢筋内设计位置。吊装分段进行，并控制履带吊车吊装过程中的稳定性。

若钢骨柱吊入柱主筋范围内时操作空间较小，为使施工人员能顺利操作，考虑将柱子两侧的部分主筋向外梳理，当上节钢骨柱与下节钢骨柱通过四个方向连接耳板螺栓固定后，塔吊即可松钩，然后在柱身焊接定位板，用千斤顶调整柱身垂直度，垂直度调节通过两台垂直方向的经纬仪控制。

应适当包装无黏结预应力钢绞线，以防止正常搬运中损坏，无黏结预应力钢绞线宜成盘运输，在运输、装卸过程中，吊索应外包橡胶、尼龙带等材料，并轻装轻卸，严禁摔掷或在地上拖拉。吊装采用避免破损的吊装方式装卸整盘的无黏结预应力钢绞线；下料的长度根据设计图纸，并综合考虑各方面因素，包括孔道长度、锚具厚度、张拉伸长值、张拉端工作长度等，准确计算无黏结钢绞线的下料长度。无黏结预应力钢绞线下料宜采用砂轮切割机切断。拉索张拉前，主体钢结构应全部安装完成并合拢为一整体，以检查支座约束情况，直接与拉索相连的中间节点的转向器以及张拉端部的垫板，需严格控制其空间坐标精度，张拉端部的垫板应垂直索轴线，以免影响拉索施工和结构受力。

拉索安装、调整和预紧要求具体如下。① 拉索制作长度应保证有足够的工作长度。② 对于一端张拉的钢绞线束，穿索应从固定端向张拉端进行穿束；对于两端张拉的钢绞线束，穿索应从桁架下弦张拉端向 5 层悬挂柱张拉端进行穿束，同束钢绞线依次穿入。③ 穿索后，应立即将钢绞线预紧并临时锚固。

拉索张拉前，为方便工人操作，应搭设好安全可靠的操作平台、挂篮等。拉索张拉时，确保人员足够，人员正式上岗前，进行技术培训与交底。设备正式使用前，需经过检验、校核并调试，以确保使用过程中万无一失。拉索张拉设备应配套标定，要求千斤顶和油压表每半年配套标定一次，标定必须在有资质的试验单位进行。根据标定记录和施工张拉力计算出相应的油压表值，现场按照油压表读数精确控制张拉力。拉索张拉前，严格检查临时通道以及安全维护设施是否到位，清理场地并禁止无关人员进入，以保证张拉操作人员的安全。在一切准备工作做完，且经过系统、全面的检查，现场安装总指挥检查并发令后，才能正式张拉。钢绞线拉索的张拉点主要分布在 5 层吊柱的底部或桁架内侧悬挑上、下弦端，对于 5 层吊柱的底部，可直接采用外脚手架搭设；对于桁架内侧上弦端，可直接站立在桁架上张拉，并通过张拉端定位节点固定。

对于桁架内侧下弦端，需要在 6 层平面搭设 2 m×2 m×3.5 m 的方形脚手平台，工作平台必须能承受千斤顶、张拉工作人员及其他设备等施工荷载，脚手架立杆强度及稳定性要满足要求。

由于结构变形很小，在钢绞线逐根张拉过程中，先后张拉对钢绞线的预应力的影响也很小。对于单根钢绞线张拉的孔道摩擦损失和锚固回缩损失，则通过超张拉来弥补预应力损失。

4. 预应力钢结构绿色施工的质量控制

1）质量保证管理措施

（1）施工中，要严格控制钢结构的安装精度。钢结构安装过程中，必须检查与复核钢结构尺寸，根据复核后的实际尺寸对施工模型进行计算，反复调整、计算，用计算出的最新数据指导预应力张拉施工，并作为张拉施工监测的理论依据。

（2）钢撑杆的上节点安装要严格按全站仪打点确定的位置进行，下节点安装要严格按钢索在工厂预张拉时做好标记的位置进行，以保证钢撑杆的安装位置符合设计要求。

（3）拉索应置于防潮防雨的遮篷中存放，成圈产品应水平堆放，重叠堆放时层间应加垫板，避免锚具压伤拉索护层。在安装过程中，注意保护拉索护层，避免拉索护层损坏。

（4）为了消除索的非弹性变形，保证在使用时的弹性，应在工厂内进行预张拉。

（5）严格执行质量管理制度及技术交底制度，坚持以技术进步来保证施工质量的原则，技术部门编制有针对性的施工组织设计，建立并实行自检、互检、工序交接检查的制度，要做好文字记录。隐蔽工程由项目技术负责人组织实施并做出较详细的文字记录。

2）预应力拉索张拉的质量保证措施

（1）拉索穿束过程中，加强索头、固定端及张拉端的保护，同时保护索体不受损坏。

（2）机械设备数量满足实际施工要求，并配专人负责维护和保养，使其处于良好状态。现场配备专业技术能力过硬的技术负责人及技术熟练程度高、实践经验丰富的技术工人，每个张拉点由1～2名工人看管，每台油泵均由1名工人负责，并由1名技术人员统一指挥、协调管理，按张拉给定的控制技术参数精确控制。

（3）结构整体成形后，方可进行张拉。为保证张拉锚固后达到设计有效预应力，在正式张拉前，应进行预应力损失试验，测定摩擦损失和锚具回缩损失值，从而确定超张拉系数。

（4）同束钢绞线张拉顺序应注意对称的原则，直接与拉索相连的中间节点的转向器以及张拉端部的垫板空间坐标精度需严格控制，张拉端的垫板应垂直索轴线，以免影响拉索施工和结构受力。

（5）张拉过程中，应加强对设备的控制，千斤顶张拉过程中油压应缓慢、平稳，并且控制锚具回缩量。千斤顶与油压表需配套校验，严格按照标定记录，计算与拉索张拉力一致的油压表读数，并依此读数控制千斤顶实际张拉力。

（6）拉索张拉过程中，应停止对张拉结构的其他项目施工，若发现异常，应立即暂停，查明原因并实时调整。每道工序完成后，及时报验监理验收，并做好验收记录。张拉过程中油泵操作人员要做好张拉记录。

3）预应力构件制作的质量保证措施

规格较多、形状规则的零件可用定位靠模下料。使用定位靠模下料时，必须随时检查定位靠模和下料件的准确性，按照样杆、样板的要求，对下料件应号出加工基准线和其他有关标记，并号上冲印等印记。下料完成后，检查所下零件的规格、数量等是否有误，并做出下料记录。

4）切割及矫正的质量控制措施

切割前，必须检查核对材料规格、型号、牌号是否符合图纸要求，将钢板表面的油污、铁锈等清除干净。切割时，必须看清断线符号，以确定切割程序。构件的切割可采用数控切割机、半自动切割机、剪板机、手工气割等。钢材的切断应按其形状选择最适合的方法，剪切或剪断的边缘应加工整光，相关接触部分不得歪曲，切口截面不得有撕裂、裂纹、棱边、夹渣、分层等缺陷和大于1 mm的缺棱，去除毛刺。经切割的构件的切线与号料线的允许偏差不得大于±1.0 mm。钢材的初步矫正，只对影响号料质量的钢材进行矫正，其余在各工序加工完毕后再矫正或成型。

5）预应力钢架结构安装的质量保证措施

支座预埋板的质量控制要求：① 利用原有控制网在主桁架、主体杆件投影控制点上用全站仪测出轴线的坐标中心点，在安装构件投影中心点两侧 300 mm 左右各引测一点，此三点应在一条直线上，如不在一条直线上应及时复测；② 通过激光经纬仪放出主桁架、主体构件支座的垂直线并检查偏移量，理论上此时各点的连线应成一条直线，若不在一条直线上，超出公差范围应报技术部门，并由技术部门拿出可行方案上报监理单位审批后实施；③ 在主体构件外侧设置控制点，利用主体构件中心点坐标与控制网中任意一点的相互关系，进行角度、坐标转换；④ 依据上述方法找出十字中心线并检测。利用高程控制点、架设水准仪及利用水平尺测量出支座中心点及中心点四角的标高，预埋板的水平度、高差如超过设计和规范允许范围，采用加垫板的方法使其符合要求。

在预应力钢桁架安装中，应根据主体结构杆件的吊装要求划出支承架的十字线，将预先制作好的支承架吊上支架基础来定对十字线。把十字线驳上支承架的顶端面和侧面，敲上样冲并明显标记，用全站仪检测支承架顶标高是否控制在预定标高之内。主体结构杆件的吊装定位全部采用全站仪，通过平面控制网和高层控制网进行坐标转换。在吊装过程中，对主桁架两端进行测量定位，发现误差及时修正。测量时，应采用多种方法测量并相互校核，以解决施工机械的振动、胎架模具的遮挡对观测的通视、仪器稳定性等的干扰。钢构件安装过程中，应对桁架进行变形监测，并及时校正，以克服在拆除临时支撑后或滑移过程中自身荷载对钢构件产生的变形影响。

3.3　装饰工程的绿色施工综合技术

3.3.1　室内顶墙一体化呼吸式铝塑板饰面的绿色施工技术

1. 呼吸式铝塑板饰面构造

室内顶墙一体化呼吸式铝塑板饰面解决了普通铝塑板饰面效果单调、易于产生累计变形、特殊构造技术处理难度大的施工质量问题，并赋予其通风换气的功能，通过在墙面及吊顶安装大截面经过特殊工艺处理的带有凹槽的龙骨，将带有小口径通气孔的大板块参数化设计的铝塑板，通过特殊的边缘坡口构造与龙骨相连接，借助于特殊 U 形装置进行调节，同时通过起拱等特殊工艺实现对风口、消防管道、灯槽等特殊构造处的精细化处理，在中央空调的作用下实现室内空气的交换通风。

2. 呼吸式铝塑板饰面绿色施工技术特点

针对带有通气孔的大板块铝塑板，采用嵌入式密拼技术，通过板块坡口构造与型钢龙骨的无间隙连接，实现室内空气的交换以及板块之间的密拼，密拼缝隙控制在 1～2 mm 范围内。通过分块拼装、逐一固定调节以及安装具备调节裕量的特殊 U 形装置消除累计变形，以保证荷载的传递及稳定性。

根据大、中、小三种型号龙骨的空间排列构造，采用非平行间隔拼装顺序，基于铝塑装饰板的规格拉缝间隙进行分块弹线，从中间顺中龙骨方向开始，先装一排罩面板作为基准，然后两侧分行同步安装，同时控制自攻螺钉间距 200～300 mm。如墙柱为砖砌体，在顶棚的标高位置沿墙和柱的四周，沿墙距 900～1 200 mm 设置预埋防腐木砖，且至少埋设 2 块以上。采用局部构造精细化特殊处理技术，对灯槽、通风口、消防管道等特殊构造进行不同起拱度的控制与调整，同时，分块及固定方法在试装及鉴定后实施。采用双“回”字形板块对接压嵌橡胶密封条工艺，保证密封条的压实与固定，同时根据龙骨内部构造形成完整的密封水流通道，去除室内水蒸气的液化水，较传统的注入中性硅酮密封胶更能保证质量。

3. 呼吸式铝塑板饰面绿色施工的技术要点

1）施工前准备

按照设计要求提出所需材料的规格及各种配件的数量，进行参数设计及制作，复测室内主体结构尺寸并检查墙面垂直度、平整度偏差，详细核查施工图纸和现场实测尺寸，特别是考虑灯槽、消防管道、通风管道等设备的安装部位，以确保设计、加工的完善，避免工程变更。同时，与结构图纸及其他专业图纸进行核对，及时发现问题，采取有效措施修正。

2）作业条件分析的技术要点

现场单独设置库房，以防止进场材料受到损伤，检查内部墙体、屋顶及设备安装质量是否符合铝塑板装饰施工要求和高空作业安全规程的要求，并将铝塑板及安装配件用运输设备运至各施工面层上，合理划分作业区域。根据楼层标高线，用标尺竖向量至顶棚设计标高，沿墙、柱四周弹顶棚标高，并沿顶棚的标高水平线，在墙上划好分挡位置线，完成施工前的各项放线准备工作。

结构施工时，应在现浇混凝土楼板或预制混凝土楼板缝，按设计要求间距预埋 $\phi6$～10 mm 钢筋吊杆。设计无要求时，按大龙骨的排列位置预埋钢筋吊杆，其间距宜为 900～1 200 mm。此外，安装完顶棚内的各种管线及通风道，确定好灯位、通风口及各种露明孔口位置。

3）大、中、小型钢龙骨及特殊 U 形构件安装的技术要点

龙骨安装前，应使用经纬仪对横梁竖框进行贯通检查，并调整误差。一般龙骨的安装顺序为先安装竖框，再安装横梁，安装工作由下往上逐层进行。

（1）安装大龙骨吊杆要求

在弹好顶棚标高水平线及龙骨位置线后，确定吊杆下端头的标高，按大龙骨位置及吊挂间距，将吊杆无螺栓丝扣的一端与楼板预埋钢筋连接固定。安装大龙骨要求配装好吊杆螺母，在大龙骨上预先安装好吊挂件，将组装吊挂件的大龙骨按分档线位置使吊挂件穿入相应的吊杆螺母，并拧好螺母。大龙骨相接过程中装好连接件，拉线调整标高起拱和平直。对于安装洞口附加大龙骨需按照图集相应节点构造设置连接卡。边龙骨的固定要求采用射钉固定，射钉间距宜为 1 000 mm。

（2）中龙骨的安装

应以弹好的中龙骨分档线，卡放中龙骨吊挂件，吊挂中龙骨。按设计规定的中龙骨间距将中龙骨通过吊挂件吊挂在大龙骨上，间距宜为 500～600 mm。当中龙骨长度需多根延续接长时，用中龙骨连接件，在吊挂中龙骨的同时相连需调直固定。

（3）小龙骨的安装

以弹好的小龙骨分档线卡装小龙骨吊挂件。吊挂小龙骨应按设计规定的小龙骨间距将小龙骨通过吊挂件吊挂在中龙骨上，间距宜为 400～600 mm。当小龙骨长度需多根延续接长时用小龙骨连接件。在吊挂小龙骨的同时，将相对端头相连接并先调直后固定。若采用 T 形龙骨组成轻钢骨架时，小龙骨应在安装铝塑板时，每装一块罩面板，先后各装一根卡档小龙骨。

在安装竖向龙骨过程中，应随时检查竖框的中心线，竖框安装的标高偏差不大于 1.0 mm；轴线前后偏差不大于 2.0 mm，左右偏差不大于 2.0 mm；相邻两根竖框安装的标高偏差不大于 2.0 mm；同层竖框的最大标高偏差不大于 3.0 mm；相邻两根竖框的距离偏差不大于 2.0 mm。竖框与结构连接件之间采用不锈钢螺栓连接。连接件上的螺栓孔应为长圆孔，以保证竖框的前后调节。连接件与竖框接触部位加设绝缘垫片，以防止电解腐蚀。横梁与竖框间采用角码连接，角码一般采用角铝或镀锌铁件制成。应自下而上安装横梁，做好检查、调整、校正。相邻两根横梁的标高水平偏差不大于 1.0 mm，当一副铝塑板宽度大于 35 m 时，标高偏差不大于 4.0 mm。

4）铝塑装饰板安装操作要点

带有通气小孔的进口铝塑板的标准板块在工厂内参数化加工成型，覆盖塑料薄膜后运输到现场进行安装。在已经装好并经验收的轻钢骨架下面按铝塑板的规格、拉缝间隙进行分块弹线，从顶棚中间顺中龙骨方向开始，先装一行铝塑板作为基准，然后向两侧分行安装。固定铝塑板的自攻螺钉间距为 200～300 mm。配套下的铝合金副框料先与铝塑板进行拼装，以形成铝塑板半成品板块。铝塑板材折弯后，用钢副框固定成型，副框与板侧折边可用抽芯铆钉紧固，铆钉间距应在 200 mm 左右，板的正面与副框接触面黏结。固定角铝按照板块分格尺寸排布，通过拉铆钉与铝板折边固定，其间距保持在 300 mm 以内。板块可根据设计要求设置加强肋，肋与板的连接可采用螺栓连接。若采用电弧焊固定螺栓时，应确保铝板表面不变形、不褪色、连接牢固，用螺钉和铝合金压块将半成品标准板块固定与龙骨骨架连接。

5）特殊构造处处理的操作要点

铝塑板在结构边角收口部位、转角部位需重点考虑室内潮气积水问题。在顶和墙的转角处设置一条直角铝板，与外墙板直接用螺栓连接或与角位立梃固定。不同材料的交接通常处于横梁、竖框的部位，应先固定其骨架，再将定型收口板用螺栓与其连接，且在收口板与上下板材交接处密封。室内内墙墙面边缘部位收口用金属板或形板将幕墙端部及龙骨部位封盖，墙面下端收口处理用一条特制挡水板将下端封住，同时将板与墙缝隙盖住。

对于安装在屋顶上部的消防管道、中央空调管道以及灯槽等构造，吊杆对称设置在构件的周围并进行局部加强。为保证铝塑板饰面与上述构造之间的空间，在设计过程中调整局部高程并做好连接与过渡，保证室内装饰的整体效果。

6）橡胶填充条的嵌压与调整

传统的板块密封借助于密封胶处理。对拼标准板块四周“回”字形构造，填充橡胶密封填料并压实，处理好填料的接头构造，保证内“回”字形通道的畅通。清理标准铝塑板块的外表面保护措施，并做好表面的清理与保护工作。

7）成品保护的操作要点

轻钢骨架及铝塑面板安装应注意保护顶棚内各种管线，轻钢骨架的吊杆、龙骨不准固定在通风管道及其他设备件上；轻钢骨架、铝塑板及其他吊顶材料在入场存放、使用过程中应严格管理，保证不变形、不受潮和不生锈；施工顶棚部位已安装的门窗，已施工完毕的地面、墙面、窗台等，应注意保护，以防止污损；已装轻钢骨架不得上人踩踏，其他工种吊挂件不得吊于轻钢骨架上；为保护成品，要求铝塑装饰板安装必须在棚内管道，试水、保温等一切工序全部验收后进行。

4. 呼吸式铝塑板饰面绿色施工的质量控制

1）保证铝塑板基本功能的控制措施

（1）吊顶不平的原因在于大龙骨安装时吊杆调平不认真，造成各吊杆点的标高不一致。

（2）轻钢骨架局部节点构造不合理的控制要点在于留洞、灯具口、通风口等处应按图相应节点构造设置龙骨及连接件，使构造符合图册及设计要求。轻钢骨架吊固不牢的控制要点在于顶棚的轻钢骨架应吊在主体结构上，并拧紧吊杆螺母，以控制固定设计标高，严禁顶棚内的管线、设备件吊固在轻钢骨架上。

（3）面板分块间隙缝不直的控制要点在于施工时注意板块规格，拉线找正，安装固定时保证平正对直。

（4）压缝条、压边条不严密、平直质量控制的关键在于施工时应拉线，对正后固定、压黏。

2）铝塑板密拼技术质量控制的实施

（1）施工前，应检查选用的单层铝塑板及型材是否符合要求，规格是否齐全，表面有无划痕，有无弯曲现象，保证规格型号统一、色彩一致。

（2）单层铝塑板的支承骨架应进行防锈处理。当单层铝塑板或型材与未养护的混凝土接触时，最好涂一层沥青玛蹄脂隔声、防潮，浸有减缓火焰蔓延药和经防腐处理的木隔筋与铝塑板连接。

（3）连接件与骨架的位置应与单层铝板规格尺寸一致，以减少施工现场材料切割。

（4）单层铝塑板材的线膨胀系数较大，在施工中一定要留足排缝，墙脚处铝塑型材应与板块、地面或水泥类抹面相交。

（5）施工后的墙体表面应做到表面平整，连接可靠，无翘起、卷边等现象。

3）铝塑板表观质量的控制措施

板面不平整、接触不平不齐质量问题表现为板面变形，出现不平整部位，相邻板面不平，在接缝处形成高差，接缝宽度不一。其质量问题产生的原因在于铝塑板在制作、运输、堆放过程中造成的变形以及连接码件安装不平直、固定不牢，使铝板偏移。可采取的质量控制措施包括：安装前严格检查铝板质量；发现变形板块及时上报；放置连接码件时，要放通线定位，操作中确保接码件牢固。

4）呼吸式铝塑板饰面绿色施工的环境保护措施

（1）在作业区，所有材料、成品、板块、零件分类按照有关物品储运的规定堆放整齐，标志清楚。建立材料管理制度，严格按照公司有关制度办事，做到账目清楚、账实相符、管理严密。

（2）在施工区要求所有设备排列整齐、明亮干净、运行正常、标志清楚。专人负责材料保管、清理卫生，保持场地整洁。施工现场的堆放材料按施工平面图码放好，运输进出场时，码放整齐，捆绑结实，防止散碎材料散落，门口处设专人清扫。

（3）建筑垃圾堆放到指定位置并做到当日完工清场；清运施工垃圾采用封闭式灰斗。夜间照明灯尽量把光线调整到现场以内，严禁反强光源辐射到其他区域。尽量选择噪声低、振动小、公害小的施工机械和施工方法，以减小对现场周围的干扰。

（4）项目部管理人员对指定分管区域的垃圾、洞口和临边的安全设施等进行日常监督管理，落实文明施工责任制。在施工队的管理上，进行“比安全、比质量、比进度、比标化、比环保”的“五比”劳动竞赛活动，定期评比表彰，做到常赛常新。施工区设保卫专管人员，建立严格的门卫制度，努力创建安全文明施工单位。

3.3.2　门垛构造改进调整及直接涂层墙面的绿色施工技术

1. 直接涂层墙面的特点

由于建筑结构设计缺乏深化设计和不能满足室内装修的特殊要求，改造门垛的尺寸及结构构造非常常见，但传统的门垛改造做法费时、费力，易于造成环境污染，且常产生墙面开裂的质量通病，严重影响墙体的表观质量和耐久性。适用于门垛构造改进调整及直接做墙面涂层的施工工艺，其关键技术是门垛改造局部组砌及墙面绿色和机械化处理施工，这个技术解决了传统门垛改造的墙面砂浆粉刷施工费时、费工、费材，且工程质量难以保证的问题。

加气块砌体墙面免粉刷施工工艺要求砌筑时提高墙面的质量标准，填充墙砌筑完成并间隔 2 个月后，用专用腻子分 2 遍直接批刮在墙体上，保养数天后仅需再加一遍普通腻子，即可涂刷乳胶漆饰面。该绿色施工技术所涉及的免粉刷技术可代替水泥混合砂浆粉刷层，该墙面涂层具有良好的观感效果和环境适应性，但该免粉刷工艺对墙体材料配置、保管和使用具有独特的要求。

2. 直接涂层墙面的绿色施工技术特点

通过基于门垛口精确尺寸放线的拆除技术，针对拆除后特定的不规则缺口构造，预埋拉结钢筋，进行局部可调整的加气砖砌体组砌施工，缝隙及连接处进行填充密实，完成门垛构造墙体的施工；采用专用腻子基混合料做底层和面层，配合双层腻子基混合料粉刷墙面，可代替传统的砂浆粉刷。在面层墙面施工的过程中，借助于自动加料简易刷墙机实现一次性机械化施工，实现高效、绿色、环保的目标。

门垛拆除后，马牙槎构造的局部调整组砌及拉结筋的预埋工艺可保证新老界面的整体性。门垛构造处包括砌体基层、局部碱性纤维网格布、底层腻子基混合料、整体碱性纤维网格布、面层腻子基混合料和饰面涂料刷的新型墙面构造，代替传统的砂浆粉刷方法，采用以批刮 2 道腻子基混合胶凝材料为关键主线，并兼顾基层处理、压耐碱玻纤网格布的施工方法。

采用专用腻子基混合料和简便、快捷的施工工艺，可实现绿色施工过程中对降尘、节地、节水、节能、节材多项指标要求，并使该工艺范围内的施工成本大幅度降低。采用包括底座、料箱、开设滑道的支撑杆、粉刷装置、粉刷手柄、电泵、圆球触块、凹槽及万向轮等基本构造组成的自动加料简易刷墙机，可实现涂刷期间的自动加料，省时省力。通过粉刷手柄手动带动滚轴在滑道内紧贴墙面上下往返粉刷，可实现灵活粉刷、墙面均匀受力和墙面的平整与光滑。

3. 直接涂层墙面的绿色施工技术要点

1）门垛构造砖砌体的组砌技术要点

（1）砖砌体的排列上、下皮应错缝搭砌，搭砌长度一般为砌块的 1/2，不得小于砌块长的 1/3，转角处相互咬砌搭接；不够整块时，可用锯切割成所需尺寸，但不得小于砖砌块长度的 1/3。

（2）灰缝横平竖直，水平灰缝厚度宜为 15 mm，竖缝宽度宜为 20 mm；砌块端头与墙柱接缝处，各涂刮厚度为 5 mm 的砂浆黏结，挤紧塞实。灰缝砂浆应饱满，水平缝、垂直缝饱满度均不得低于 80%。

（3）砌块排列尽量不镶砖或少镶砖。必须镶砖时，应用整砖平砌，铺浆最大长度不得超过 1 500 m。砌体转角处和交接处应同时砌筑，对不能同时砌筑而必须留置的临时间断处，应砌成斜槎，斜槎不得超过一步架。

（4）墙砌至接近梁或板底时应留空隙 30～50 mm，至少间隔 7 d 后，用防腐木楔楔紧，间距 600 mm，木楔方向应顺墙长方向楔紧，用 025 细石混凝土或 1∶3 水泥砂浆灌注密实。门窗等洞口上无梁处设预制过梁，过梁宽同相应墙宽。

（5）拉通线砌筑时，应吊砌一皮、校正一皮，皮皮拉线控制砌体标高和墙面平整度；每砌一皮砌块，就位校正后，用砂浆灌垂直缝，随后原浆勾缝，满足深度 3～5 mm。

2）砖砌体的处理技术要点

砖砌体按清水墙面要求施工：垂直度 4°、平整度 5°；灰缝随砌随勾缝，与框架柱交接处留 20 mm 竖缝，勾缝深 20 mm；沿构造柱槎口及腰梁处贴胶带纸，封模浇筑混凝土；清理砌体表面浮灰、浆，剔除柱梁面凸出物，提前一天浇水湿润；墙体水平及竖向灰缝用专用腻子填平，交界处竖缝填平，并批 300 mm 宽腻子，贴加强网格布一层压实。

3）批专用腻子基层及碱性网格布技术要点

局部刮腻子完成后，600 mm 加长铁板赶平压实，确保平整。待基层干燥后，对重点部位进行找补，主要采用柔性耐水腻子实施作业，待腻子实干后方可进行下一道工序施工。用橡皮刮板横向满刮，一板紧接一板刮，接头不得留槎，每刮一板最后收头时注意收得干净利落。在相关接触部位采用砂纸打磨，以保证其平整度，并在底层批 4～6 mm 厚专用腻子基混合料后，压入碱性玻纤网格布。

4）涂面层乳胶漆涂料技术要点

按照先上后下的顺序机械化刷涂，由一头开始，逐渐涂刷向另外一头。注意与上下顺刷相互衔接，避免出现干燥后再处理接头的问题。自动加料简易刷墙机的涂刷操作过程：通过操作粉刷装置可以在滑道上下移动，实现机械化涂刷，在完成涂刷时，将粉刷手柄与地面垂直放置，可节省空间。机械化涂装过程要求开始时缓慢滚动，以免开始速度太快导致涂料飞溅。滚动时，使滚筒从下向上，再从上向下 M 形滚动。对于阴角及上下口，需用排笔、鬃刷涂刷施工。

（1）涂底层涂料作业可以适当采用一道或两道工序，在涂刷前，将涂料充分搅拌均匀，在涂刷过程中要求涂层厚薄一致，且避免漏涂。

（2）涂中间层涂料一般需要 2 遍且间隔不低于 2 h，复层涂料需要用滚涂方式。在涂刷过程中，避免涂层不均匀，且要根据设计要求进行压平处理。

（3）面层涂料宜采用向上用力、向下轻轻回荡的方式，以达到较好的效果。涂刷同时注意设定好分界线，涂料不宜涂刷过厚，尽量一次完成，以避免接痕等质量问题的产生。

（4）门垛口及墙面成品的保护，要求涂刷面层涂料完毕后要保持空气流通，防止涂料膜干燥后表面无光或光泽不足。机械化粉刷的涂料未干前，应保持周围环境干净，不得打扫地面等，以防止灰尘黏附墙面涂料。

4. 直接涂层墙面的绿色施工技术的质量保证措施

（1）按照施工工艺流程做好每道工序施工前的准备工作，避免由于准备不当造成材料污染或者返工，进而导致质量下降和工期延长。施工前，应用托线板、靠尺对墙面进行尺寸预测摸底，并保证墙面垂直、平整、阴阳角方正。压入耐碱玻纤网格布必须与批腻子基混合胶凝材料同步实施。

（2）砖砌体的组砌过程通过实时监测，严格控制其垂直度等。

（3）配制的专用腻子基混合胶凝材料要加强控制和管理，严禁出现配比不当或使用不当的情况。

（4）粉煤灰加气墙体宜认真清理和提前浇水、一般浇水 2 遍，使水深度入墙达到 8～10 mm 即符合要求。

（5）机械化涂刷过程宜控制滚刷的力度与速度。在不同季节施工时，应注意不同涂料成膜助剂的使用量，夏季和冬季应选择合适的实验标准，避免因助剂使用不够而导致开裂等问题。机械化涂刷过程应做到保量、保质，不出现漏涂、膜厚度不够等问题。

5. 直接涂层墙面绿色施工技术的环境保护措施

建立节能环保组织与管理制度。建立施工环保管理机构，在施工过程中严格遵循国家和地方政府下发的有关环境保护的法律、法规和规章制度。加强对施工粉尘、生产生活垃圾的控制和治理，遵守文明施工、防火等规章制度，随时接受各级相关单位的监督检查。

施工周边应根据噪声敏感区的不同，选择低噪声的设备及其他措施，同时按有关规定控制施工作业时间；施工时，操作人员应佩戴相应的保护设施及器材，如口罩、手套等，以避免危害工人的健康；材料使用后，应及时封闭存放，及时清除废料；面层乳胶漆涂刷过程中，不得污染地面、踢脚线等；已完成的分部分项工程，严禁在室内使用有机溶剂清洗工具；施工完成后，保证室内空气流通，防止表面无光与光泽不足，不宜过早打扫室内地面，严防粉尘造成的污染。

3.3.3 轻骨料混凝土内空隔墙的绿色施工技术

1. 轻质混凝土内空隔墙的构造

伴随高层及超高层建筑物的不断涌现，其所对应的建筑高度记录被不断刷新，然而建筑高度的不断增加对建筑结构设计提出严峻的技术挑战，降低结构本身的自重及控制高层结构水平位移量是工程设计施工的重点和难点。传统技术的应用无法取得预期的目标，且存在耗时、耗料、质量难以保证等缺点，新型轻骨料混凝土内空隔墙绿色施工技术解决了轻骨料混凝土内空隔墙整体性及耐久性差、保温隔热降噪效果不佳、施工操作较为复杂、施工现场环保控制效果不理想的质量控制难题。

轻骨料混凝土内隔墙的组成主要有四部分：龙骨结构、小孔径波浪形金属网、轻质陶粒混凝土骨料和面层水泥砂浆。通过现场安装制作、灵活布置内墙，可大幅度降低自重、节省室内有限空间，在施工过程中完成水、电管线路在金属网片之间的固定与封装。其中：压型钢板网现场切割制作，厚度为 0.8 mm，网孔规格 6～12 mm，滚压成波形状；龙骨材料采用热轧薄钢板，厚度为 0.6 mm，滚压成 L 形与 C 形；填槽或打底采用的轻骨料混凝土强度为 C40，轻骨料为 400 kg/m 陶粒，面层为 20 mm 厚 1∶3 水泥砂浆。该轻骨料混凝土内空隔墙的各项技术指标均满足要求，其复合结构最大限度地发挥了新材料、新体系以及新工艺的最佳组合，符合当前建筑行业节能降噪与绿色施工的总要求。

2. 绿色施工技术要点

基于龙骨安装、金属单片网的固定、水电管线的墙内铺设及轻质混凝土材料浇筑为关键工序的无间歇顺序法施工工艺，具备快捷、方便、高效的特性，适应轻骨料混凝土内空隔墙自重轻、分割效果灵活多变的安装要求，使其具有良好的保温、隔热及降噪功能。采用现场参数化切割制作，用于支撑和固定的 L 形和 C 形龙骨现场滚压成型，可加快施工安装的速度，满足并行、连续施工的要求。

1）施工前的准备

根据已确定的图纸进行现场测量，并计算龙骨、网片及配件的数量，同时及时反馈工厂进行加工制作。根据工程现场条件确定现场供水、供电及运输方式，编制劳动力需要计划，安排临时设施和生活设施，确保材料及设备进场后的堆放及保管，编制电气施工图专项方案并完成技术交底工作。

2）金属网板及龙骨的加工制作

金属网板采用专用加工机械现场参数化制作，其中可兼用内外墙用的 A 型单片网宽度尺寸为 450 mm，厚度为 60 mm，成墙后的厚度为 160 mm；专用于户内空隔墙的 B 型单片网宽度为 540 mm，单片网板厚度为 27.5 mm，成墙厚度为 90～100 mm。

所用龙骨的制作采用冷轧或热轧薄钢板，其厚度为 0.6 mm，滚压成型为 L 形和 C 形，L 形龙骨用于户内空墙 540 mm 间距布置，C 形龙骨分户内空墙按照 450 mm 间距布置。网板加工完成后，应按长度不同分类堆放，网板堆放高度应不大于 10 块，以防挤压变形并保持通风及干燥。

3）现场施工放线

轻骨料混凝土内空隔墙的放线施工与金属网板及龙骨的下料制作平行施工，可大幅度节约工期。

放线前，清理地面并转移妨碍放线的设施及物品；根据基准线量出需要施工墙体的轴线，并用墨线弹出。根据弹出的墙体轴线向两边用墨线弹出墙体安装的控制线，且将底线引至顶棚，并在墙或柱上弹出。由于墙体厚度较薄，对测量放线的精度要求高，其尺寸误差控制在 10 mm 范围内。

放线时，应对特殊构造进行处理，在放线时标出门窗洞口等的位置，并注明尺寸及高度。

放线结束后，及时报请监理单位验收，工序交验完成后，方可进行下道工序施工。

4）L形龙骨的精确定位与精致安装

与楼地面、楼顶面接触的L形边龙骨固定间距控制在500 mm以内，墙或柱边用分段的L形边龙骨连接，高度方向间距不大于600 mm，连接件长度200 mm，每个固定件有2个固定点，该绿色施工方法可实现超薄轻骨料混凝土内空隔墙的稳定性与耐久性。

5）金属网片及竖向龙骨同步安装

网片拼装时两网片之间用22#扎丝连接固定，间距400 mm左右，并在中间设置一根C形竖向龙骨与网片连接，间距450 mm左右，网板与上下L形边龙骨连接处用22#铁丝绑扎固定，对不足一块的网板应放在墙体中部，并加设1根龙骨，该施工工艺做法可进一步增强墙体的稳定性。

6）水电管在内空隔墙金属网内精确固定与永久封装

采用钢板网进行局部补强并填充一定高度的C20细石混凝土，以保证墙体与管线的整体性，开关及插座、接线盒等管线可预埋在中空内膜网片中，用22#镀锌铁丝与中空内膜网片绑扎牢固，并用水泥砂浆固化且不得松动。

7）采用特殊的硅藻土涂料喷浆基底处理

采用特殊的硅藻土涂料喷浆基底处理的绿色施工技术，实现灰浆层与网片结构的永久性黏结，按照顺序施工工艺完成10 mm厚1∶3水泥砂浆层、陶粒填凿层以及10 mm厚1∶3水泥砂浆抹面层的施工。其精细化的面层处理措施克服了开裂、平整度差的质量通病，可大幅度提高墙面质量，也为建筑内墙体高品质装修完成前期的准备工作。

3. 轻质隔墙绿色施工中的环境保护措施

建立和完善环境保护和文明施工管理体系，制定环境保护标准和具体措施，明确各类施工制作人员的环保职责，并对所有进场人员进行环保技术交底和培训，建立施工现场环境保护和文明施工档案。按照“安全文明样板工地”的要求对施工现场的加工场地、室内施工现场统一规划，分段管理，做到标牌清楚、齐全、醒目，施工现场整洁文明。

做好现场加工废料的回收工作，及时清理施工现场少量的建筑漏浆，做好卫生清扫与保持工作。及时进行室内通风，保持室内空气清洁，防止粉尘污染，如有必要，需采用通风除尘设备，以保证室内作业环境空气指标；探照灯要选用既满足照明要求又不刺眼的新型节能灯具，做到节能、环保，并有效控制光污染；科学组织、选用先进的施工机械和技术措施，严格控制材料的浪费。

3.3.4 新型花岗岩饰面保温一体板外墙外保温的绿色施工技术

1. 新型花岗岩饰面一体板构造

新型超薄花岗岩饰面保温一体板新产品，作为一款在施工现场用底板和盖板、阻燃型聚氨酯有机保温材料保温板、超薄花岗岩饰面板，采用水泥砂浆混合建筑胶水黏结而成的“四新”产品。通过“粘锚结合”的方式实现大板块一体板与墙体的结合，对板块拼缝的细部构造处理解决“冷桥”问题和墙面自排水问题，实施模块化的连续交叉施工组织，保证外墙施工可满足保温、防水、抗老化等性能要求，且无任何质量通病。

2. 外保温绿色施工的技术特点

新型花岗岩饰面保温一体板的构造，包括厚度均为 20 mm 的防水材料底板和盖板、厚度为 30 mm 的阻燃型聚氨酯有机保温材料保温板、厚度为 10 mm 的超薄花岗岩饰面板，所采用的黏结材料是水泥与建筑胶水按特定比例配置的混合胶凝材料，具有装饰效果性能好、不开裂、不变形、保温性能持久稳定的突出特点。

新型花岗岩饰面保温一体板的安装采用“黏锚结合”的固定方式，通过水泥胶凝材料实现与外墙体的黏结，再通过特殊的“四爪式”实现四块一体板板角的同步固定，借助特殊的 T 形锚固件实现两块一体板板边的固定，进而实现永久的固定。实现对板缝构造的精确控制，通过板块密拼及设置保温密封条和密封胶封装联合应用解决“冷桥”问题。在板缝处设置有组织的自排水通道构造，实现墙面积水有序流动和收集，保证外墙的使用功能。

新型花岗岩饰面保温一体板的综合施工技术可实现作业面区域灵活划分、模块化交叉作业、同步连续施工，其现场制作与安装的绿色环保、无污染与锚固件所用材料的循环利用是特殊的亮点。

3. 外墙外保温绿色施工技术要点

1）新型花岗岩饰面保温一体板的现场制作

制作时，先将底板抹水泥建筑胶水混合砂浆，并保证砂浆的均匀性，然后将有机保温材料套装在底板上，以保证良好的结合特性。保温层安装在基板上后，外保温层外圈的通孔内充填水泥黏合材料。将盖板固定在阻燃型聚氨酯有机材料保温板上，保温层上设置能够插在保温层通孔里的盖板凸块，盖板固定在保温层上，并且在已经填充上水泥的通孔内，盖板凸块与基板凸块以及保温层相互黏合，使基板保温层和盖板黏结成一体，对其进行整体切割裁剪，最后黏结超薄花岗岩饰面板。

2）外墙墙面基体处理

新型花岗岩饰面保温一体板的安装应在外墙基层墙体找平层合格后，且门窗框附框及出墙面建筑构件的预埋件等按照设计安装完毕后进行。基层应满足平整和结实的要求，同时要求墙面上的污物、疏松空鼓的抹灰层及油渍等均应彻底铲除干净，对破损的抹灰层必须修补平整。用滚刷将界面砂浆均匀涂刷，不得漏刷，拉毛厚度控制在 0.5～3.5 mm 为宜，要求具有较高的黏结强度。用 2 m 靠尺检查其平整度与垂直度，平整度最大偏差不超过 0.5 mm，垂直度偏差最大不超过 0.8 mm。超出部分应剔凿，凹进部分应用砂浆补平，穿墙孔管周边应填塞严密。

3）墙面控制线的弹放

在顶板、侧墙处根据保温一体板厚度吊垂直、套方、弹厚度控制线，并在墙面上弹内保温一体板安装控制线。安装控制线横向基准控制线放在阴阳角轮廓线上，控制线的纵向基础线放在建筑墙面上。

4）新型花岗岩饰面保温一体板粘贴安装

按照黏结砂浆：水为 5：1 的质量比例加入水，使用电动搅拌器充分搅拌均匀，静置 5～10 min，二次搅拌完成后即可使用。要求在 2 h 内用完搅拌好的砂浆，严禁将已经凝固的砂浆二次搅拌后使用。使用点框方式粘贴保温板，首先把调配均匀的粘结剂均匀点涂在保温复合板的背面，边框涂满，边框砂浆涂抹的厚度不小于 85 mm。涂点的直径不小于 100 mm，且要求不少于 6 个，以确保保温一体板与墙体的黏结面积不小于 50%。将板推压到墙上，黏结砂浆涂点定型后，厚度控制在 8～10 mm，调整保温板位置，使分割缝对齐。若局部边角处不符合保温板尺寸，可以现场切割后再粘贴。

5）四爪式铝合金锚固件的安装

将四爪式和 T 形式连接件套管按照设计和施工放线位置打孔，锚入基层墙体。新型花岗岩饰面保温一体板黏结就位后，随即安装带有尼龙抗震隔热垫的四爪式和 T 形式锚固件，要求每个四爪式铝合金锚固件固定四块一体板，T 形式铝合金锚固件固定两块保温一体板。保证铝合金锚固件的整齐排列和垂直度，通过精细化调整保证铝合金锚固件与一体板均匀接触。挂件要求与装饰板连接牢靠，安装时不得松动或移动已经黏结好的保温板，以免影响黏结砂浆强度。

6）特殊节点构造处理的技术要点

为保证阴阳角、窗户上下口处等部位的强度，护角采用尼龙螺栓锚固加强，并用石材强力胶黏结。其缝隙采用发泡聚氨酯填实，最后将缝隙采用中性硅酮密封胶密封。

7）一体板板缝的处理技术要点

新型花岗岩饰面保温一体的板缝实现密拼，板缝的宽度与铝合金锚固件的直径相同，满足连接误差。在贯通板缝设置封装的自排水密实管道，保证墙面积水的收集和流通，在此基础上用发泡聚氨酯保温材料填充解决“冷桥”问题。因为整个保温系统为封闭系统，若发生异常事件或室内水进入保温装饰板，要求必须有排水结构将水排出，因此在该保温系统的勒脚处设置 1 排 ϕ10 mm 的不锈钢管，设置的间距约为 8 m。其他板缝嵌缝填充后，贴美纹纸，再用中性硅酮密封胶勾缝，勾缝完成后，拉掉美纹纸。密封胶最薄弱处应不小于 5 mm，胶缝应满足饱满、密实、均匀且无气泡的凹形沟槽。

8）面层清洁的技术要点

先将清洁装饰板边缘上的灰尘和污垢清洁干净，再用干净毛巾将黏结胶遗留物清洁干净。若遇到保温装饰板局部黏结有水泥、灰砂，应用清水清洁干净。

4. 外墙外保温施工环境保护措施

加强环保教育与激励措施，把环保作为全体施工人员的上岗教育内容，提高环保意识，做好对废弃物品的处理，对施工过程中产生的废弃物集中堆放，并定期委托当地环保部门清运。

采用新型花岗岩饰面保温一体板外墙可有效减少墙体的厚度，降低传统材料的用量，其自身独特的构造组成大大降低“冷桥”效应的不良影响，可充分节约保温材料的用量，实现材料生产的节能降耗。新型花岗岩饰面保温一体板外墙可大大提高墙体的气密性能，从而达到进一步节约能源的目的。在新型花岗岩饰面保温一体板外墙开孔过程中，采取必要的防尘、降噪措施，在作业时应尽量控制噪声的影响，对噪声大的设备不得使用，对施工过程中必须用到的切割机、开孔机等强噪声设备设置封闭的操作棚，以减少噪声的扩散。合理收集和利用建筑钢材下料的余料，加工制作成锚固固件，做到对钢材材料的循环环保利用。

3.4 安装工程的绿色施工综合技术

3.4.1 大截面镀锌钢板风管的制作与绿色安装技术

1. 大截面镀锌钢板风管的构造

镀锌钢板通风风管达到或超过一定的接缝截面尺寸界限会引起风管本身强度不足，进而伴随其服役时间的增加而出现翘曲、凹陷、平整度差等质量问题，影响其表观质量，最终导致建筑物的功能与品质严重受损。

基于L形插条下料、风管板材合缝以及机械成型L形插条准确定位安装的大截面镀锌钢板风管构造，主要通过用同型号镀锌钢板加工成L形插条在接缝处进行固定补强，采用镀锌钢板风管自动生产线及配套专用设备，需根据风管设计尺寸大小。在加工过程中可采用同规格镀锌钢板板材余料制作L形风管插条作为接缝处的补强构件，通过单平咬口机对板材余料进行咬口加工制作，在现场通过手工连接、固定在风管内壁两侧合缝处形成一种全新的镀锌钢管风管。

2. 大截面镀锌钢板风管绿色安装技术特点

大截面镀锌钢板风管采用L形插条补强连接全新的加固方法，克服了接缝处易变形、翘曲、凹陷、平整度差等质量问题，降低因质量问题导致返工的成本。形成充分利用镀锌钢板剩余边角料在自动生产线上一次成型的精细化加工制作工艺，保证无扭曲、角变形等大尺寸风管质量问题，同时可与加工制作后的现场安装工序实现无间歇和调整的连续对接。简单且易于实现的全过程顺序施工流程，采用L形加固插条无铆钉固定与风管合缝处的机械化固定处理相结合关键作业工序。通过对镀锌钢板余料的充分利用，插条合缝处涂抹密封胶的选用、检测与深度处理，深刻体现着绿色、节能、经济、环保的特色与亮点。

3. 大截面镀锌钢板风管的绿色施工的技术要点

风板、插条下料前，按有关规范和设计要求，对施工所用的主要原材料进行进场材料验收准备工作，检验、检查和标定所使用的主要机具，合格后方可投入使用。现场机械机组准备就绪、材料准备到位，操作机器运行良好，调整到最佳工作状态，临时用电安全防护措施已落实。在保证机器完好并调整到最佳状态后，按照常规做法对板材进行咬口，咬口制作过程中宜控制其加工精度。

按规范选用钢板厚度，根据系统功能按规范加工咬口，防止风管成品出现表面不同程度下沉，稍向外凸出有明显变形的情况。安排专人操作风管自动生产线，正确下料，板料、风管板材、插条咬口尺寸正确，保证咬口宽度一致。

镀锌包钢板的折边应平直，弯曲度应不大于5/1 000，弹性插条应与薄钢板法兰相匹配，角钢与风管薄钢板法兰四角接口应稳固、紧贴，端面应平整，相连接处不应有大于2 mm的连续穿透缝。严格按风管尺寸公差要求，对口错位明显将使插条插偏；小口陷入大口内造成无法扣紧或接头歪斜、扭曲。插条不能明显偏斜，开口缝应在中间，不管插条还是管端，咬口翻边应准确、压紧。

4. 大截面镀锌风管的绿色施工质量控制

该绿色施工技术遵循的规范主要包括：《建筑工程施工质量验收统一标准》（GB 50300—2013）及《通风与空调工程施工质量验收规范》（GB 50243—2016）。

采用L形插条连接的矩形风管，其边长应不大于630 mm；插条与风管加工插口的宽度应匹配一致，其允许偏差为2 mm；连接应平整、严密，插条两端压倒长度应不小于20 mm。同一规格风管的立咬口、包边立咬口的高度应一致，折角应倾角，直线度允许偏差为5/1 000；咬口连接铆钉的间距应不大于150 mm，间隔应均匀；立咬口四角连接处的铆固，应紧密、无孔洞。检查数量要求按制作数量抽查10%，不得少于5件；净化空调工程抽查20%，均不得少于5件；检查方法要求查验测试记录，进行装配试验，尺量、观察检查。

建立健全质量管理机制，制定完善的质量管理规章及奖惩制度，并加强对技术人员的培训。实行自检、互检、专检制度，对整个施工工序的技术质量要点的关键问题向施工作业人员进行全面的技术交底。要现场确定核实关键工序、关键部位，复核、监督每个关键环节和重要工序，发现问题及时解决。原材料进场需由专人保管，按指定地点存放，防止在运输、搬运过程中造成原材料变形、破损。

5. 绿色施工中的环境保护措施

建立施工环保管理机构，在施工过程中严格遵循国家和地方政府下发的有关环境保护的法律、法规和规章制度，加强对施工粉尘、设备噪声、生产生活垃圾的控制和治理，遵守文明施工、防火等规章制度，随时接受各级相关单位的监督检查；对施工过程中产生的废弃物集中堆放，并定期委托当地环保部门清运。

充分利用镀锌钢板边角料作为L形插件的主材；强化对材料管理的措施和现场绿色施工的要求，从本质上实现直接和间接的节能降耗。

施工场地和作业限制在工程建设允许的范围内，合理布置、规范围挡，做到标牌清楚、齐全，各种标志醒目，施工场地整洁文明；保证施工现场道路平整，加工场内无积水。优先选用先进的环保机械，采取设立隔音墙、隔音罩等消音措施，降低施工噪声到允许值以下。

3.4.2 异形网格式组合电缆线槽的绿色安装技术

1. 异形网格式组合电缆线槽

建筑智能化与综合化对相应的设备，特别是电气设备的种类、性能及数量提出更高的要求，建筑室内的布线系统呈现出复杂、多变的特点，给室内空间的装饰装修带来一定的影响。传统的线槽模式如钢质电缆线槽、铝合金线槽、防火阻燃式等类型，一定程度上解决了布线的问题，但在轻巧洁净、节约空间、安装更换、灵活布局及与室内设备、构造搭配组合等方面仍然无法满足需求，全新概念的异形网格式组合电缆线槽，在提高品质、保证质量、加快安装速度等方面技术优势明显。

异形网格式组合电缆线槽是将电缆进行集中布线的空间网格结构，可灵活设置网格的形状与密度，不同的单体可以组合成大截面电缆线槽，以满足不同用电荷载的需求，同时各种角度的转角、三通、四通、变径、标高变化等部现场制作是保证电缆桥架顺利连接、灵活布局的关键，其支吊架的设置以及线槽与相关设备的位置实现标准化，可大幅度提高安装的工程进度，在保证安全、环保卫生的前提下，最大限度地节约室内有限空间。

2. 异形网格式组合电缆线槽绿色施工技术特点

采用面向安装位置需求的不同截面电缆线槽的现场组合拼装，通过现场特制不同角度的转角、变径、三通、四通等特殊构造，实现对电缆线槽布局、走向的精确控制，较传统的电缆线槽的布置更加灵活、多样化，有利于节约室内空间。采用直径 4～7 mm 的低碳钢丝根据力学原理优化配置，混合制成异形网格式组合电缆线槽，网格的类型包括正方形、菱形、多边形等形状，根据配置需要灵活设置，每个焊点通过精确焊接，可散发热量并保持清洁。

采用适用于不断更换、检修需要的单体拼装开放式结构，不同的线槽单体进行标志，总的线槽进行分区，同时在组合过程中预留接口形成半封闭系统，有利于继续增加线槽单体，满足用电容量增加的需要。对异形网格式组合电缆线槽的安装位置进行标准化控制，与一般工艺管道平行净距离控制在 0.4 m，交叉净距离为 0.3 m；强电异形网格式组合电缆线槽与强电网格式组合电缆线槽上下多层安装时，间距为 300 mm；强电网格式组合电缆线槽与弱电网格式组合电缆线槽上下多层安装时，间距宜控制在 500 mm。采用固定吊架、定向滑动吊架相结合的搭配方式，灵活布置，以保证其承载力，吊架间距宜为 1.5～2.5 m，同一水平面内水平度偏差不超过 5 mm/m。

3. 异形网格式组合电缆线槽绿色施工技术要点

1）施工前的准备工作

根据电气施工图纸确定网格式电缆线槽的立体定位、规格大小、敷设方式、支吊架形式、支吊架间距、转弯角度、三通、四通、标高变换等。

2）电缆线槽与设备间关系的准确定位的绿色施工技术要点

异形网格式组合电缆线槽与一般工艺管道平行净距离为 0.4 m，交叉净距离为 0.3 m；当异形网格式组合电缆线槽敷设在易燃易爆气体管道和热力管道的下方，在设计无要求时，与管道的最小净距应符合规定。异形网格式组合电缆线槽不宜安装在腐蚀气体管道上方以及腐蚀性液体管道的下方；当设计无要求时，异形网格式组合电缆桥架与具有腐蚀性液体或气体的管道平行净距离及交叉距离不小于 0.5 m，否则应采取防腐、隔热措施。

强电异形网格式组合电缆线槽与强电异形网格式组合电缆线槽上下多层安装时，间距宜为 300 mm；强电异形网格式组合电缆线槽与弱电异形网格式组合电缆线槽上下多层安装时，间距宜为 500 mm，否则需采取屏蔽措施，其间距宜为 300 mm；控制电缆异形网格式组合线槽与控制电缆异形网格式组合线槽上下多层安装时，间距宜为 200 mm；异形网格式组合电缆线槽沿顶棚吊装时，间距宜为 300 mm。

3）吊架的制作与安装的绿色施工技术要点

根据异形网格式组合电缆线槽规格大小、承受线缆的重量、敷设方式，确定采用支吊架形式，可供选择的支吊架形式有托臂式、中间悬吊式、两侧悬吊式、落地式等形式。

根据网格式电缆桥架的材质、规格大小及承受线缆的重量来确定直线段水平安装吊架间距，吊架间距宜为 1.5～2.5 m，同一水平面内水平度偏差不超过 5 mm/m，并考虑周围设备的影响。为了确保异形网格式组合电缆线槽水平度偏差达到规范要求，敷设线缆重量不得超过其最大承载重量。

异形网格式电缆桥架垂直安装时，间距不大于 2 m，直线度偏差不超过 5 mm/m，桥架穿越楼层时不作为固定点，支吊架、托架应与桥架加以固定。支吊架安装时，应测量拉线定位，确定其方位、高度和水平度。

4）异形网格式组合电缆线槽部件的制作

异形网格式组合电缆线槽的各种部件制作均采用直线段网格式电缆桥架现场制作，每个网格尺寸为 50 mm×100 mm。制作时，用断线钳或厂家专用电动剪线钳，剪断部分网格，剪断后网丝尖锐边缘加以平整，以防电缆磨损。

5）异形网格式组合电缆线槽安装技术要点

安装异形网格式组合电缆线槽吊架前，应仔细研究图纸并考察现场，以避免与其他专业交叉造成返工。在现场安装异形网格式组合电缆桥架的弯头、三通、四通、引上段和偏心前，应确定标高、桥架安装位置，进而决定支吊架的形式，设置支吊点。所有异形网格式组合电线槽的吊杆要根据负荷选择，最小选择 M8 螺杆，水平横担选择 C41×25 型钢；垂直安装电缆线槽的支架选用 CB41×25 或 CB1×25 型钢；对线槽穿墙穿板在桥架安装完毕之后，及时盖好盖板，封堵和修补墙洞；当线槽碰到主风管、水管或者两路直角方向桥架标高有冲突时，在冲突区域选择电缆线槽水平安装的支架间距为 1.2～1.5 m；垂直安装的支架间距不大于 1.5 m，在线槽转弯或分支时，吊杆支架间距要在 30～50 cm。

安装异形网格式组合电缆线槽支吊架时，首先确定首末端点，然后拉线保证吊点线性。顶部测量有困难时，可先在地面测量，标好位置后用线锤引至顶面，确保吊点位置。吊杆要留 30 mm 余量，以保证异形网格式组合电缆线槽纵向调整裕量。除特殊说明外，异形网格电缆线槽横担长度 L 为 100 mm+电缆线槽宽度，吊杆与横担间距离大于 15 mm。异形网格式组合电缆线槽安装完毕后，对支架和吊架进行调平固定，需要稳定的地方应加防晃支架。

6）异形网格式组合电缆线接地安装技术要点

异形网格式组合电缆线槽系统应敷设接地干线，确保其具有可靠的电气连接并接地。异形网格式组合电缆线槽安装完毕后，检查整个系统每段桥架与接地干线接地连接，确保相互电气连接良好。在伸缩缝或软连接处，采用编织铜带连接。异形网格式电缆线槽及其支架或引入或引出的金属电缆导管，必须接地或接零可靠，其安装截面 95 mm^2 裸铜绞线作为接地干线，异形网格式电缆线槽及其支架全长不少于 2 处与接地或接零干线相连接。敷设在竖井内和穿越不同防火区的电缆线槽，按设计要求位置设置防火隔堵措施，用防火泥封堵电缆孔洞时封堵应严密可靠，无明显的裂缝和可见的孔隙，孔洞较大时加耐火衬板后再进行封堵。

4. 异形网格式组合电缆线槽的绿色施工质量控制

异形网格组合式电缆线槽安装应符合《建筑电气工程施工质量验收规范》（GB 50303—2015）中的相关要求。施工过程中，及时做好安装记录和分段、分层的质量检验批验收资料，按要求进行工程交接报验。

严格依据相关的图纸进行参数化下料，控制制作过程中的变形。地面预拼装组合，严防电缆线槽吊装过程中的变形。所有异形网格式组合电线槽的吊杆要根据负荷选择，合理选择吊架及其吊架的位置布置间距，保证不发生任何变形。严格控制异形网格式组合电缆线槽与其他相关设备之间的距离，避免相互之间的干扰。异形网格式组合电缆线槽安装完毕后需加设防晃支架，以保证其稳定性和安全性。此外，做好异形网格式组合电缆线槽的各项成品保护工作。

3.4.3 超高层建筑电梯无脚手架的绿色施工技术

1. 超高层建筑电梯的概述

随着国民经济的飞跃发展，我国电梯安装量大规模增长，其中大量的是中高层乘客电梯。因为安装量大量增加，提高电梯安装效率非常必要。电梯安装与大楼建设是同步进行的，有脚手架安装有其合理便利的一面，但随着各方对安全管理、速度和效率要求的不断提高，传统的有脚手架安装工艺显得落后和低效率，必须寻求更快更好更具效率的安装工艺满足绿色施工需要。

同时，电梯是机电合一的产品，正常使用寿命在 20～30 年，楼房的使用寿命在 70～100 年，所以正在使用的有电梯的大楼，在其寿命周期内至少更换一次电梯。原先采用的有脚手架安装方法将对楼房的正常使用产生非常大的影响，如大量长短不一的脚手钢管进出已装潢好的大楼内以及堆放场地、井道厅门口安全防护等问题，不可避免地对原先大楼内的住户造成影响，无脚手架安装在这些方面具有优越性。

2. 超高层建筑电梯无脚手架绿色安装特点

通过将电梯主机先期实现临时减速运转，并利用电梯轿厢架作为作业平台，进行井道内的支架安装、导轨定位、层站部件安装、井道内电气配线等作业，使得电梯安装更安全，效率更高。

无脚手架安装与有脚手架安装相比，摒弃了原有烦琐的脚手架搭建和拆除工序，节约了脚手架的租赁和使用费用。由于使用电动卷扬机和电梯曳引主机作上下运输的主要动力源，减少了辅工数量和劳动强度。新工艺操作熟练后，大大提高安装效率，在临时搭建的操作平台上施工，不在脚手架上安装，减少人员坠落和高空坠物的安全风险。由于在每层井道口均设置了简易防护门，减少了厅外抛物的可能性，增加了安全性。

3. 超高层建筑电梯无脚手架绿色施工技术要点

1）安装前的准备

施工现场环境的确认：应具备部件存储的临时库房；各层门开口位置、井道内障碍物应清理完毕；机房、井道的土建情况应符合营业设计图的尺寸要求等；电梯到货情况确认，包括对电梯设备、部件以及装潢部件的到货情况、堆放位置进行确认；对开箱后部件的运输路径进行确认。

电源的确认：供临时减速运转的动力电源应到位，供电应可靠；照明电源应分别送到指定位置，并按照规定使用安全电压，在临时减速运转时，需要有电动机额定功率约 70% 的电源容量独立供电，动力电源的容量应符合要求。起重吊具的选用和确认，主要是指起重运输工作一旦发生意外，很可能造成重大的安全事故。因此作业人员需要掌握必需的起重知识，经常检查起重设备，确认无变形、损坏、裂纹、磨损、腐蚀等情况，遵守安全操作规程，检查工作包括日常检查、定期检查、开工前检查、完工检查。

2）机房布置及设备安装技术要点。

（1）曳引机及附件的安装要求。曳引机、导向轮、工字钢、加高台等设备安装定位与传统安装工艺的方法相同，在此不作介绍。

（2）限速器安装调整要求。限速器安装定位与传统安装工艺的方法相同，在此不作介绍。

（3）控制屏的安装定位要求。控制屏安装定位与传统安装工艺的方法相同，在此不作介绍。工作平台作临时减速运转时，在机房增加临时控制盘及临时操纵按钮，并进行有关的临时配接线工作。

3）下部平台搭建和最底端导轨安装技术要点

传统工艺安装导轨是从最底层逐根向上安装，安装至顶部不足 5 m 时，截取合适长度安装。采用绿色工艺安装是在固定好最下端的导轨后，先起吊最上部导轨，然后从底层逐根向上起吊，最后最上部导轨将通过相关固定配件固定在楼板上。如果最上部导轨的长度过长，从下往上数第二段导轨长度将不是 5 m 的定尺寸，可避免返工。

4）导轨竖立的绿色施工技术要点

将导轨吊装夹具与最上段导轨连接，由卷扬机提升。在由底坑起 5 m 高度依次连接其余导轨，使接头部分螺栓按规定扭矩的 60%程度临时固定，同时用直尺修正导轨直线度。待导轨定心完成后，将接头部螺栓确实紧固至规定扭矩。当最后一根导轨与已经安装完成的底部导轨连接完成，顶部的导轨吊装夹具越过机房楼板平面，用固定挡板固定，进行最下部导轨接头的定心，紧固顶端导轨吊装夹具的螺旋提升装置，保持适度的张力，固定双螺母。

4. 电梯无脚手架绿色施工中的环境保护问题

开箱时产生的废弃物包括废弃木材类包装物、废弃塑料类包装物、废弃铁皮类包装物；安装时产生的废弃物包括金属切割边角料、巴氏合金余料、废弃润滑油及油回丝、固体垃圾等。

在工地上配备收集各类废弃物所必需的装备、工具等，并指定固定区域临时放置或处理各类废弃物。对于木箱、铁皮、塑料泡沫、塑料等开箱包装物，应填写“作业废弃物移交单”并移交建设单位处理；对于在安装过程中暂时有利用价值的包装物，应妥善保存和利用，并在安装使用结束后移交用户；对于安装过程中产生的无利用价值的金属切割边角料、废弃润滑油、固体垃圾等，必须在作业现场使用指定的容器进行收集、分类，做临时保存，定期或安装结束后一并移交用户并填写“电梯安装作业废弃物移交单”。

在移交用户处理前，必须定期清洁施工现场，保持周围环境的整洁，严禁将各种废弃物遗留在作业现场和其他未经许可的地方，严禁乱堆乱放、随意处置。施工员必须检查作业现场，发现违章，应严肃处理。对于多余的巴氏合金或其他有利用价值的废弃物，由安装队妥善保存再利用；对用户无法自行处理的废弃物，要收集、分类，并临时存放于现场环保堆放点；对于上交公司处理之物品，在运输过程中，应防止丢失、扩散现象的发生。公司派专人负责保管“电梯安装作业废弃物回收登记表”，并指定固定地点以设置收集容器，集中存放各种废弃物，并指定专人管理。

第4章 装配式建筑绿色施工技术

4.1 装配式建筑及发展概述

4.1.1 装配式建筑概述

1. 装配式建筑的内涵

根据《装配式建筑评价标准》（GB/T 51129—2017）的术语解释，装配式建筑是“由预制部品部件在工地装配而成的建筑”。同时，根据标准第 3.0.3 条：“装配式建筑应同时满足下列要求：主体结构部分的评价分值不低于 20 分；围护墙和内隔墙部分的评价分值不低于 10 分；采用全装修；装配率不低于 50%。”

装配式建筑在工厂内通过标准化和模块化的生产方式，制造出可以在现场快速组装的建筑组件和构件，从而达到快速、高效、经济、绿色、可持续的建造目的。其内涵主要体现在以下几个方面。

首先，装配式建筑强调标准化、模块化的生产方式。在制造过程中，采用模块化设计理念，将建筑模块分为多个标准化的单元，可在工厂中集中生产，同时不同的模块可以组合搭配，形成不同的建筑形态。通过这种方式，装配式建筑能够实现高度标准化，大幅度提升生产效率和质量控制水平。

其次，装配式建筑注重生态、环保和可持续发展。采用优质、环保的建筑材料和节能、环保的技术，使其具有较高的环境友好性，减少对自然资源的消耗和环境的污染。同时，装配式建筑的拆装性使得建筑的可重复使用性更高，能够有效地节约资源，实现可持续发展。

再次，装配式建筑追求创新和多样化。传统建筑形式较为单一，而装配式建筑采用标准化、模块化的生产方式，使得建筑形态具有更大的多样性，适应不同场景和需求。如可以在同一个建筑内实现住宅、商业、文化等多种功能。

最后，装配式建筑还注重灵活性和移动性。随着人们生活方式和工作方式的不断变化，装配式建筑能够快速响应市场需求和用户需求，具有更强的适应性和灵活性。同时，装配式建筑能够实现快速组装和拆卸，具有很高的移动性，满足快速建造和紧急救援的需求。

综上所述，装配式建筑是一种以标准化、模块化、多样化、灵活性和移动性为特点的建筑形式。它具有显著的生产效率和质量控制优势，同时能够实现环保、可持续和创新多样化的建筑形态。在未来，随着科技的不断进步和社会的不断发展，装配式建筑将会在建筑领域中发挥其独特的优势和内涵，满足不断增长的建筑需求和可持续性要求。从全球范围来看，装配式建筑的应用将进一步推广和普及，成为未来建筑领域的一个重要趋势。

2. 装配式建筑分类

装配式建筑在 20 世纪初开始引起人们的兴趣，到 60 年代终于实现。英、法等国首先作了尝试，由于装配式建筑的建造速度快，而且生产成本较低，迅速在世界各地推广开来。根据建筑的使用功能、建筑高度、造价及施工等的不同，组成建筑结构构件的梁、柱、墙等可以选择不同的建筑材料及不同的材料组合。例如：钢筋混凝土、钢材、钢骨混凝土、型钢混凝土、木材等。装配式建筑根据主要受力构件和材料的不同，可以分为装配式混凝土结构建筑、装配式钢结构建筑、装配式钢–混凝土组合结构建筑和装配式木结构建筑等。装配式建筑体系分类如图 4.1 所示。

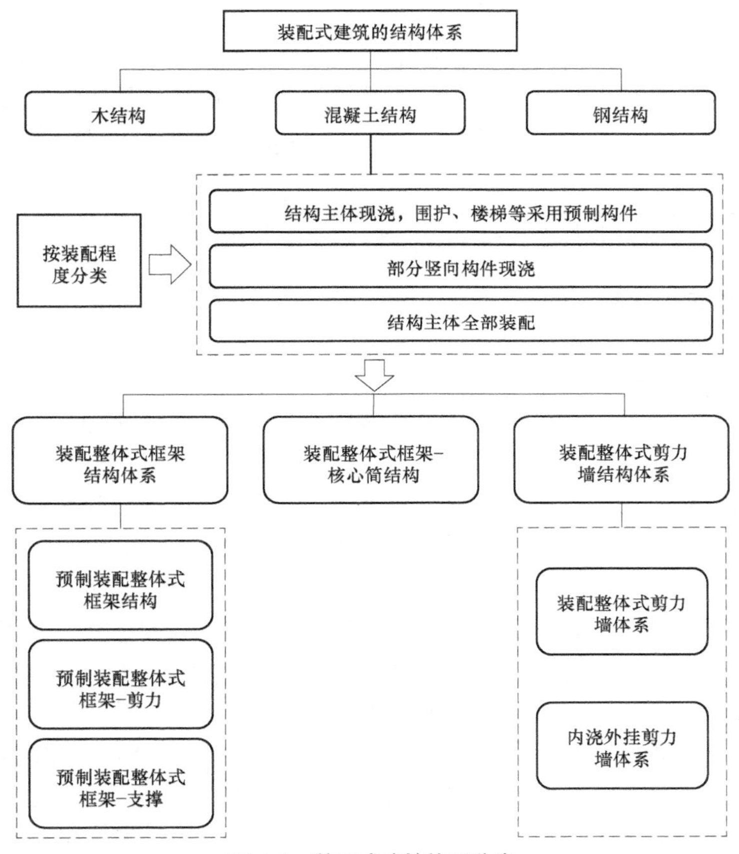

图 4.1　装配式建筑体系分类

装配式建筑采用装配率作为评价结构的重要指标，反映了预制装配等工业化建造技术的应用水平。根据《装配式建筑评价标准》（GB/T 51129—2017）的术语解释，装配率是指“单体建筑室外地坪以上的主体结构、围护墙和内隔墙、装修和设备管线等采用预制部品部件的综合比例”。

同时，根据《装配式建筑评价标准》，装配率应根据表 4.1 中评价分值按式（4.1）计算。

$$P=\frac{Q_1+Q_2+Q_3}{100-Q_4}\times 100\% \tag{4.1}$$

式中：P 为装配率；Q_1 为主体结构指标实际得分值；Q_2 为围护墙和内隔墙指标实际得分值；Q_3 为装修和设备管线指标实际得分值；Q_4 为评价项目中缺少的评价项分值总和。

表4.1 装配式建筑评分表

评价项		评价要求	评价分值	最低分值
主体结构（50分）	柱、支撑、承重墙、延性墙板等竖向构件	35%≤比例≤80%	20～30*	20
	梁、板、楼梯、阳台、空调板等构件	70%≤比例≤80%	10～20*	
围护墙和内隔墙（20分）	非承重围护墙非砌筑	比例≥80%	5	10
	围护墙与保温、隔热、装饰一体化	50%≤比例≤80%	2～5*	
	内隔墙非砌筑	比例≥50%	5	
	内隔墙与管线、装修一体化	50%≤比例≤80%	2～5*	
装修和设备管线（30分）	全装修	—	6	6
	干式工法楼面、地面	比例≥70%	6	—
	集成厨房	70%≤比例≤90%	3～6*	
	集成卫生间	70%≤比例≤90%	3～6*	
	管线分离	50%≤比例≤70%	4～6*	

注：表中带“*”项的分值采用“内插法”计算，计算结果取小数点后1位。

3. 装配式建筑的优势

1）提高建筑质量

（1）混凝土结构的优势。

装配式并不是单纯的工艺改变，而是建筑体系与运作方式的变革，对建筑质量提升有推动作用。

① 装配式混凝土建筑要求设计必须精细化、协同化。如果设计不精细，构件制作完后才发现问题，会造成很大的损失。设计更深入、细化、协同，由此会提高设计质量和建筑品质。

② 装配式可以提高建筑精度。现浇混凝土结构的施工误差往往以厘米计，而预制构件的误差以毫米计，误差大了无法装配。预制构件在工厂模台上和精致的模具中生产，实现和控制品质比现场容易。预制构件的高精度会“逼迫”现场现浇混凝土精度的提高。

③ 装配式可以提高混凝土浇筑、振捣和养护环节的质量。现场浇筑混凝土，模具组装不易严丝合缝，容易漏浆；墙、柱等立式构件不易振捣；现场养护很难符合要求。工厂制作构件时，模具组装可以严丝合缝，混凝土不会漏浆；墙、柱等立式构件大都“躺着”浇筑，振捣方便；板式构件在振捣台上振捣，效果更好；一般采用蒸汽养护方式，养护质量大大提高。

④ 装配式是实现建筑自动化和智能化的前提。自动化和智能化减少了对人、对责任心等不确定因素的依赖，由此可以最大化避免人为错误，提高产品质量。

⑤ 工厂作业环境比工地现场更适合全面细致地进行质量检查和控制。

（2）其他结构的优势。

钢结构、木结构装配式和集成化内装修的优势是显而易见的，工厂制作的部品部件由于剪成、加工和拼装设备的精度高，有些设备还实现了自动化、数控化，产品质量大幅度提高。

从生产组织体系上来看，装配式将建筑业传统的层层竖向转包变为扁平化分包。层层转包最终将建筑质量的责任系于流动性非常强的农民工身上；而扁平化分包，建筑质量的责任由专业化制造工厂分担。工厂有厂房、有设备，质量责任容易追溯。

2）提高效率

对于钢结构、木结构和全装配式（即用螺栓或焊接连接的）混凝土结构而言，装配式能够提高效率。装配式使一些高处和高空作业转移到车间进行，即使没有自动化，生产效率也会提高。工厂作业环境比现场优越，工厂化生产不受气象条件制约，刮风下雨不影响构件制作。

3）节约材料

对于钢结构、木结构和全装配式混凝土结构而言，装配式能够节约材料。实行内装修和集成化也会大幅度节约材料。可以减少的材料包括内墙抹灰、现场模具和脚手架消耗，以及商品混凝土运输车挂在罐壁上的浆料等。

4）节能减排环保

因为工厂制作环节可以将边角余料充分利用，因此能大幅度减少建筑垃圾，有助于节能减排环保。

5）节省劳动力并改善劳动条件

（1）节省劳动力。工厂化生产与现场作业比较，可以较多地利用设备和工具，包括自动化设备，节省劳动力，降低工人劳动强度。

（2）改变从业者的结构构成。装配式可以大量减少工地劳动力，使建筑业农民工向产业工人转化。由于设计精细化和拆分设计、产品设计、模具设计的需要，以及精细化生产与施工管理的需要，白领人员比例会有所增加。由此，建筑业从业人员的构成将发生变化，知识化程度得以提高。

（3）改善工作环境。装配式把很多现场作业转移到工厂进行，高处或高空作业转移到平地进行，把室外作业转移到车间里进行，从而大大改善了工作环境。

6）缩短工期

装配式建筑特别是装配式整体式混凝土建筑，缩短工期的空间主要在主体结构施工之后的环节，尤其是内装环节，因为装配式建筑湿作业少，外围护系统与主体结构施工可以同步，内装施工可以尾随结构施工进行，相隔 2～3 层楼即可。当主体结构施工结束时，其他环节的施工也接近结束。

7）有利于安全

装配式建筑工地作业人员减少，高处、高空和脚手架上的作业也大幅度减少，减少了危险点，提高了安全性。

8）冬期施工

装配式混凝土建筑的构件制作在冬期不会受到大的影响。工地冬期施工，可以对构件连接处做局部围护保温，也可以搭设折叠式临时暖棚。冬期施工成本比现浇建筑低很多。

4.1.2　装配式建筑发展概述

1. 我国装配式建筑发展概况

我国装配式混凝土建筑发展始于 20 世纪 50 年代，到 80 年代达到建造高潮。第一个五年计划期间，我国大部分重点建设项目从苏联引进，在苏联建造经验基础上形成符合我国国情的建设程序及建设工程项目标准，并逐步由工业建筑过渡到民用建筑。许多工业厂房为预制钢筋混凝土柱单层厂房，厂房柱、吊车轨道、屋架均采用预制方式。许多无梁板结构的仓库和冷库也是装配式建筑，杯型基础、结构柱、柱帽和叠合楼板等均广泛采用预制形式。全国许多地方形成了设计、制作和施工安装一体化的装配式混凝土建筑工业化模式。

20 世纪 90 年代以前，砌体结构住宅和办公楼等大量使用预制楼板和预制楼梯，部分地区还建造了一些预制混凝土大板楼。但这些装配式混凝土建筑由于经济和社会发展等各种原因，抗震、渗漏、保温等技术性问题未能得到有效解决。90 年代中期，现浇技术取得较大进步，建筑市场劳动力充足，预制结构则因为抗震性能和施工品质较差几乎销声匿迹，现浇混凝土结构开始成为建造行业主流。

1990—2000 年，我国装配式建筑技术基本处于停滞状态，装配式建筑的相关体系未能得到有效完善。进入 21 世纪后，随着我国经济发展和社会进步，建筑质量与安全、人力资源、环境保护、建筑节能等可持续发展的要求越来越高，我国重新启动装配式混凝土建筑研究的进程。

“十二五”期间，国家重新提出建筑工业化目标，推进装配式建筑取得突破性进展，并据此出台了一系列保障政策。2011 年 7 月，住房和城乡建设部印发《建筑业发展“十二五”规划》，明确提出积极推进建筑工业化；2013 年 1 月，国务院办公厅出台《绿色建筑行动方案》，提出推广适合工业化生产的预制装配式混凝土、钢结构等建筑体系，加快发展建设工程的预制和装配技术，提高建筑工业化技术集成水平；2014 年 3 月，中共中央、国务院印发《国家新型城镇化规划（2014—2020 年）》，明确提出强力推进建筑工业化；2015 年 3 月，国务院印发《深化标准化工作改革方案》（国发〔2015〕13 号），提出通过改革，把政府单一供给的现行标准体系，转变为由政府主导制定的标准和市场自主制定的标准共同构成的新型标准体系。至此，国内装配式建筑发展驶入快车道，呈现高速发展的局面。

“十三五”期间，国家进一步提出加快装配式建筑发展的目标，出台了多份政策文件和标准。2016 年 9 月，国务院办公厅印发《关于大力发展装配式建筑的指导意见》，进一步明确了大力发展装配式建筑和钢结构重点区域、未来装配式建筑占比新建筑目标及重点发展城市；2017 年 2 月，国务院办公厅印发《关于促进建筑业持续健康发展的意见》，提出坚持标准化设计、工厂化生产、装配化施工、一体化装修、信息化管理、智能化应用，推动建造方式创新，大力发展装配式混凝土和钢结构建筑，在具备条件的地方倡导发展现代木结构建筑，不断提高装配式建筑在新建建筑中的比例；2018 年 2 月，《装配式建筑评价标准》（GB/T 51129—2017）开始实施，确定了用装配率唯一指标评价民用建筑装配化程度的方法；2020 年 8 月，住房和城乡建设部、工业和信息化部等九部门联合印发《关于加快新型建筑工业化发展的若干意见》，提出要大力推广装配式混凝土建筑，培养新型建筑工业化专业人才，培育技能型产业工人，加强职业技能培训，大力培育产业工人队伍，以新型建筑工业化带动建筑业全面转型升级，打造具有国际竞争力的“中国建造”品牌。

“十四五”以来，我国对装配式建筑的发展给予了高度重视。2021 年 10 月，国务院印发《2030 年前碳达峰行动方案》，提出推广绿色低碳建材和绿色建造方式，加快推进新型建筑工业化，大力发展装配式建筑，推广钢结构住宅，推动建材循环利用，强化绿色设计和绿色施工管理；2022 年 1 月，住房和城乡建设部印发了《“十四五”建筑业发展规划》，明确提出“十四五”期间，装配式建筑在新建建筑中的占比例应达到 30%以上，还强调了打造建筑产业互联网平台、研发建筑机器人标志性产品以及培育智能建造和装配式建筑产业基地等重要任务；同年 5 月，中共中央、国务院联合发布了《关于推进以县城为重要载体的城镇化建设的意见》，其中明确指出要推进生产生活低碳化，大力发展绿色建筑。该意见提倡在城镇化建设中广泛应用装配式建筑、节能门窗、绿色建材和绿色照明，全面推行绿色施工，以推动县城绿色发展和城乡建设模式创新。一系列装配式建筑规划的颁布，让装配式建筑市场迎来了崭新的发展机遇。

根据瑞达恒研究院发布的《建筑工程装配式建筑行业报告（2022—2023 年上半年）》，新开工装配式建筑面积从 2018 年的 2.9 亿 m^2 增长到 2022 年的 8.1 亿 m^2，其在新建建筑面积中的比例得到进一步提升，2022 年比例达到 26.2%。可知未来装配式建筑的发展前景越来越好。

2.“双碳”目标下装配式建筑技术发展建议

建筑业企业应不断进行技术创新，使装配式建筑施工更加环保、节能、高效。此处从技术发展的角度出发，针对“双碳”目标下装配式建筑的技术发展提出了几点建议。

（1）发展新型建材。建筑材料是装配式建筑的重要组成部分，直接关系着建筑的环保、节能和耐久性等。因此，发展新型建材是装配式建筑技术发展的重要方向。建筑业企业可以加强可再生材料（如木材、竹材等）的开发应用，以有效降低建筑施工、运行的能源消耗和产生的碳排放；研发新型节能、环保建材，如太阳能发电材料、透明保温材料等，以提高建筑的节能性。

（2）推广智能化技术。智能化技术对装配式建筑技术的发展具有重要意义。① 智能控制系统在建筑节能方面发挥着重要作用。智能控制系统能够实时监测室内外环境数据，进而自动调节空调、采光、通风等设备，以降低能源消耗。例如：当人员离开房间时，系统可以自动关闭灯光和空调，避免能源浪费。② 智能安防系统可以提高建筑的安全性。智能安防系统通常集成视频监控、入侵报警、智能门禁等功能，能够及时发现和应对潜在的安全威胁。例如：当检测到异常情况时，系统会自动触发警报，并通过手机等设备向住户发送警报信息。③ 智能家居系统能够有效提高住户的居住舒适度。安装智能家居系统后，住户可以通过手机或语音控制设备，实现自动调光、调温、音乐播放等功能，以获得更加舒适的居住体验。总的来说，智能化技术在装配式建筑中的应用可以提高建筑的节能性、安全性和舒适度，为住户打造更加宜居的环境。

（3）加强建筑节能设计。建筑节能设计是装配式建筑技术发展的重要方向。节能设计可以有效降低建筑的能耗和碳排放。例如：建筑业企业通过采用节能门窗系统、保温材料、太阳能热水系统等，能够提高建筑的节能性；加强绿色屋顶、雨水收集系统等在装配式建筑中的应用，能够增强建筑的自然通风和自然采光效果；加强雨水回收利用，有助于实现建筑节能降耗目标。

（4）优化建筑施工工艺。建筑施工工艺也是装配式建筑技术发展的重要方向。良好的制造和拼装技术可以最大限度地提高建筑构件的安装质量与效率。此外，建筑企业可加强对模块化设计和制造技术的研究，将建筑分为多个模块，实现模块化生产和拼装，从而进一步提高建筑的施工质量与效率。

4.2 装配式混凝土建筑结构构件及施工

4.2.1 装配式混凝土结构构件

1. 装配式混凝土结构的基本构件

1）预制混凝土柱

从制造工艺上看，预制混凝土柱包括预制混凝土实心柱和预制混凝土矩形柱壳两种形式。预制混凝土柱的外观多种多样，包括矩形、圆形和工字形等。在满足运输和安装要求的前提下，预制柱的长度可达到 12 m 或更长。

2）预制混凝土梁

根据制造工艺不同，预制混凝土梁可分为预制实心梁和预制叠合梁两类。预制实心梁制作简单，构件自重较大，多用于厂房和多层建筑中。预制叠合梁便于预制柱和叠合楼板连接，整体性较强，运用十分广泛。预制梁壳通常用于梁截面较大或起吊质量受到限制的情况，优点是便于现场绑扎钢筋，缺点是预制工艺较复杂。

按是否采用预应力来划分，预制混凝土梁可分为预制预应力混凝土梁和预制非预应力混凝土梁。预制预应力混凝土梁集合了预应力技术节省钢筋、易于安装的优点，生产效率高、施工速度快，在大跨度全预制多层框架结构厂房中具有良好的经济性。

3）预制混凝土楼面板

按照制造工艺不同，预制混凝土楼面板可分为预制混凝土叠合板、预制混凝土实心板、预制混凝土空心板和预制混凝土双 T 板等。此处，主要介绍预制混凝土叠合板。

预制混凝土叠合板最常见的主要有桁架钢筋混凝土叠合板和预制带肋底板混凝土叠合楼板两种。

桁架钢筋混凝土叠合板属于半预制构件，下部为预制混凝土板，外露部分为桁架钢筋。预制混凝土叠合板的预制部分厚度通常为 60 mm，叠合楼板在工地安装到位后要进行二次浇筑，从而成为整体实心楼板。桁架钢筋的主要作用是将后浇筑的混凝土层与预制底板形成整体，并在制作和安装过程中提供刚度。伸出预制混凝土层的桁架钢筋和粗糙的混凝土表面保证了叠合楼板预制部分与现浇部分能有效结合成整体。

预制带肋底板混凝土叠合楼板是一种预应力带肋混凝土叠合楼板，如图 4.2 所示。

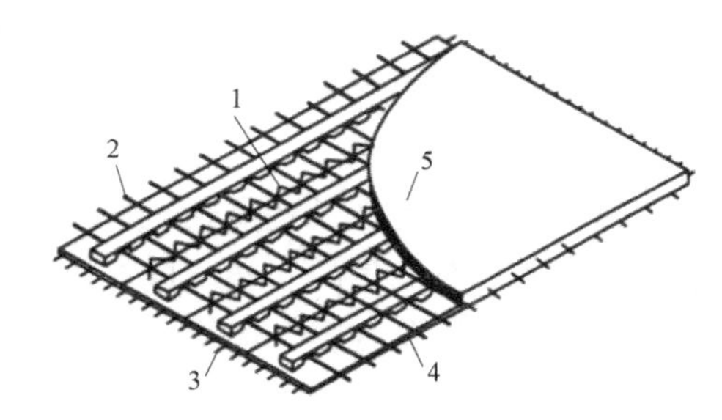

1—折线钢筋；2—横向穿孔钢筋；3—高强预应力钢丝；4—PK 预应力带肋混凝土薄板；5—叠合层混凝土

图 4.2 预制带肋底板混凝土叠合楼板

PK 预应力混凝土叠合板具有以下优点：① 薄、轻；② 由于采用高强预应力钢丝，可比其他叠合板节省用钢量；③ 承载能力强，可减少支撑数量；④ 由于施加了预应力，可提高混凝土的抗裂性能；⑤ 由于采用了 T 型肋，现浇混凝土形成倒梯形，新旧混凝土互相咬合，新混凝土流到孔中又形成销栓作用，因此新旧混凝土结合好；⑥ 在侧孔中横穿钢筋后，避免了传统叠合板只能做单向板的弊病，可形成双向板，且预埋管线方便。

4）预制混凝土剪力墙

从受力性能角度，预制混凝土剪力墙可分为预制实心剪力墙和预制叠合剪力墙。

预制实心剪力墙是指在工厂将混凝土剪力墙预制成实心构件，并在现场通过预留钢筋与主体结构相连接。随着灌浆套筒在预制剪力墙中的应用，预制实心剪力墙的使用越来越广泛。

预制混凝土夹心保温剪力墙是一种结构保温一体化的预制实心剪力墙，由内叶、中间层和外叶三部分组成。内叶是预制混凝土实心剪力墙，中间层为保温隔热层，外叶为保温隔热层的保护层。保温隔热层与内外叶之间采用拉结件连接。拉结件可以采用玻璃纤维钢筋或不锈钢拉结件。预制混凝土夹心保温剪力墙通常作为建筑物的承重外墙。

预制叠合剪力墙是指一侧或两侧均为预制混凝土墙板，在另一侧或中间部位现浇混凝土从而形成共同受力的剪力墙结构。它具有制作简单、施工方便等优势。

5）预制混凝土阳台

预制混凝土阳台通常包括预制实心阳台和预制叠合阳台。预制阳台板能够克服现浇阳台的缺点，解决了阳台支模复杂、现场高空作业费时费力的问题。

6）预制混凝土女儿墙

女儿墙处于屋顶处外墙的延伸部位，通常有立面造型。采用预制混凝土女儿墙的优势是能快速安装，节省工期并提高耐久性。女儿墙可以是单独的预制构件，也可以是顶层的墙板向上延伸，顶层外墙与女儿墙预制为一个构件。

7）预制混凝土空调板

预制混凝土空调板通常采用预制混凝土实心板，板侧预留钢筋与主体结构相连，预制空调板通常与外墙板相连。

2. 围护构件

围护构件是指围合、构成建筑空间，抵御环境不利影响的构件，下面只对外围护墙和预制内隔墙的相关内容展开介绍，其余部分不再赘述。外围护墙用以抵御风雨、温度变化、太阳辐射等，应具有保温、隔热、隔声、防水、防潮、耐火、耐久等性能。内隔墙起分隔室内空间作用，应具有隔声、隔视线以及满足某些特殊要求的性能。

1）外围护墙

预制混凝土外围护墙板是指预制商品混凝土外墙构件，包括预制混凝土叠合（夹心）墙板、预制混凝土夹心保温外墙板和预制混凝土外墙挂板。外墙板除应具有隔声与防火的功能外，还应具有隔热保温、抗渗、抗冻融、防碳化等作用和满足建筑艺术装饰的要求。外墙板可用轻骨料单一材料制成，也可采用复合材料（结构层、保温隔热层和饰面层）制成。

预制混凝土外围护墙板采用工厂化生产、现场安装的施工方法，具有施工周期短、质量可靠（对防止裂缝、渗漏等质量通病十分有效）、节能环保（耗材少，减少扬尘和噪声等）、工业化程度高及劳动力投入量少等优点，在国内外的住宅建筑上得到了广泛运用。

根据制作结构不同，预制外墙结构分为预制混凝土夹心保温外墙板和预制混凝土外墙挂板。

预制混凝土夹心保温外墙板是集承重、围护、保温、防水、防火等功能于一体的重要装配式预制构件，由内叶墙板、保温材料、外叶墙板三部分组成。夹心保温外墙板宜采用平模工艺生产，生产时，先浇筑外叶墙板混凝土层，再安装保温材料和拉结件，最后浇筑内叶墙板混凝土，可以使保温材料与结构同寿命。

预制混凝土外墙挂板是在预制车间加工并运输到施工现场吊装的钢筋混凝土外墙板，在板底设置预埋铁件，通过与楼板上的预埋螺栓连接，使底部与楼板固定，再通过连接件使顶部与楼板固定。在工厂采用工业化生产，具有施工速度快、质量好、费用低的特点。

2）预制内隔墙

按成型方式，预制内隔墙板分为挤压成型墙板和立（或平）模浇筑成型墙板两种。

挤压成型墙板也称“预制条形内墙板”，是在预制工厂使用挤压成型机将轻质材料搅拌成均匀的料浆，通过进入模板（模腔）成型的墙板，如图 4.3 所示。按断面不同，分空心板和实心板两类。在保证墙板承载和抗剪前提下，可以将墙体断面做成空心，以降低墙体的质量，并能通过墙体空心处空气的特性提高隔断房间内的保温、隔声效果；门边板端部为实心板，实心宽度不得小于 100 mm。

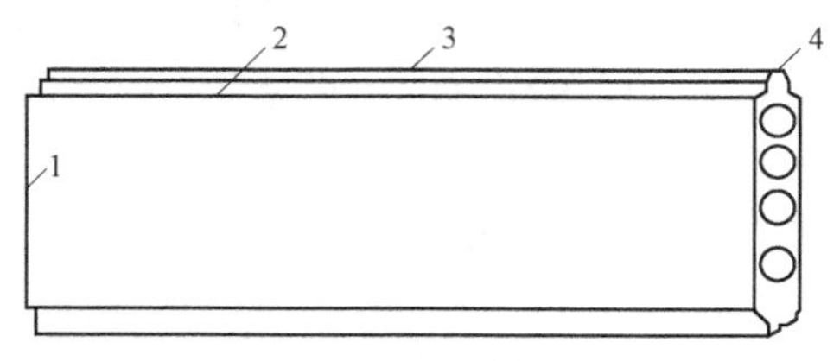

1—板端；2—板边；3—接缝槽；4—榫头

图 4.3　挤压成型墙板（空心）结构

没有门洞口的墙体，应从墙体一端开始沿墙长方向顺序排板；有门洞口的墙体，应从门洞口开始分别向两边排板。当墙体端部的墙板不足一块板宽时，应设计补空板。

立（或平）模浇筑成型墙板也称“预制混凝土整体内墙板”，是在预制车间按照所需样式，使用钢模具拼接成型，浇筑或摊铺混凝土制成的墙体。根据受力不同，内墙板使用单种材料或者多种材料加工而成。用聚苯乙烯泡沫板材、聚氨酯泡沫塑料、无机墙体保温隔热材料等轻质材料填充到墙体中，绿色环保，可以减少混凝土用量，减少室内热量与外界的交换，增强墙体的隔声效果，并通过墙体自重的减轻而降低运输和吊装的成本。

4.2.2　装配式混凝土结构施工

1. 构件安装

1）预制柱施工技术要点

（1）根据预制柱平面各轴的控制线和柱框线校核预埋套管位置的偏移情况，做好记录。检查预制柱进场的尺寸、规格，混凝土的强度是否符合设计和规范要求，检查柱上预留套管及预留钢筋是否满足图纸要求、套管内是否有杂物；同时做好记录，并与现场预留套管的检查记录进行核对，无问题方可吊装。

（2）吊装前，在柱四角放置金属垫块，以利于预制柱的垂直度校正，按照设计标高，结合柱子长度确认偏差。用经纬仪控制垂直度，若有少许偏差，可运用千斤顶等调整。

（3）柱初步就位时，应将预制柱钢筋与下层预制柱的预留钢筋初步试对，没有问题后，准备固定。

（4）预制柱接头连接采用套筒灌浆连接技术。

（5）柱脚四周采用坐浆材料封边，形成密闭灌浆腔，保证在最大灌浆压力（约 1 MPa）下密封有效。

（6）如所有连接接头的灌浆口未被封堵，当灌浆口漏出浆液时，应立即用胶塞封堵牢固；如排浆孔事先封堵胶塞，应摘除其上的封堵胶塞，直至所有灌浆孔流出浆液并已封堵后，等待排浆孔出浆。

（7）一个灌浆单元只能从一个灌浆口注入，不得同时从多个灌浆口注浆。

2）预制梁施工技术要点

（1）测出柱顶与梁底标高误差，在柱上弹出梁边控制线。

（2）在构件上标明每个构件所属的吊装顺序和编号，便于吊装工人辨认。

（3）梁底支撑采用立杆支撑+可调顶托+100 mm×100 mm 木方，预制梁的标高通过支撑体系的顶丝来调节。

（4）梁起吊时，用吊索钩住扁担梁的吊环，吊索应有足够的长度，以保证吊索和扁担梁之间的角度≥60°。当梁初步就位后，借助柱头上的梁定位线精确校正，在调平的同时将下部可调支撑上紧，方可松去吊钩。主梁吊装结束后，根据柱上已放出的梁边和梁端控制线，检查主梁上的次梁缺口位置是否正确。如不正确，需做相应处理后方可吊装次梁。梁在吊装过程中要按柱对称吊装。

（5）预制梁板柱接头连接。

（6）键槽混凝土浇筑前，应将键槽内的杂物清理干净，并提前 24 h 浇水湿润。

（7）键槽钢筋绑扎时，为确保钢筋位置的准确，键槽预留 U 形开口箍，待梁柱钢筋绑扎完成后，在键槽上安装门形开口箍与原预留 U 形开口箍双面焊接 $5d$（d 为钢筋直径）。

3）预制剪力墙施工技术要点

（1）由于吊装作业需要连续进行，所以吊装前的准备工作非常重要。第一，在吊装就位之前将所有柱、墙的位置在地面弹好墨线，根据后置埋件布置图，采用后钻孔法安装预制构件定位卡具，并复核检查；第二，检查起重设备，并在空载状态下对吊臂角度、负载能力、吊绳等进行检查，对吊装困难的部件必须进行空载实际演练，将导链、斜撑杆、膨胀螺栓、扳手、2 m 靠尺、开孔电钻等工具准备齐全，操作人员清点；第三，检查预制构件预留灌浆套筒是否有缺陷、杂物和油污，保证灌浆套筒完好；第四，提前架好经纬仪、激光水准仪并调平；第五，填写施工准备情况登记表，施工现场负责人检查核对签字后方可开始吊装。

（2）起吊预制墙板时，采用带八字链的扁担式吊装设备，加设缆风绳。顺着吊装前所弹墨线缓缓下放墙板，吊装经过的区域下方设置警戒区，施工人员应撤离，由信号工指挥，就位时，待构件下降至作业面 1 m 左右高度时，施工人员方可靠近操作，以保证操作人员的安全。墙板下放好垫块，垫块保证墙板底标高的正确（也可提前在预制墙板上安装定位角码，顺着定位角码的位置安放墙板）。

（3）若墙板底部局部套筒未对准，可使用八字链将墙板手动微调，重新对孔。底部没有灌浆套筒的外填充墙板直接顺着角码缓缓放下墙板。垫板造成的空隙可用坐浆方式填补。为防止坐浆料填充到外叶板之间，在苯板处补充 50 mm×20 mm 的保温板（或橡胶止水条）堵塞缝隙。

（4）垂直坐落在准确的位置后，使用激光水准仪复核水平方向是否有偏差。无误差后，利用预制墙板上的预埋螺栓和地面后置膨胀螺栓（将膨胀螺栓在环氧树脂内蘸一下，立即打入地面）安装斜支撑杆，用检测尺检测预制墙体垂直度及复测墙顶标高后，利用斜撑杆调节好墙体的垂直度，方可松开吊钩。

（5）斜撑杆调节完毕后，再次校核墙体的水平位置和标高、垂直度及相邻墙体的平整度。检查工具包括经纬仪、水准仪、靠尺、水平尺（或软簪）、铅锤、拉线。

4）预制阳台、空调板施工技术要点

（1）每块预制构件吊装前，测量并弹出相应周边（隔板、梁、柱）控制线。

（2）板底支撑采用钢管脚手架+可调顶托+100 mm×100 mm 木方。板吊装前，应检查是否有可调支撑高出设计标高，校对预制梁及隔板之间的尺寸是否有偏差，并做相应调整。

（3）预制构件吊至设计位置上方 3～6 cm 后，调整位置使锚固筋与已完成结构预留筋错开，便于就位，构件边线基本与控制线吻合。

（4）当一跨板吊装结束后，根据板周边线、隔板上弹出的标高控制线对板标高及位置进行精确调整，误差控制在 2 mm 以内。

5）预制外墙挂板施工技术要点

（1）外墙挂板施工前准备。

① 每层楼面轴线垂直控制点应不少于 4 个，楼层上的控制轴线应使用经纬仪由底层原始点直接向上引测；每个楼层应设置 1 个高程控制点。

② 预制构件控制线应由轴线引出，每块预制构件应有纵横控制线 2 条。

③ 预制外墙挂板安装前，应在墙板内侧弹出竖向与水平线，安装时，应与楼层上该墙板控制线相对应。

④ 当采用饰面砖作为外装饰时，饰面砖竖向、横向砖缝应引测。

⑤ 贯通到外墙内侧来控制相邻板与板之间、层与层之间饰面砖砖缝对直。

⑥ 预制外墙挂板垂直度测量，4 个角留设的测点为预制外墙挂板转换控制点，用靠尺以此 4 个点在内侧进行垂直度校核和测量。

⑦ 应在预制外墙挂板顶部设置水平标高点，在上层预制外墙挂板吊装时，应先垫垫块或在构件上预埋标高控制调节件。

（2）外墙挂板的吊装。

预制构件应按照施工方案吊装顺序预先编号，严格按照编号顺序起吊。应采用慢起、稳升、缓放的操作方式，系好缆风绳控制构件转动。在吊装过程中，保持稳定，不得偏斜、摇摆和扭转。预制外墙挂板的校核与偏差调整应按以下要求进行。

① 预制外墙挂板侧面中线及板面垂直度的校核，以中线为主调整。

② 预制外墙挂板上下校正时，以竖缝为主调整。

③ 墙板接缝应以满足外墙面平整为主，内墙面不平或翘曲时，可在内装饰或内保温层内调整。

④ 预制外墙挂板山墙阳角与相邻板的校正，以阳角为基准调整。

⑤ 预制外墙挂板接缝平整的校核，以楼地面水平线为基准调整。

（3）外墙挂板底部固定、外侧封堵。

外墙挂板底部坐浆材料的强度等级应不小于被连接构件的强度，坐浆层的厚度应不大于 20 mm，底部坐浆强度检验以每层为一个检验批次，每个工作班组应制作一组且每层应不少于 3 组边长为 70.7 mm 的立方体试件，标准养护 28 d 后，进行抗压强度试验。为了防止外墙挂板外侧坐浆料外漏，在外侧保温板部位固定 50 mm（宽）×20 mm（厚）的具备 A 级保温性能的材料进行封堵。

预制构件吊装到位后，立即固定下部螺栓，并做好防腐防锈处理。上部预留钢筋与叠合板钢筋或框架梁预埋件焊接。

（4）预制外墙挂板连接接缝施工。

预制外墙挂板连接接缝采用防水密封胶，施工时应符合下列规定。

① 预制外墙挂板连接接缝防水节点基层及空腔排水构造做法应符合设计要求。

② 预制外墙挂板外侧水平、竖直接缝的防水密封胶封堵前，侧壁应清理干净，保持干燥。嵌缝材料应与挂板牢固黏结，不得虚粘。

③ 外侧竖缝及水平缝防水密封胶的注胶宽度、厚度应符合设计要求，防水密封胶应在预制外墙挂板校核固定后嵌填，先安放填充材料，然后注胶。防水密封胶应均匀顺直，饱满密实，表面光滑连续。

2. 钢筋套筒灌浆技术

1）套筒灌浆连接的工作机理

套筒灌浆连接可视为一种钢筋机械连接，但与直螺纹等接头的工作机理不同，套筒灌浆接头依靠材料间的黏结达到钢筋锚固连接作用。当钢筋受拉时，拉力通过钢筋–灌浆料结合面的黏结作用传递给灌浆料，灌浆料再通过其与套筒内壁结合面的黏结作用传递给套筒。

套筒灌浆接头的理想破坏模式为套筒外钢筋被拉断破坏，接头起到有效的钢筋连接作用。除此之外，套筒灌浆接头也会受其他因素影响形成破坏模式：钢筋–灌浆料结合面在钢筋拉断前失效，会造成钢筋拔出破坏，在这种情况下应增大钢筋锚固程度以避免此类破坏；灌浆料–套筒结合面在钢筋拉断前失效，会造成灌浆料拔出破坏，可在套筒上适当配置剪力墙以避免此类破坏；灌浆强度不够，会导致接头钢筋拉断前发生灌浆料劈裂破坏；套筒强度不够，会导致接头钢筋拉断前发生套筒拉断破坏。

2）施工技术要点

（1）清理墙体接触面。墙体下落前，应保持预制墙体与混凝土接触面无灰渣、无油污、无杂物。

（2）铺设高强度垫块。采用高强度垫块将预制墙体的标高找好，使预制墙体标高得到有效的控制。

（3）安放墙体。在安放墙体时，应保证每个注浆孔通畅，预留孔洞满足设计要求，孔内无杂物。

（4）调整并固定墙体。墙体安放到位后，采用专用支撑杆件调节，保证墙体垂直度、平整度在允许误差范围内。

（5）墙体两侧密封。根据现场情况，采用砂浆对两侧缝隙进行密封，确保灌浆料不从缝隙中溢出，减少浪费。

（6）润湿注浆孔。注浆前，应用水润湿注浆孔，避免因混凝土吸水导致注浆强度达不到要求，且与灌浆孔连接不牢靠。

（7）拌制灌浆料。搅拌完成后，静置3～5 min，待气泡排除后，方可进行施工。灌浆料流动度在200～300 mm间为合格。

（8）注浆。采用专用的注浆机注浆。注浆机使用一定的压力，将灌浆料由墙体下部注浆孔注入，灌浆料先流向墙体下部20 mm找平层，当找平层注满后，注浆料由上部排气孔溢出，视为该孔注浆完成，并用泡沫塞子封堵。至该墙体所有上部注浆孔均有浆料溢出后视为该面墙体注浆完成。

（9）个别补注。完成注浆0.5 h后，检查上部注浆孔是否有因注浆料的收缩、堵塞不及时、漏浆造成的个别孔洞不密实情况。如有，则用手动注浆器对该孔进行补注。

（10）封堵。注浆完成后，通知监理检查，合格后封堵住浆孔。封堵要求与原墙面平整，并及时清理墙面上、地面上的余浆。

3. 后浇混凝土

1）竖向节点构件钢筋绑扎

（1）现浇边缘构件节点钢筋。

① 调整预制墙板两侧的边缘构件钢筋，构件吊装就位。

② 绑扎边缘构件纵筋范围内的箍筋，绑扎顺序是由下而上，然后将每个箍筋平面内的甩筋、箍筋与主筋绑扎固定就位。由于两墙板间的距离较为狭窄，制作箍筋时将箍筋做成开口箍状，以便于箍筋绑扎。

③ 将边缘构件纵筋范围以外的箍筋套入相应的位置，并固定于预制墙板的甩出钢筋上。

④ 安放边缘构件纵筋并将其与插筋绑扎固定。

⑤ 将已经套接的边缘构件箍筋安放调整到位，然后将每个箍筋平面内的甩筋、箍筋与主筋绑扎固定就位。

（2）竖缝处理。

在绑扎节点钢筋前先将相邻外墙板间的竖缝封闭，如图4.4所示。

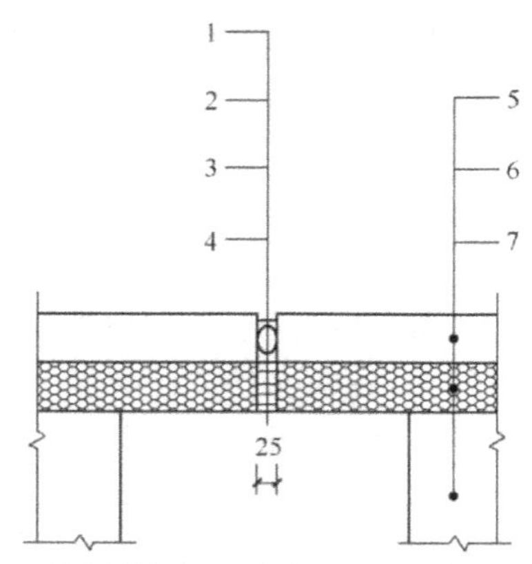

1—灌浆料密实；2—发泡芯棒；3—封堵材料；4—后浇段；5—外叶墙板；6—夹心保温层；7—内叶剪力墙板

图4.4 竖缝处理示意

外墙板内缝处理：在保温板处填塞发泡聚氨酯（待发泡聚氨酯溢出后，视为填塞密实），内侧采用带纤维的胶带封闭。

外墙板外缝处理：外墙板外缝可以在整体预制构件吊装完毕后再行处理。具体先填塞聚乙烯棒，然后在外皮打建筑耐候胶。

2）支设竖向节点构件模板

支设边缘构件及后浇段模板。充分利用预制内墙板间的缝隙及内墙板上预留的对拉螺栓孔使其充分拉模，以保证墙板边缘混凝土模板与后支钢模板（或木模板）连接紧固好，防止胀模。支设模板时应注意以下两点。首先，节点处模板应在混凝土浇筑时不产生明显变形漏浆，且不宜采用周转次数较多的模板。为防止漏浆污染预制墙板，模板接缝处粘贴海棉条；其次，采取可靠措施防止胀模。设计时按钢模考虑，施工时也可使用木模，但要保证施工质量。

3）叠合梁板上部钢筋安装

键槽钢筋绑扎时，为确保 U 形钢筋位置的准确，在钢筋上口加 $\phi 6$ mm 钢筋，卡在键槽当中作为键槽钢筋的分布筋。

叠合梁板上部钢筋施工时，所有钢筋交错点均绑扎牢固，同一水平直线上相邻绑扣呈八字形，朝向混凝土构件内部。

4）浇筑楼板上部及竖向节点构件混凝土

绑扎叠合楼板负弯矩钢筋和板缝加强钢筋网片，设置预埋管线、埋件、套管、预留洞等。浇筑时，在露出的柱子插筋上做好混凝土顶标高标志，利用外圈叠合梁上的外侧预埋钢筋固定边模专用支架，调整边模顶标高至板顶设计标高，浇筑混凝土，利用边模顶面和柱插筋上的标高控制标志控制混凝土厚度和混凝土平整度。

当后浇叠合楼板混凝土强度符合现行国家及地方规范要求时，方可拆除叠合板下临时支撑，以防止叠合梁发生侧倾或混凝土因过早承受拉力而使现浇节点出现裂缝。

4.3　装配式钢结构建筑基本构成及施工方法

4.3.1　装配式钢结构建筑基本构成

装配式钢结构建筑可划分为“三大体系”或“四大系统”。基本构成上分为外围护体系、结构支撑体系和内填充体系；从系统功能上分为主体结构系统、外围护系统、设备与管线系统和内装系统四大系统。下面从系统功能上进行介绍。

1. 主体结构系统

根据建筑功能、高度及抗震设防烈度等，装配式钢结构建筑可选择下列结构体系：钢框架结构、钢框架–支撑结构、钢框架–延性墙板结构、筒体结构、巨型结构、交错桁架结构、门式刚架结构、低层冷弯薄壁型钢结构。前三种结构适用于多高层钢结构住宅及公建；筒体结构、巨型结构适用于高层或超高层建筑；交错桁架结构适合带有中间走廊的宿舍、酒店或公寓；门式刚架结构适用于单层超市及生产或存储非强腐蚀介质的厂房或库房；低层冷弯薄壁型钢结构适用于以冷弯薄壁型钢为主要承重构件，层数不大于 3 层的低层房屋。下面对其中常用的五种结构进行介绍。

1）钢框架结构

钢框架结构主要应用于办公建筑、居住建筑、教学楼、医院、商场、停车场等需要开敞大空间和相对灵活的室内布局的多高层建筑。钢框架结构体系可分为半刚接框架和全刚接框架，可以采用较大的柱距并获得较大的使用空间，但由于抗侧力刚度较小，因此使用高度受到一定限制。钢框架结构的最大适用高度根据当地抗震设防烈度确定。

钢框架结构主要承受竖向荷载和水平荷载，竖向荷载包括结构自重及楼（屋）面活荷载，水平荷载主要为风荷载和地震作用。对于多高层钢框架结构，水平荷载作用下的内力和位移将成为控制因素。其侧移由两部分组成：一部分由柱和梁的弯曲变形产生，柱和梁都有反弯点，形成侧向变形，框架下部的梁、柱内力大，层间变形也大，越到上部层间，变形愈小；另一部分由柱的轴向变形产生，这种侧移在建筑上部较显著，越到底部层间，变形越小。

2）钢框架–支撑结构

对于高层建筑，由于风荷载和地震作用较大，使得梁柱等构件尺寸相应增大，失去了经济合理性，此时可在部分框架柱之间设置支撑，构成钢框架–支撑体系。钢框架–支撑体系的最大适用高度根据当地抗震设防烈度确定。钢框架–支撑结构在水平荷载作用下，通过楼板的变形协调，由框架和支撑形成双重抗侧力结构体系，可分为中心支撑框架、偏心支撑框架和屈曲约束支撑框架。

3）钢框架–延性墙板结构

钢框架–延性墙板结构具有良好的延性，适用于抗震要求较高的高层建筑中。延性墙板是一个笼统概念，包括多种形式，归纳起来主要有钢板剪力墙结构、内填 RC 剪力墙结构（RC 是 reinforce concrete 的简写，钢筋混凝土）等。

4）交错桁架结构

交错桁架结构体系也称“错列桁架结构体系”，主要适用于中、高层住宅、宾馆、公寓、办公楼、医院、学校等平面为矩形或由矩形组成的钢结构房屋，其可将空间结构与高层结构有机地结合起来，在高层结构中获得 300～400 m^2 方形的无柱空间。

5）低层冷弯薄壁型钢结构

低层冷弯薄壁型钢结构是指由冷弯型钢为主要承重构件的结构。冷弯薄壁型钢由厚度为 1.5～5 mm 的钢板或带钢，经冷加工（冷弯、冷压或冷拔）成型，同一截面部分的厚度都相同，截面各角顶处呈圆弧形。在公建和住宅中，可用薄壁型钢制作各种屋架、刚架、网架、檩条、墙梁、墙柱等结构和构件。

2. 外围护系统

外围护系统是装配式钢结构建筑的重要系统，也是当前推广装配式钢结构住宅的瓶颈之一。外围护系统设计时，应包含以下主要内容。

（1）外围护系统性能要求，主要为安全性、功能性和耐久性等。

（2）外墙板及屋面板的模数协调。包括尺寸规格、轴线分布、门窗位置和洞口尺寸等，设计应标准化，兼顾其经济性，还应考虑外墙板及屋面板的制作工艺、运输及施工安装的可行性。

（3）屋面围护系统与主体结构、屋架与屋面板的支承要求，以及屋面上放置重物的加强措施。

（4）外墙围护系统的连接、接缝及系统中外门窗洞口等部位的构造节点是影响外墙围护系统整体性能的关键点。

（5）空调室外及室内机、遮阳装置、空调板太阳能设施、雨水收集装置及绿化设施等重要附属设施的连接节点。

外围护系统应根据建筑所在地区的气候条件、使用功能等综合确定抗风性能、抗震性能、耐撞击性能、防火性能、水密性能、气密性能、隔声性能、热工性能和耐久性能等要求，屋面系统还应满足结构性能要求。

外围护系统选型应根据不同的建筑类型及结构形式而定；外墙系统与结构系统的连接形式可采用内嵌式、外挂式、嵌挂结合式等，并宜分层悬挂或承托；还可选用预制外墙、现场组装骨架外墙、建筑幕墙等类型。

3. 设备与管线系统

设备与管线系统由给水排水、供暖通风空调、电气和智能化、燃气等设备与管线组合而成，满足建筑使用功能的整体。

4. 内装系统

内装系统由楼地面、墙面、轻质隔墙、吊顶、内门窗、厨房和卫生间等组合而成，满足建筑空间使用要求的整体。

4.3.2　装配式钢结构建筑基本施工方法

1. 构件制作流程与重难点分析

1）箱型柱制作

箱型柱的主要制作步骤如下。

（1）翼缘、腹板、隔板等板材的下料。箱型柱的翼缘、腹板一般采用定长进料的方式，翼缘、腹板均不拼接，以构件制作所需的长宽尺寸为基础订货。预订板材时，宽度方向尺寸以满足 3～4 块料为宜。如果因不得已而拼接，采用埋弧焊的方式焊接拼接处，经无损探伤、检验合格后才可下料。

考虑到钢板在焊接后焊缝处易出现收缩现象，腹板、翼板的下料宽度宜取正公差 0～2 mm，不得按照负公差尺寸下料。箱型柱内隔板、衬板、垫板等数量多，箱型柱内的板材焊接质量会直接影响箱型柱的整体质量，因此在下料时必须保证每块隔板和垫板的尺寸、形状、质量满足焊接要求。

（2）U 形柱的组装和焊接。U 形柱组立时，首先将下翼缘板运送至组立机上面，然后以下翼缘板的两端为基准，预留出大约 3 mm 的空间，按照要求定位出内隔板的基准线，将内隔板置于下翼缘板上进行焊接。

按照顺序焊接隔板、柱封板等部件，之后将两边的腹板吊装至下翼缘板两侧，注意腹板的坡口一侧需朝外侧放置。采用手工焊接的方式将腹板与内隔板的垫板、衬板进行点焊，完成 U 型柱的组装和焊接。

（3）箱型柱的装配及电渣焊的焊接。待下翼缘板、内隔板、垫板、衬板以及两侧的腹板组装完成后，将上翼缘板吊送到组立机上，就位后，从一侧向另一侧依次焊接上翼缘板与腹板的对接缝。焊接后，将箱型柱吊送至翻转机上，用手工气割电渣焊两端的引、熄弧帽口，然后割平、磨好，并检查箱型柱的弯曲变形。焊缝内如果有超标缺陷，则返修至合格为止。

（4）矫正。虽然箱型柱采用对称法同步焊接，但有时会出现小位移的变形，当变形超过允许的限值时，必须进行矫正处理。一般采取冷矫正法（即机械矫正法）矫正变形部位，如果有大量部位需要矫正，则采用热矫正法（即火焰加热法）。机械矫正法是在油压机上对柱弯曲变形的部分进行下压，使变形少的部分伸长，从而得到矫正。火焰加热法是利用火焰加热钢板的凸起处，待其冷却后，使变形大的地方产生收缩，以此达到矫正的目的。

（5）焊接牛腿、连接耳板等。箱型柱矫正完成后，将其放置于回转台架上，在柱的四面画出中心线，以此为基础，根据深化设计图纸准确确定牛腿、连接耳板等部件的位置，然后焊接这些部件。

（6）栓钉焊接。根据《钢结构工程施工质量验收标准》（GB 50205—2020），栓钉焊接接头外观检验合格标准应符合表 4.2 的要求，采用电弧焊方法的栓钉焊接接头最小焊接尺寸如表 4.3 所示。

表4.2　栓钉焊接接头外观与外形尺寸

外观检验项目	合格标准	检验方法
焊缝外形尺寸	360°范围内焊缝饱满拉弧式栓钉焊：焊缝高≥1 mm，焊缝宽≥0.5 mm 电弧焊：最小焊脚尺寸应符合表 4.3 的规定	目测、钢尺、焊缝量规
焊缝缺陷	无气孔、夹渣、裂纹等缺陷	目测、放大镜（5 倍）
焊缝咬边	咬边深度≤0.5 mm，且最大长度不得大于 1 倍的栓钉直径	钢尺、焊缝量规
栓钉焊后倾斜角度	倾斜角度偏差 $\theta \leqslant 5^\circ$	钢尺、量角器

表4.3　采用电弧焊方法的栓钉焊接接头最小焊接尺寸

栓钉直径	角焊缝最小焊脚尺寸	检验方法
10、13	6	钢尺、焊缝量规
16、19、22	8	
25	10	

（7）构件抛丸。构件在涂装前，应进行抛丸处理，可根据除锈等级确定抛丸机的输送速度。根据箱型柱的高度和结构调整抛丸机的抛射角度。抛丸存量应不少于 2 000 kg。在抛丸后，及时观察除锈程度。若抛丸后的质量达不到规定的要求，进行二次抛射。若二次抛射后仍然达不到规定要求，则选择用钢丸除锈。抛丸结束后 3 h 内，应转入下道工序。

（8）防腐涂装。基面除锈质量的好坏直接关系到涂层质量的好坏。油漆涂刷前，应及时将箱型柱上的杂物清理干净。防腐涂装需均匀，保证外观质量。

2）H 型钢梁制作

H 型钢梁的主要制作步骤如下。

（1）放样、号料。H 型钢梁在号料前，应检查原钢板材料的材质、规格、质量是否满足要求，不同规格、材质的钢板分别号料。号料按照先大后小的顺序进行。

（2）下料切割。下料前，应检查原材料的品种、规格、牌号是否保持一致，检查完成后，依据图纸加工要求进行下料切割。翼缘板、腹板等板件的钢板采用数字控制切割机下料，用于制作连接板、加劲板的板件采用剪板机进行下料切割。

（3）H 型钢的组立。H 型钢可用 H 型钢流水线组立机进行组立。

（4）焊接。采用门型埋弧焊机来焊接直线段主焊缝。

（5）矫正。用 H 型钢矫正机对 H 型钢进行矫正。H 型钢梁局部的焊接变形则利用火焰加热法矫正。

（6）钻孔。高强螺栓采用数字控制钻床定位钻孔，以保证螺栓孔位置、尺寸的准确性。

（7）H 型钢的装配。在 H 型钢装配之前，确保钢梁主体检测满足要求。不合格的 H 型钢不可用于组装。将 H 型钢吊送至组装平台上，用石笔在钢板上画出图纸上标注的基准线，根据连接板等在结构中的位置将其焊接在柱身上。

3）重难点分析及处理方法

钢构件的制作重难点主要是钢板之间的焊接质量不易得到保证。焊接是钢结构的主要连接形式之一，有着构造简单、不削弱构件截面、加工方便等优点，但是焊接结构对裂纹敏感，一旦发生裂纹极易扩展，低温冷脆性突出，因此对焊接质量的把控尤为重要。

在钢构件的焊接过程中，主要存在的焊缝缺陷可以分为以下六类。

（1）裂纹。处理方法是在两端对开孔或者在裂纹处进行补焊。

（2）孔穴。处理方法是在弧坑处补焊。

（3）固体夹杂。处理方法是，对于夹渣，应铲除夹渣处的焊缝金属，然后焊补；对于夹钨，应挖去夹钨处缺陷金属，重新焊补。

（4）未熔合。处理方法是铲除未熔合的焊接缝金属后补焊。

（5）未焊透。对开敞性好的结构的单面未焊透缺陷，可在焊缝背面直接补焊。对于不能直接补焊的重要焊件，应铲去未焊透的焊缝金属，重新焊接。

（6）形状缺陷。包括咬边、焊瘤等。轻微的、浅的咬边可用机械方法修锉，使其平滑过渡；严重的、深的咬边应进行焊补。焊瘤处理方法是用铲、锉、磨等手工或机械方法除去多余的堆积金属。除此之外，还有咬边、错边、角度偏差、根部收缩、表面不规则等形状缺陷，不再赘述。

2. 主体结构施工

1）钢柱安装

（1）结合吊装需求及现场的实际条件选用合适的吊装设备。钢柱吊装至指定的位置后，用临时螺栓连接临时连接板及钢柱的耳板，通过倒链、千斤顶等调节措施，使用全站仪辅助完成钢柱的初步校正。

（2）钢柱吊点的设置需要考虑吊装方便、稳定可靠的要求，还要避免钢柱产生变形。

通常利用钢柱柱身上焊接的连接耳板完成吊装工作。耳板采用 Q355B 钢板制作，板厚 20 mm，如钢柱重量过大，则需经计算后确定耳板板厚。

（3）为保证柱身在吊装过程中不易变形及吊装的简易性，钢柱柱身上焊接临时耳板，以方便钢柱的吊装工作。

（4）钢柱的校正主要包括垂直度和扭度的调整。常采用无缆风绳法，在钢柱柱身上安装千斤顶，利用千斤顶配合 2 台经纬仪调整钢柱垂直度。在保证柱顶轴线偏移达到控制要求后，拧紧柱身耳板上的螺栓，利用撬棒、钢楔等工具调整扭转角度，待调整完毕后，割除临时耳板，完成钢柱的焊接。

2）钢梁安装

在相邻的钢柱安装完成后，及时安装钢柱之间的钢梁，使钢梁与钢柱连接形成稳定的几何不变体系。若有不能及时安装的钢梁，则用缆风绳将钢柱固定，以避免钢柱产生变形。按照先主梁后次梁的顺序安装钢梁，当一节钢柱有两层时，先安装下层钢梁，再安装上层钢梁。钢梁在工厂加工时，应预留吊装孔或设置吊耳作为吊点。

利用塔吊将钢梁运送到图纸中标注的位置，就位后及时将连接板夹好，然后拧紧安装螺栓。

对于一般重量的钢梁，可利用螺孔吊装，如果钢梁过重，则在钢梁制作时焊接吊耳辅助钢梁的吊装。对于轻型钢梁（重量小于 4 t 的钢梁），可采用“串吊”方式吊装，以节省吊装运次。翼缘板厚不大于 16 mm 时，宜选择开吊装孔；翼缘板厚大于 16 mm 时，宜选择焊接吊耳。

3）楼板体系与施工工艺

随着装配式钢结构建筑的发展，传统的现浇楼板已经无法满足装配式建筑施工速度、绿色环保及现场装配速度的需求。近年来，适用于装配式钢结构建筑的楼板体系主要有钢筋桁架楼承板和混凝土叠合楼板。楼板体系对比见表 4.4。

表4.4　楼板体系对比

楼承板类型	支模	装配化程度	施工便捷性	施工速度	成本
钢筋桁架楼承板	分为支模、不支模两种	一般	方便	快	易采购，造价低
混凝土叠合楼板	无须支模	高	自重大，施工麻烦	慢	成本高

（1）钢筋桁架楼承板施工工艺。

① 钢筋桁架楼承板装配及吊装。钢筋桁架楼承板在工厂内装配完成，一般一块楼承板为三榀桁架。根据施工现场的具体条件及吊装要求，在钢筋桁架楼承板运输至施工现场后检验，检验合格后堆放在合适的位置，并做标记。在吊装时，楼承板底部和上部均设置 U 形卡口木制托板条，用两个吊装带吊装楼承板，以保持平衡。楼承板吊装就位后及时铺设。

② 焊接堵缝角钢。铺设楼承板之前，在钢梁两侧焊接堵缝角钢，用来防止楼承板在钢梁两侧漏浆。

③ 铺设楼承板。根据排版图，按照排版方向，在钢梁边的堵缝角钢上画出第一条位

置基准线，在钢梁翼缘上画出钢筋桁架的起始基准线。依据基准线安装第一块楼承板，按照图纸要求依次安装其余楼承板。若最后一块楼承板非标准宽度，则应该按照设计要求在工厂切割，严禁在现场切割。楼承板安装过程中，应同步焊接钢梁上的栓钉。

④ 安装边模板。安装边模板是保证混凝土不渗漏的关键步骤。安装时，将边模板水平面贴紧钢梁的上翼缘，通过点焊固定。垂直方向用钢筋与栓钉焊接固定。

⑤ 管线及附加钢筋铺设。在绑扎附加钢筋之前铺设管线。按照设计图纸放置所需的水平及垂直附加钢筋。

⑥ 浇筑混凝土。正对钢梁部位倾倒混凝土，倾倒范围控制在钢梁两侧 1/6 板跨范围内。在倾倒后及时向四周摊开，混凝土堆高不得高于 0.3 m，其余要求应符合国家规范要求。

⑦ 拆除底模板。待混凝土的强度符合设计要求后，及时拆除模板，方便重复使用，做到绿色施工。

（2）混凝土叠合楼板施工工艺。

① 支撑体系安装。在安装前，应专门设计相应的施工方案，并计算校核支撑体系的强度和刚度。支撑体系在水平方向上须达到标准，以满足楼板浇筑后的平整度要求。常见的支撑体系有木模板支撑体系和铝模板支撑体系。在设计支撑时应考虑到方便周转、性能优越的要求。

② 叠合板吊装。混凝土叠合板为水平构件，在吊装时宜选用平吊的方式。有必要时，可通过计算确定吊装的位置、吊点数量和支撑体系。一般在四角设置吊点，以保证吊装时板能均匀受力。吊装就位前，待距离就位处 300 mm 左右时停顿片刻，根据图纸对叠合板进行定位。定位后，缓缓将叠合板落下，注意板面不被损坏。

③ 管线敷设及钢筋绑扎。根据深化设计图纸的要求敷设机电管线。为了方便施工，在工厂生产阶段就已经预埋所需的线盒及洞口。管线敷设后，即可安装楼板上钢筋。

④ 浇筑混凝土。浇筑前，打扫表面，清除叠合面上的杂物及灰尘，用水湿润。待叠合面清理干净后，方可浇筑叠合板混凝土。从中间向两边浇筑，连续作业，不间断完成。采用平板振捣器振捣。混凝土浇筑结束后，用塑料薄膜养护，养护时长不得低于 7 d。

4）围护体系与施工工艺

装配式钢结构建筑符合工业化生产和标准化生产的要求，所以其围护结构不仅应满足强度、稳定性的要求，还应满足隔声、轻质、防火、绿色环保、密封性等要求。装配式钢结构适用的墙体材料可分为砌块和板材两类。砌块主要有蒸压加气混凝土砌块、石膏砌块等，建筑板材主要有蒸压轻质加气混凝土板、纤维增强水泥平板、钢丝网水泥类夹芯复合板等。这里主要介绍 ALC 墙板的主要安装步骤。

（1）表面清理及放线。在安装 ALC 墙板前，清理墙板和连接部位表面的杂物、砂浆、混凝土等，以确保后续施工作业面的清洁。清理干净后，在楼层面四周放出墙板的控制线。

（2）固定角钢。根据已经放出的控制线，按照节点的构造要求安装所需的角钢。

（3）吊装、校正及固定。用吊带绑住 ALC 墙板中部并将其运送至安装位置的附近，缓慢将板顶上下移动，至墙板与角钢部位贴近，微调至正确位置。用靠尺测量墙面的平整度，用托线板检查墙板的垂直度。检查墙板与定位线的对应情况并调整，调整后用木楔将顶部、底部顶实，将钩头螺栓焊接在角钢上。

（4）密封处理。用专用勾缝剂对墙板缝进行堵实处理。洒水湿润墙面，抹底层砂浆，底层砂浆干燥后抹面层砂浆。

5）防腐、防火技术

钢材在与空气接触时极易发生腐蚀，这种现象在潮湿的环境中尤为明显。防腐方法很多，主要分为改善钢材性质的防腐法、电化学防腐法和在构件表面涂刷漆料法。目前，钢结构主要的防腐技术是在构件表面涂刷防腐漆料。涂刷防腐涂料也是最经济、简便的防腐方法。

防腐涂料结构主要分为底漆、中漆、面漆三层。底漆主要起附着作用，中漆的作用主要是提高耐久性和使用年限，面漆起防腐蚀、保护底漆及装饰作用。

在遇热后，钢材的强度会明显下降，且温度越高，强度下降越快。温度大于 500 ℃时，整体性能严重下降，稳定性大幅降低。钢构件的防火对于结构整体的安全性起着关键的作用，一旦某个构件在火灾后失效，整体结构有可能发生连续性倒塌。因此，钢结构的防火问题不容小觑。

3. 装配式钢结构施工技术要点分析

1）施工放线

首先，按照图纸施工设计要求，反复核准建筑的轴线与标高；其次，使用经纬仪和水准仪等设备复核核准的轴线和标高；再次，按照大样前、小样后的顺序，确定好装配式钢构件与基础混凝土上的十字轴线和面边线的连接位置；最后，保持钢架架构的形状和螺栓强度，不出现刚架柱变形问题。

2）基础混凝土内螺栓预埋

首先，了解钢构件配套的螺栓规格、数量、型号、长度、质量、标高等信息；其次，螺栓预埋完毕后，需要立即进行钢结构建筑基础的混凝土浇筑和振捣。在浇筑和振捣钢结构时，使用塑料薄膜和黄油包裹钢结构螺栓丝扣部位，避免其受到混凝土污染；最后，观察钢结构建筑混凝土的浇筑、振捣是否会导致预埋螺栓产生位移，并在浇筑、振捣结束后予以清理。

3）钢构件的制作运输及验收

首先，严格按照施工设计图纸设计钢结构施工方案；其次，按照设计图纸设计钢构件；再次，检验分析生产出来的半成品质量；最后，使用焊接技术对钢构件进行组装焊接，做好除锈处理，保证焊接缝的质量符合验收标准。

钢构件在运输过程中，需要严格按照安装顺序进行，先安装的先运输，确保供应的及时性。如果构件厂与施工现场距离较远，在运输前需要制订出专项运输计划，选择运输方法、吊装设备等。同时，如果在运输过程中构件的稳定性较差，还需要制订出科学的保护措施。

当钢构件运送到施工现场时，还需要全面核实构件的外观、型号、编码、质量等信息，并做好相关构件功能的分类，做好标记。如果构件在吊装前出现脱漆、变形等问题，需要及时修正和完善。

4）钢柱定位

装配式钢结构在进行框架定位时，需要做好第一节钢柱的准确定位，才能确保上面部分的钢柱在垂直度上与规定的数值没有较大差异。在对两个原始端点进行二次测量时，确保起始端点位置的准确性，并结合实际施工情况，选择一个较为开阔的位置设置第二个测试点，并利用闭合的方法确保钢柱上每个点的位置。为了确保钢柱柱脚锚栓的精确度，使用锚柱支架平台设计方式保证柱脚的定位，避免柱脚施工受到混凝土浇筑的影响。另外，使用相关设备确定柱中心位置，设置锚柱四周支架线路。当锚栓支座被固定完成后，借助全站仪等设备检测锚栓位置的精确性，一旦发现位置不精确，立即修正，并多次复查固定位置的精确度。

5）柱的垂直度

首先，在吊装第一节钢柱时，使用水准仪在钢柱四周进行测试，并调整钢柱，这有利于提高钢柱吊装的准确性；其次，使用全站仪对钢柱顶头的中心点进行定位和测量，保证钢柱的垂直度；最后，在使用全站仪时，选取合适的位置后，与钢柱保持一定的距离，避免仪器设备出现仰视，导致测量出现误差。对第一节钢柱向上部分，在每一层布置多个放线井，并对其进行激光垂直测量，避免增加施工高度，导致仪器测量仰角增加，使垂直测量误差变大。同时，在每一层的合适位置布置好控制点，这有利于施工人员和监控人员进入内部调控控制点的位置，保证施工过程中钢柱的垂直度和位置的准确性。

6）钢结构吊装

装配式钢结构建筑吊装需严格遵循“钢柱→钢梁→支撑”的顺序，由中间向四周扩展。常见的装配式钢结构吊装施工方法为综合吊装法，横向构件采用从上到下的安装顺序安装，还可以采用对称安装技术和对称固定技术降低安装过程中出现的焊接变形。一旦完成钢梁安装后，及时对建筑楼梯、楼面压型钢板进行施工作业。值得注意的是：需要时刻关注施工现场的自然温度和焊接温度，避免温度过高或者过低导致钢构件焊接出现变形。

第5章 建筑围护结构节能技术

5.1 建筑材料的热物理性能

5.1.1 导热系数、热阻及传热系数

导热系数是材料的一种热物理性能，当材料的单位厚度内温度梯度为一单位时，它决定着在单位时间内以导热的方式通过单位面积材料的热流量。导热系数以 λ 表示，单位为 W/（m·K）。导热系数的倒数（$1/\lambda$）为材料的热阻率。导热系数和热阻率与建筑构件的面积及厚度无关。通过一定建筑构件（墙或屋面）的实际热流量不但取决于材料的导热系数，而且取决于该构件的厚度（d）。厚度越大，热流量越小。所以，构件的热阻 r 可表示为式（5.1）。

$$r = \frac{d}{\lambda} \tag{5.1}$$

同理，构件的传热系数 k 可表示为式（5.2）。

$$k = \frac{\lambda}{d} \tag{5.2}$$

设墙表面积为 A，厚度为 d，材料的导热系数为 λ，如其温度梯度为 t_2-t_1，则在稳定传热条件下，通过此墙体的热流量可按式（5.3）计算。

$$q_{\text{S-S}} = A\frac{\lambda}{d}(t_2 - t_1) \tag{5.3}$$

式中：$q_{\text{S-S}}$ 为由较热表面传至较冷表面的热流量，W。

在计算由室内空气经过墙体传至室外空气的热流量时，必须考虑与墙体表面相邻的空气边界层的热阻。在任何表面上形成的层流边界层，其厚度随着相邻空气流速的增加而减弱。由于空气的导热系数很低，因而其热阻率高，这样附着于材料表面的空气膜对通过该表面的热流施加相当的阻力。空气膜热阻的倒数称为“表面热转移系数”，以 h_{i} 表示内表面热转移系数，h_{e} 表示外表面热转移系数。当温度梯度为一个单位时，此系数决定在单位时间内通过单位表面积转移至周围空气中的热流量，其单位为 W/（m^2·K）。

当计算室内与室外空气之间的热流量时，必须给墙本身的热阻 r 加上两个表面的热阻（即表面热转移系数的倒数）。这样单层墙对其两侧空气间的热流的总热阻 R 见式（5.4）。

$$R = \frac{1}{h_{\text{i}}} + \frac{d}{\lambda} + \frac{1}{h_{\text{e}}} \tag{5.4}$$

此热阻的倒数称为“总传热系数”，它决定着通过建筑构件的热流量，以 K 代表，即

$K=1/R$。在稳定传热的条件下，由室内空气通过单位面积传至室外空气的热流强度 q 可由式（5.5）求出。

$$q=K\left(t_{\mathrm{i}}-t_{\mathrm{o}}\right) \tag{5.5}$$

式中：t_{i}、t_{o}为室内及室外的气温，K。

当墙体由几层不同厚度、不同导热系数的材料所组成时，此组合墙的总热阻即为各分层热阻之和。

5.1.2　与辐射有关的表面特性

任何不透明材料的外表面均具有决定辐射热交换特性的三种性能：吸收性、反射性与辐射性。射到不透明材料表面上的辐射，可能被吸收，也可能被反射。如果表面为完全黑色，则完全吸收；如果表面为完全反射面，则辐射将完全被反射。但是，多数表面均是吸收一部分入射辐射，其余的被反射回去。例如：以 α 表示吸收率，r 表示反射率，则有式（5.6）。

$$r=1-\alpha \tag{5.6}$$

辐射率 ε 是材料放射辐射能的相对能力。对于任意的特定波长，吸收率和辐射率在数值上是相等的，即 $\alpha=\varepsilon$，但二者的值对于不同波长则可能不同。

完全黑表面的辐射率 ε 为 1.0；对于其他表面，辐射率的范围从高度抛光的金属表面的 0.05 到一般建筑材料的 0.95。

材料对辐射的吸收是有选择的，视投射到表面的辐射波长而定。刚用白灰粉刷的表面对短波太阳辐射（最大强度的波长为 0.4 μm）的吸收率约为 0.12，但对于具有一般温度的另一表面所放射的长波辐射（最大强度的波长为 10 μm），其吸收率约为 0.95。因此，此表面对长波的辐射率为 0.95，并且是一个良好的散热体，容易向较冷的表面散热；同时，它对于太阳辐射是一个良好的反射体。另外，抛光的金属面对长波和短波辐射的吸收率及辐射率均很低。因此，它作为一个良好的辐射反射体的同时，又是一个不良的散热体，很难通过辐射散热使其自身降温。

表面的色泽是说明对太阳辐射吸收特性的一个良好标志。颜色浅，吸收率低而反射率高。但对于长波辐射来说，表面的颜色并不表明表面的特性。因此，黑、白色的表面对太阳辐射有着极不相同的吸收率，在日光暴晒下，黑色表面较白色表面热得多。但这两种颜色的长波辐射率相同，故在夜间，二者均通过向天空放射辐射而等效降温。

5.1.3　空气间层的传热

在建筑构件内部常包括空气间层。这种空气间层起着阻碍对热流的作用，其热阻值取决于空气间层厚度及封闭空间的内表面性质。在空气间层内，通过热表面与冷表面间的辐射换热、两表面的空气边界层的导热以及封闭空间内空气的对流进行热传递。

通过表面空气边界层的导热以及在空气间层中的对流换热，取决于间层的位置（水平或垂直）、厚度及热流的方向（向上、向下或水平方向），因为这些因素影响着与各个表面相邻的空气层的稳定性。当为水平间层且其下界面较上界面热时（热流向上），与底表面接触的空气变热，密度变稀并在间层内上升，遂将低处的热量带至上表面，在此情况下，自然对流最强烈；当水平空气间层内的上表面较热（热流向下），接触上表面的热气密度小，底表面附近冷空气的密度较间层内其他部分的大，因此这种状态较为稳定，自然对流受到抑制形成一定厚度的静止空气层，此时，自然对流最弱；当空气间层为竖直方向时，自然对流介于中间状况。

按照空气间层的位置、厚度及有效放射率，可给出间层的传热率。表 5.1 是有关垂直及水平的封闭空气间层传热率的平均近似值。

表5.1　垂直及水平的封闭空气间层传热率的平均近似值

空气层位置及热流的方向	一边有反射材料	两边均为普通材料
垂直，各个方向	2.8	5.8
水平，热流向上	3.2	6.2
水平，热流向下	1.4	4.7

从表 5.1 中可以看到，只要在一个表面上衬一层反射材料，其热阻即将增大 2～3 倍。将铝箔置于水平空气间层之上表面特别有利，因为这样可以大大减少灰尘积聚；如将铝箔置于下方，则效果最差，其反射能力会因积尘显著降低。

对于垂直的空气间层，若将反射层固定于其中部，即可得到最大的热阻值。在此情况下，等于提供了两个反射的附加表面，与之接触的空气膜又增加了空气间层的总热阻。

5.1.4　热容量

墙（或屋面）的热容量是指单位体积或单位表面积的墙，其温度每提高 1 K 时所需的热量。第一类称为材料的“体积热容量” C_V，第二类称为墙的“热容量” C_W。前一指标可说明构件材料的热性能，后者用于说明建筑构件的热性能。同样的热量可使各种材料受到不同的加热程度，由材料的比热与密度之乘积而定。表 5.2 给出了一些不同材料的有关数值。

表5.2　各种建筑材料的热物理性质

材料（干燥状态）	导热系数 λ/ W/m·K	密度 p/ kg/m^3	质量比热 c/ kJ/kg·K	导温系数 $\frac{\lambda}{\rho c}$/ m^2/h
普通混凝土	1.28	2 300	1.01	0.002
灰浆	0.70	1 800	1.01	0.001 3
轻质混凝土	0.32	600	1.05	0.001 8
砖	0.82	1 800	0.92	0.001 8
木材	0.13	500	1.43	0.000 65
木材	0.20	800	1.43	0.000 62
保温木纤维板	0.04	230	1.47	0.000 49
保温木纤维板	0.20	800	1.43	0.000 62
矿棉毡	0.06	450	0.80	0.000 59
膨胀聚苯乙烯	0.04	50	1.68	0.001 5

只有当热条件在波动时，材料的热容量才有意义。在接近为稳定传热的情况下，例如：当室外与室内的温差很大时，热容量对室内热条件的影响甚微，在此情况下，热流及温度分布主要取决于建筑围护结构的传热系数和供热（或冷）量。但在温度波动的情况下，当建筑结构由于室外温度及太阳辐射的变化，或由于室内间歇性采暖或空调而形成周期性的加热或冷却时，热容量对室内热条件起着决定性的作用。

5.1.5　基本热物理性能的组合

材料的导热系数及热容量，如同建筑构件的厚度及组合构件中材料层的安排顺序一样，有各种不同的组合方法，每一种组合均在某种条件下有其重要性。

1. 导温系数

导温系数 a 是最先推导出的一种材料热特性指标，它是导热系数 λ 与体积热容量 C_V 之比，即有式（5.7）。

$$a=\frac{\lambda}{C_V}=\frac{\lambda}{\rho c} \tag{5.7}$$

式中：ρ 为密度；c 为比热。

导温系数是材料的性能而非构件的性能。它主要应用于周期性作用条件下的热流及温度变化的理论计算。

2. 热阻与热容量的乘积——时间常数

热阻与构件热容量的乘积为建筑构件的一种性能，它具有时间的量，故称为构件的“时间常数”，用 RC_W 表示。

在数学上，时间常数等于材料厚度的平方与导温系数之比，见式（5.8）。

$$RC_W=(d/\lambda)(d\rho c)=\frac{d^2\rho c}{\lambda}=\frac{d^2}{a} \tag{5.8}$$

式中：d 为材料厚度；其他符号意义同上。

当外部因素（气温及太阳辐射）仅直接作用于外表面上时，墙的时间常数影响着室外与室内条件之间的相互关系。

3. 导热系数与热容量的乘积

在通过窗户射入室内的太阳辐射，通风时气流的温度与速度以及诸如内部的热源、冷源、间歇性采暖等室内因素的影响下，导热系数与体积热容量的乘积对室内条件有极大的影响。

围护结构节能设计主要包括：围护结构材料和构造的选择，各部分围护结构传热系数的调整和确定，外墙受周边热桥影响的条件，其平均传热系数的计算、围护结构热工性能指标及保温层厚度的计算等。

建筑材料的种类非常多，建筑材料的生产消耗大量能源和资源，还伴随着一定的环境污染。因此，使用生产能耗低的建筑材料可减少建筑全生命周期的能耗。即使同一种材料，由于开采原料的地点不同、生产工艺不同、技术不同、管理水平不同，其单位能耗也存在显著差异。

建筑材料绿色化是未来的发展方向，发展绿色建材产业将有助于环境保护、节约资源、提高人类的居住环境水平，因此应开发、研制高性能材料，包括轻质高强、多功能、高保温性、高耐久性和优异装饰性的材料，充分利用和发挥材料的各种性能，采取先进技术制造具有特殊功能的复合材料；充分利用地方资源，减少使用天然资源；充分利用各种工业生产废弃资源，维护自然环境平衡。

5.2 建筑节能墙体

5.2.1 内保温复合墙体

如图 5.1 所示，在这类墙体中，绝热材料复合在建筑物外墙内侧，同时以石膏板、建筑人造板或其他饰面材料覆面作为保护层。结构层为外围护结构的承重受力墙体部分，它可以是现浇或预制混凝土外墙、内浇外砌或砖混结构的外砖墙以及其他承重外墙（如承重多孔砖外墙）等。空气间层的主要作用是切断液态水分的毛细渗透，防止保温材料受潮，同时，外侧墙体结构层有吸水能力，其内侧表面由于温度低出现的冷凝水被结构材料吸入，并不断向室外转移、散发。另外，设置空气间层可增加一定的热阻，造价比专门设置隔气层低。空气间层的设置对内部孔隙连通、易吸水的绝热材料是十分必要的。绝热材料层（即保温层、隔热层）是节能墙体的主要功能部分，可采用高效绝热材料（如岩棉、各种泡沫塑料等），也可采用加气混凝土块、膨胀珍珠岩制品等材料。覆面保护层的主要作用是防止保温层受破坏，同时在一定程度上阻止室内水蒸气浸入保温层。

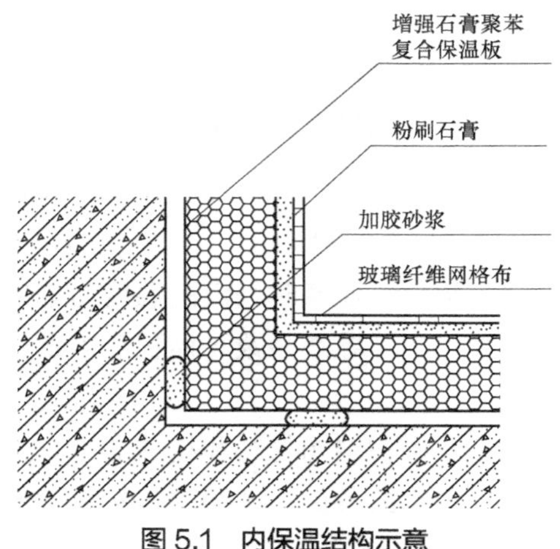

图 5.1 内保温结构示意

5.2.2　外保温复合墙体

1. 外保温复合墙体介绍

外保温复合墙体中，绝热材料复合在建筑物外墙的外侧，并覆以保护层。建筑物的整个外表面（作外门、窗洞口）都被保温层覆盖，有效地抑制了外墙与室外的热交换。

外墙外保温的适用范围较广，不仅适用于北方需要冬季保温地区的采暖建筑，而且适用于南方需要夏季隔热地区的空调建筑；既适用于新建建筑，也适用于既有建筑的节能改造。保温材料置于建筑物外墙的外侧，基本上可以消除建筑物各个部位的热桥影响，也大大减少了自然界对主体结构的影响。外保温既提高了墙体的保温隔热性能，又增加了室内热稳定性，在一定程度上阻止了雨水等对墙体的浸湿，提高了墙体的防潮性能，可避免室内结露、发霉等现象，从而创造了舒适的室内居住环境。采用外墙外保温进行节能改造时，应不影响居民在室内的正常生活和工作。

2. 外保温复合墙体类型

《外墙外保温工程技术标准》（JGJ 144—2019）推荐五种外墙外保温系统。

（1）粘贴保温板薄抹灰外保温系统。由粘结层、保温层、抹面层和饰面层构成。粘结层材料应为胶粘剂；保温层材料可为 EPS 板（Expanded polystyrene panel，模塑聚苯板）、XPS 板（Extruded polystyrene panel，挤塑聚苯板）和 PUR 板或 PIR 板（Rigid polyurethane foam board，硬泡聚氨酯板，由多亚甲基多苯基多氰酸酯和多元醇及助剂等反应制成的以聚氨基甲酸酯结构为主的硬质泡沫塑料，简称“PUR/PIR”）；抹面层材料应为抹面胶浆，抹面胶浆中满铺玻纤网；饰面层可为涂料或饰面砂浆。典型的粘贴保温板薄抹灰外保温系统构造如图 5.2 所示。

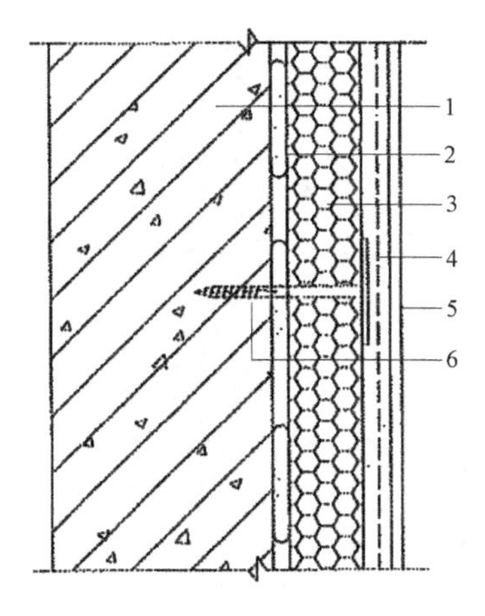

1—基层墙体；2—胶粘剂；3—保温板；4—抹面胶浆复合玻纤网；5—饰面层；6—锚栓

图 5.2　典型的粘贴保温板薄抹灰外保温系统构造

（2）胶粉聚苯颗粒保温浆料外保温系统。由界面层、保温层、抹面层和饰面层构成。界面层材料应为界面砂浆；保温层材料应为胶粉聚苯颗粒保温浆料，经现场拌和均匀后抹在基层墙体上；抹面层材料应为抹面胶浆，抹面胶浆中满铺玻纤网；饰面层可为涂料或饰面砂浆。典型的胶粉聚苯颗粒保温浆料外保温系统构造如图 5.3 所示。

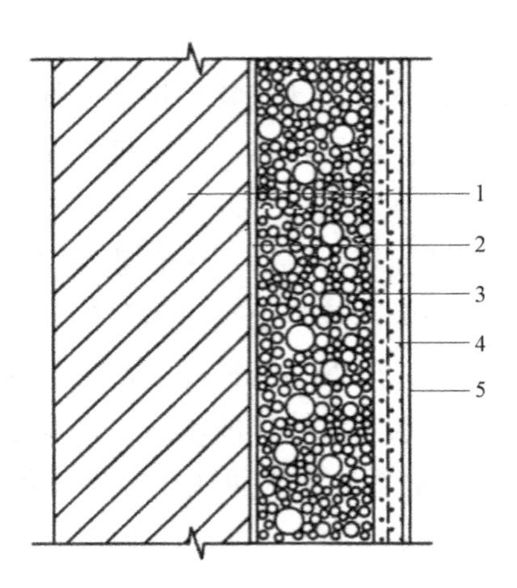

1—基层墙体；2—界面砂浆；3—保温浆料；4—抹面胶浆复合玻纤网；5—饰面层

图 5.3　典型的胶粉聚苯颗粒保温浆料外保温系统构造

（3）EPS 板现浇混凝土外保温系统。以现浇混凝土外墙作为基层墙体，EPS 板为保温层，EPS 板内表面（与现浇混凝土接触的表面）开有凹槽，内外表面均应满涂界面砂浆。施工时应将 EPS 板置于外模板内侧，并安装辅助固定件。EPS 板表面应做抹面胶浆抹面层，抹面层中满铺玻纤网；饰面层可为涂料或饰面砂浆。典型的 EPS 板现浇混凝土外保温系统构造如图 5.4 所示。

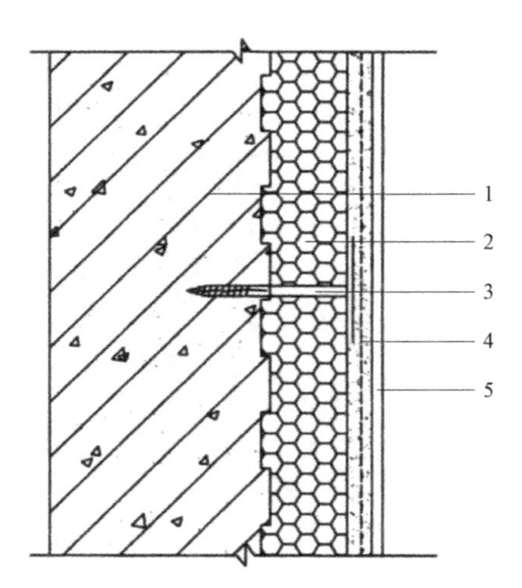

1—现浇混凝土外墙；2—EPS 板；3—辅助固定件；4—抹面胶浆复合玻纤网；5—饰面层

图 5.4　典型的 EPS 板现浇混凝土外保温系统构造

（4）EPS 钢丝网架板现浇混凝土外保温系统。以现浇混凝土外墙作为基层墙体，EPS 钢丝网架板为保温层，钢丝网架板中的 EPS 板外侧开有凹槽。施工时应将钢丝网架板置于外墙外模板内侧，并在 EPS 板上安装辅助固定件。钢丝网架板表面应涂抹掺外加剂的水泥砂浆抹面层，外表可做饰面层。典型的 EPS 钢丝网架板现浇混凝土外保温系统构造如图 5.5 所示。

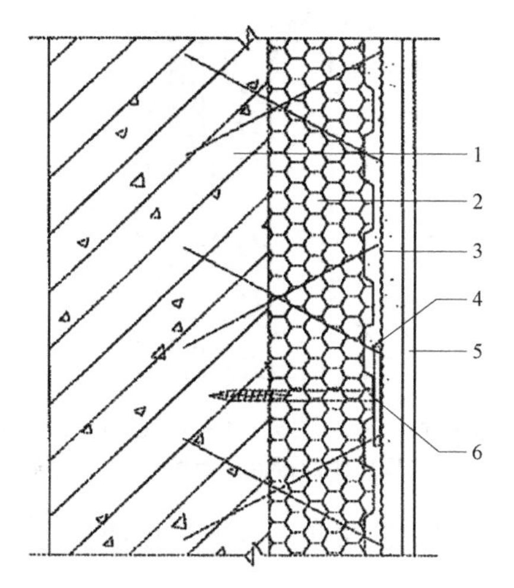

1—现浇混凝土外墙；2—EPS 钢丝网架板；3—掺外加剂的水泥砂浆抹面层；
4—钢丝网架；5—饰面层；6—辅助固定件

图 5.5　典型的 EPS 钢丝网架板现浇混凝土外保温系统构造

（5）胶粉聚苯颗粒浆料贴砌 EPS 板外保温系统。由界面砂浆层、胶粉聚苯颗粒贴砌浆料层、EPS 板保温层、胶粉聚苯颗粒贴砌浆料层、抹面层和饰面层构成。抹面层中应满铺玻纤网，饰面层可为涂料或饰面砂浆。典型的胶粉聚苯颗粒浆料贴砌 EPS 板外保温系统构造如图 5.6 所示。

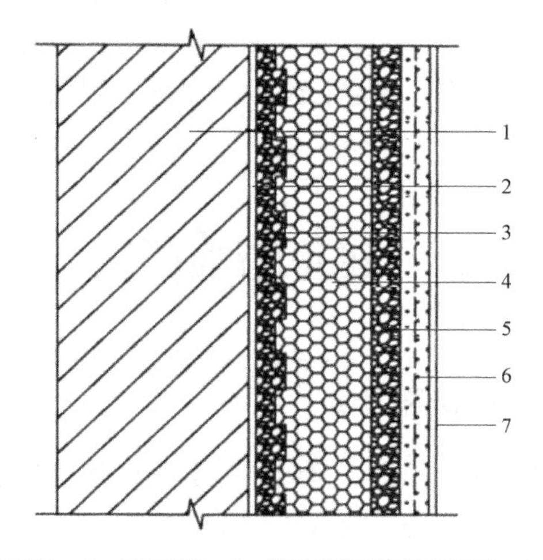

1—基层墙体；2—界面砂浆；3—胶粉聚苯颗粒贴砌浆料；4—EPS 板；
5—胶粉聚苯颗粒贴砌浆料；6—抹面胶浆复合玻纤网；7—饰面层

图 5.6　典型的胶粉聚苯颗粒浆料贴砌 EPS 板外保温系统构造

（6）现场喷涂硬泡聚氨酯外保温系统。由界面层、现场喷涂硬泡聚氨酯保温层、界面砂浆层、找平层、抹面层和饰面层组成。抹面层中应满铺玻纤网，饰面层可为涂料或饰面砂浆。典型的现场喷涂硬泡聚氨酯外保温系统构造如图 5.7 所示。

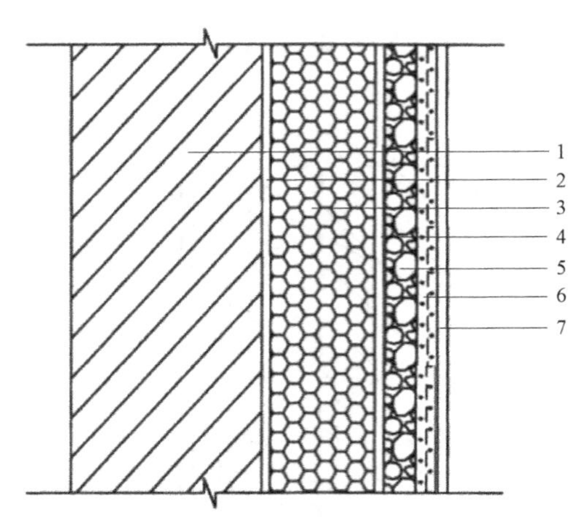

1—基层墙体；2—界面层；3—喷涂 PUR；4—界面砂浆；5—找平层；6—抹面胶浆复合玻纤网；7—饰面层

图 5.7　典型的现场喷涂硬泡聚氨酯外保温系统构造

以上几种外保温系统保温材料性能优越、技术先进成熟、工程质量可靠稳定，而且应用较为广泛。

5.2.3　中间保温复合墙体（外墙夹心保温）

中间保温复合墙体内外两侧均为结构墙，中间设置保温、隔热材料，安全性较好。外墙夹心保温是将保温材料置于同一外墙的内、外侧墙片之间，内、外侧墙片均可采用混凝土空心砌块等新型墙体材料。这些外墙材料的防水、耐候等性能良好，对内侧墙片和保温材料形成有效的保护，对保温材料的选材要求不高，聚苯乙烯、玻璃棉、岩棉、膨胀珍珠岩等各种材料均可使用，且对施工季节和施工条件的要求不高。由于在非严寒地区，此类墙体比传统墙体厚，且内外侧墙片之间需要有连接件连接，构造较复杂以及地震区建筑中圈梁和构造柱的设置尚有热桥存在，保温材料的效率得不到充分发挥，同时施工速度慢，故较少采用。

5.3　建筑节能门窗

5.3.1　门窗在建筑节能中的特殊意义

窗户是建筑外围护结构的开口部位，是阻隔外界气候侵扰的基本屏障。窗户是建筑保温、隔热的薄弱环节，是建筑节能的关键部位和重中之重。

在建筑围护结构的门窗、墙体、屋面、地面四大围护部件中，门窗的绝热性能最差，是影响室内热环境质量和建筑节能的主要因素之一，其能耗均比墙体、屋面、地面高。因此，增强门窗的保温隔热性能，减少门窗能耗，是改善室内热环境质量和提高建筑节能水平的重要环节。此外，建筑门窗承担着隔绝与沟通室内外两种环境两个互相矛盾的任务，不仅要求具有良好的绝热性能，还应具有采光、通风、装饰、隔音、防火等多项功能，因此，在技术处理难度上相对于其他围护部件更大，涉及的问题也更为复杂。

随着建筑节能工作的推进及人们经济实力的增强，人们对节能门窗的要求越来越高，对门窗的功能要求从简单的透光、挡风、挡雨到节能、舒适、安全、采光灵活等，节能门窗也呈现多功能、高技术化的发展趋势，从使用普通的平板玻璃到使用中空隔热技术和各种高性能的绝热制膜技术等。在建筑门窗的诸多性能中，门窗的隔热保温性能、空气渗透性能、雨水渗漏性能、抗风压性能和空气声隔声性能是其主要的五个性能，其中前两个性能是直接影响建筑门窗节能效果的重要因素。

5.3.2　节能门窗

门窗是装设在墙洞中可启闭的建筑构件。门的主要作用是交通联系和分隔建筑空间。窗的主要作用是采光、通风、日照、眺望。门窗均属围护构件，除满足基本使用要求外，还应具有保温、隔热、隔声、防护等功能。此外，门窗的设计对建筑立面起到装饰与美化作用。

门窗设计是住宅建筑围护结构节能设计中的重要环节，同时由于门窗本身具有多重性，使其节能设计也成为比较复杂的设计环节。

1. 门窗性能比较

我国目前使用的门窗性能比较见表 5.3。

表5.3　我国目前使用的门窗性能比较

特性	窗户类型					
	钢窗	铝合金窗	木窗	塑料窗	塑钢窗	断桥铝合金窗
保温性	差	差	优	优	优	优
抗风性	优	良	良	差	良	良
空气渗透性	差	良	差	良	优	优
雨水渗透性	差	差	差	良	良	良
耐火性	优	优	差	差	差	良

目前，常用的门窗主要有铝、钢、玻璃、玻璃钢、松木、PVC 等材料，不同材料的传热系数见表 5.4。

表5.4　不同材料的传热系数

材料名称	传热系数/W/（m^2・K）	材料名称	传热系数/W/（m^2・K）
铝材	203	松木	0.17
钢材	110.9	PVC	0.30
玻璃	0.81	空气	0.046
玻璃钢	0.27		

2. 铝合金节能门窗

（1）根据《铝合金门窗》（GB/T 8478—2020），门、窗按外围护结构用和内围护结构用，划分为两类：一类是外门窗，代号为W；另一类是内门窗，代号为N。

（2）门、窗按主要性能类型和代号见表5.5。

表5.5 门、窗的主要性能类型和代号

类型		普通型		隔声型		保温型		隔热型	保温隔热型	耐火型
代号		PT		GS		BW		GR	BWGR	NH
用途		外门窗	内门窗	外门窗	内门窗	外门窗	内门窗	外门窗	外门窗	外门窗
主要性能	抗风压性能	◎	—	◎	—	◎	—	◎	◎	◎
	水密性能	◎	—	◎	—	◎	—	◎	◎	◎
	气密性能	◎	○	◎	◎	◎	◎	◎	◎	◎
	空气声隔声性能	—	—	◎	◎	○	○	○	○	○
	保温性能	—	—	○	○	◎	◎	—	◎	○
	隔热性能	—	—	○	—	—	—	◎	◎	○
	耐火完整性	—	—	—	—	—	—	—	—	◎

注：“◎”为必选性能；“○”为可选性能；“—”为不要求。

（3）铝合金门窗外观及表面质量。严格按《铝合金门窗》（GB/T 8478—2020）的规定。① 表面应洁净、无污迹。框扇铝合金型材、玻璃表面应无明显的色差、凹凸不平、划伤、擦伤、碰伤等缺陷。② 镶嵌密封胶缝应连续、平滑，不应有气泡等缺陷；封堵密封胶缝应密实、平整。密封胶缝处的铝合金型材装饰面及玻璃表面不应有外溢胶黏剂。③ 密封胶条应平整连续，转角处应镶嵌紧密，不应有松脱凸起，接头处不应有收缩缺口。④ 框扇铝合金型材在一个玻璃分格内允许轻微的表面擦伤、划伤，但应符合表5.6的规定。在许可范围内的型材喷粉、喷漆表面擦伤和划伤，可采用相应的方法进行修饰，修饰后应与原涂层颜色基本一致。

表5.6 门窗框扇铝合金型材允许轻微的表面擦伤、划伤要求

项目	室外侧要求	室内侧要求
擦伤、划伤深度	不大于表面处理层厚度	
擦伤总面积/mm^2	≤500	≤300
划伤总长度/mm	≤150	≤100
擦伤和划伤处数	≤4	≤3

3. 平板玻璃门窗

根据《平板玻璃》（GB 11614—2022），按颜色属性，平板玻璃分为无色透明平板玻璃和本体着色平板玻璃两类；按外观质量要求的不同，平板玻璃分为普通级平板玻璃和优质加工级平板玻璃两级。

（1）平板玻璃应切裁成矩形，其长度和宽度的尺寸偏差应不超过表 5.7 规定。

表5.7　尺寸偏差　　单位：mm

厚度 D	尺寸偏差	
	边长 $L \leqslant 3\,000$	边长 $L > 3\,000$
$2 \leqslant D \leqslant 6$	±2	±3
$6 < D \leqslant 12$	+2，−3	+3，−4
$12 < D \leqslant 19$	±3	±4
$D > 19$	±5	±5

（2）平板玻璃的常用厚度规格为 2 mm、3 mm、4 mm、5 mm、6 mm、8 mm、10 mm、12 mm、15 mm、19 mm、22 mm、25 mm，厚度应在产品合格证明文件中明示。不应生产常用厚度规格以外的产品。当平板玻璃用于建筑用玻璃领域以外，如信息产业、光伏、交通工具、家电等其他领域并对厚度有特殊要求时，可以生产常用厚度规格以外的产品，应在合同等文件中对产品厚度作出约定和明示。

5.3.3　新型节能玻璃

目前的节能玻璃种类有吸热玻璃、热反射玻璃、低辐射玻璃、中空玻璃、真空玻璃和普通贴膜玻璃等。

1．吸热玻璃

吸热玻璃的特性为允许太阳光谱中大量可见光透过的同时，对红外线部分具有较高的吸收性。这种对红外线的选择吸收性之所以得到提高，是因为玻璃配料中氧化铁含量较高。玻璃吸热的结果使其温度较室外气温高得多。室内通过吸热玻璃所获得的太阳辐射热包括两部分：一部分是直接透射过来的可见光短波辐射及红外线辐射，另一部分是从加热的玻璃表面向室内转移的对流热及长波辐射热。吸热玻璃可减少进入室内的太阳热能，降低空调负荷。吸热玻璃的特点是遮蔽系数较低，太阳能总透射比、太阳光直接透射比和太阳光直接反射比都较低，可见光透射比、玻璃的颜色可以根据玻璃中的金属离子的成分和浓度变化。可见光反射比、传热系数、辐射率则与普通玻璃差别不大。

2．热反射玻璃

热反射玻璃是在玻璃表面上镀一薄层精细的半透明金属罩面，它可以有选择性地反射大部分红外线辐射。由于此罩面易受机械作用的损伤，故宜用带有空气间层的双层玻璃或薄金属片加以保护。热反射玻璃是对太阳能有反射作用的镀膜玻璃，其反射率可达 20%～40%，甚至更高。它的表面镀有金属、非金属及其氧化物等各种薄膜，这些膜层可以对太阳能产生一定的反射效果，从而达到阻挡太阳能进入室内的目的。在低纬度的炎热地区，夏季可节省室内空调的能源消耗。热反射玻璃的遮蔽系数、太阳能总透射比、太阳光直接透射比和可见光透射比都较低。太阳光直接反射比、可见光反射比较高，传热系数、辐射率则与普通玻璃差别不大。

3. 低辐射玻璃

低辐射玻璃又称为“Low-E 玻璃”，是一种对波长在 4.5～25 μm 范围的远红外线有较高反射比的镀膜玻璃，它具有较低的辐射率。在冬季，它可以反射室内暖气辐射的红外热能，辐射率一般小于 0.25，将热能保护在室内。在夏季，马路、水泥地面和建筑物的墙面在太阳的暴晒下，吸收了大量的热量并以远红外线的形式向四周辐射。低辐射玻璃的遮蔽系数、太阳能总透射比、太阳光直接透射比、太阳光直接反射比、可见光透射比和可见光反射比等都与普通玻璃差别不大，其辐射率传热系数比较低。

4. 中空玻璃

中空玻璃又称为“密封隔热玻璃”，它是由两片或多片性质与厚度相同或不同的平板玻璃，切割成预定尺寸，在中间夹层充填干燥剂的金属隔离框上用胶黏结压合后，四周边部再用胶接、焊接或熔接的办法密封所制成的玻璃构件。该定义有以下含义：① 中空玻璃可以由两片或多片玻璃构成；② 中空玻璃的结构是密封结构；③ 中空玻璃空腔中的气体必须是干燥的；④ 中空玻璃内必须含有干燥剂。

中空玻璃的特点是传热系数较低，是非常实用的隔热玻璃。建筑节能设计中，可以将多种节能玻璃组合在一起，产生良好的节能效果。

采用高性能中空玻璃配置，必备的三个基本条件是低辐射玻璃、暖边和氩气，可从三方面同时减少中空玻璃的传热，节能效果改善显著。节能窗的配置普遍使用低辐射玻璃、惰性气体和暖边技术。高性能中空玻璃中常用的气体为氩气和氪气。这些气体的比重比空气大，在空气间层内不易流动，能进一步降低中空玻璃的传热系数值。其中，氩气在空气中的比例很高，提取容易，且价格相对便宜，故应用较多。暖边是指任何一种间隔条，只要其热传导系数低于铝金属导热系数，即可称为“暖边”。暖边材料可取自：① 非金属材料，如超级间隔条、玻璃纤维条；② 部分金属材料，如断桥间隔条；③ 低于铝金属传导系数的金属间隔条，如不锈钢间隔条。

5. 真空玻璃

真空玻璃的结构类似于中空玻璃，所不同的是真空玻璃空腔内的气体非常稀薄，近乎真空，其隔热原理是利用真空构造隔绝了热传导，传热系数很低。

6. 普通贴膜玻璃

普通玻璃可以通过贴膜产生吸热、热反射或低辐射等效果。由于节能的原理相似，贴膜玻璃的节能效果与同功能的镀膜玻璃类似。贴膜玻璃由玻璃材料和贴膜两部分组成，贴膜是以特殊的聚酯薄膜为基材，镀上各种不同的高反射率金属或金属氧化物涂层。它不仅能反射较宽频带的红外线，还具有较高的可见光透射率，并具有选择性透光性能。此外，这种玻璃膜直接贴在玻璃表面，具有极强的韧性。不同种类的膜和玻璃配合使用，可达到不同要求的安全和节能效果。

5.3.4 建筑幕墙节能技术

建筑幕墙节能措施有被动式节能和主动式节能两种方式。前者是指选用合适的材料和构造措施来减少建筑能耗，提高节能效率。后者是指不仅改进材料，而且更加积极地对风、太阳能等加以收集和利用，节约能源。

1. 幕墙主动式节能技术

幕墙主动式节能主要有幕墙与建筑采光照明、幕墙与通风、幕墙与光电技术三个方面的措施。

幕墙与建筑采光照明主要是指利用幕墙本身通透性的特点进行结构设计，使建筑可以利用尽可能多的室外光源，减少室内照明所需要的能耗。

幕墙与通风主要是指利用热通道玻璃幕墙对空气的不同组织方式，使通道内的温度维持在人们需要的温度上，从而减少室内取暖或制冷的能源消耗。以外循环为例来说明热通道玻璃幕墙的工作原理：外循环式双层玻璃幕墙的一般构造是外层幕墙采用固定的单层玻璃，上下设有进出风口，有的不可关闭，有的可电动开闭和调节开启率；内层幕墙一般采用双层保温隔热玻璃窗扇，通常每两扇门窗设 1 个可开启扇，也有只设个别维护用开启扇的。在冬季，外层幕墙的进出风口和内层幕墙的窗扇都关闭，这时通道形成了一个缓冲层，其中的气流速度远低于室外，温度则高于室外，从而减少了内层幕墙的向外传热量，减低了室内采暖能源消耗，达到节能的效果。

幕墙与光电技术主要是指在幕墙上安装太阳能电池板，在幕墙作围护结构的同时收集太阳能，再转化为建筑物所能利用的电能，供建筑物使用。

2. 幕墙被动式节能技术

幕墙被动式节能主要是指在节能玻璃和幕墙遮阳这两方面的应用。目前采用的节能玻璃主要有中空玻璃、真空玻璃等几种。幕墙遮阳包括固定遮阳与活动遮阳、外遮阳与内遮阳、双层幕墙的中间遮阳等。固定遮阳装置是指固定在建筑物上，不能调节尺寸、形状或遮光状态的遮阳装置；活动遮阳装置是指固定在建筑物上，能够调节尺寸、形状或遮光状态的遮阳装置；外遮阳装置是指安设在建筑物室外侧的遮阳装置；内遮阳装置是指安设在建筑物室内侧的遮阳装置；中间遮阳装置是指位于两层透明围护结构之间的遮阳装置。

3. 遮阳对玻璃幕墙的影响及其智能化

1）遮阳对玻璃幕墙的影响

由于玻璃幕墙由玻璃和金属结构组成，而玻璃表面换热性强，热透射率高，故对室内热条件有极大的影响。在夏季，阳光透过玻璃射入室内，是造成室内过热的主要原因。特别是在南方炎热地区，如果人体受到阳光的直接照射，将会感到炎热、难受。遮阳对玻璃幕墙的影响表现在以下几个方面。

（1）遮阳对太阳辐射的作用。一般遮阳系数受到材料本身特性和环境的控制。遮阳系数是透过有遮阳措施的围护结构和没有遮阳措施的围护结构的太阳辐射热量的比值。遮阳对遮挡太阳辐射热的效果相当大，玻璃幕墙建筑设置遮阳措施效果更明显。

（2）遮阳对室内温度的作用。遮阳对防止室内温度上升有明显作用，遮阳对空调房间可减少冷负荷，所以对于空调建筑来说，遮阳更是节约电能的主要措施之一。

（3）遮阳对采光的作用。从天然采光的观点来看，遮阳措施会阻挡直射阳光，防止眩光，使室内照度分布比较均匀。对于周围环境来说，遮阳可分散玻璃幕墙的玻璃（尤其是镀膜玻璃）的反射光，避免了大面积玻璃反光，造成光污染。在遮阳系统设计时要充分考虑，尽量满足室内天然采光的要求。

（4）遮阳对建筑外观的作用。遮阳系统在玻璃幕墙外观的玻璃墙体上形成光影效果，体现出现代建筑艺术美学效果。

（5）遮阳对房间通风的影响。遮阳设施对房间通风有一定的阻挡作用，在开启窗通风的情况下，可减弱室内的风速，具体情况视遮阳设施的构造情况而定。

2）遮阳系统的智能化

遮阳系统为改善室内环境而定，遮阳系统的智能化将是建筑智能化系统最新和最有潜力的一个发展分支。建筑幕墙的遮阳系统智能化是采用现代计算机集成技术对控制遮阳板角度调节或遮阳帘升降的电机控制系统。

目前，国内外的厂商已经成功开发出以下两种控制系统。

（1）时间电机控制系统。这种时间控制器储存了太阳升降过程的记录，而且已经事先根据太阳在不同季节的不同起落时间做了调整。因此，在任何地方，控制器都能准确地使电机在设定的时间进行遮阳板角度调节或窗帘升降。还能利用阳光热量感应器（热量可调整）进一步自动控制遮阳帘的高度或遮阳板的角度，使房间不被太强烈的阳光所照射。

（2）气候电机控制系统。这种控制器是一个完整的气候站系统，装有太阳、风速、雨量、温度感应器。此控制器在厂里已经输入基本程序，包括光强弱、风力、延长反应时间的数据。这些数据可以根据地方和所需随时更换。“延长反应时间”这一功能使遮阳板或窗帘不会因为太阳光的微小改变而立刻做出反应。

遮阳系统能够实现节能的目的，需要靠它的智能控制系统。这种智能化控制系统是一套较为复杂的系统工程，是从功能要求到控制模式，从信息采集到执行命令再到传动机构的全过程控制系统，涉及气候测量、制冷机组运行状况的信息采集、电力系统配置、楼宇控制、计算机控制、外立面构造等多方面的因素。

5.4 建筑屋面节能

5.4.1 重质实体屋面

重质实体屋面通常为平屋面，有时也可为坡屋面，由热容量相对较高的混凝土建成。决定实体屋面热工性能的主要因素是其外表面颜色、厚度与热阻、隔热层的位置、蒸发降温。

1. 外表面颜色

屋面外表面的性质及颜色，决定屋面结构在白天对太阳辐射的总吸收量，以及在夜间向空间的长波辐射散热总量，因而决定屋面外表面温度及室内与屋面的热交换。外表面颜色对屋面内表面温度的影响与屋面结构的热阻及热容量有关。当屋面的热阻及热容量增加时，外表面颜色对降低屋面内表面最高温度的作用减小，对降低其平均温度的作用仍显著。

在有空调的建筑物中，外表面颜色在很大程度上决定屋面部分造成的冷负荷。在非空调的建筑中，它是决定屋面内表面温度的主要因素，也是决定人们舒适条件的主要因素。

实体平屋面外表面颜色的变化也影响着在顶棚下方以及生活区域内的空气温度。试验表明：在混凝土屋面外表面分别为灰色及白色的室内，灰色屋面的内表面温度比室内上层的气温高，说明热流由屋面进入室内；相反，白色屋面在全天的多数时间内，其内表面温度低于室内上层的气温，表明热流方向为由室内至屋面，这是因为白色屋面的平均外表面温度低于室外平均气温。但要注意，白色屋面在积尘后会变成灰色屋面。

2. 厚度与热阻

实体平板屋面的厚度及热阻对室内气候的影响与外表面颜色的作用是有关联的，并取决于室外气温的日变化。与外表面温度的波动相比，内表面的温度波动由于屋面结构的隔热作用而得到缓和，且其调节作用随着厚度及热阻的增加而增加。防止屋面过热的措施主要有：① 刷白以反射太阳辐射；② 用诸如海贝壳、蛭石混凝土、烧结黏土砖之类的隔热材料层，以增加热阻；③ 在屋面 2.5 cm 以上的位置设置木板遮阳。以上三项措施结合应用。

试验表明，各种防热系统对屋面内表面最高温度所产生的影响均极为类似。与未加防热措施的屋面相比，最高温度约可降低 5 ℃；就最低温度而言，刷白的方法被证明是较为有效的，具有与未加防热措施的屋面一样的最低温度。由于隔热材料使屋面在夜间的冷却率降低，故此类屋面内表面最低温度值较高。当屋面的热阻增大后，颜色的影响很小。但隔热层的作用并不与其厚度成正比，内表面温度随着外加的隔热层厚度的增加而逐渐降低。如海贝壳隔热层，当厚度为 6 cm 时，最高温度值降低 4.1 ℃；当厚度为 12 cm 时，最高温度降低 4.6 ℃。隔热层厚度每增加 1 倍，其隔热作用仅提高 1/8。

3. 隔热层的位置

在组合式混凝土屋面中，隔热层的位置影响夏季的隔热效果，也影响材料的耐用性，特别是当外表面为暗色时。当隔热层置于混凝土承重层的上面时，白天可以大大减少透过这一构造层的总热量，透入的热量又被大块的混凝土所吸收，这样内表面温度的提高较为有限；反之，如将隔热层置于混凝土层的下面，则混凝土层会吸收大量的热。由于混凝土的热阻较低，底面温度紧随外表面温度而变动。因此，隔热层上表面的温度大大高于室内气温。虽然隔热材料本身提供了一定的热阻，但由于它的热容量很低且隔热层下面所附加的热阻是由附着于它的静止空气膜所提供的，因此尚有相当的热流通过隔热层而明显地提高内表面温度。所以，当隔热层置于屋面结构层下方时，内表面最高温度与进入室内的热流最高值均比将隔热层置于屋面上方时高。

将隔热材料置于屋面结构层的上方及暗色的防水层下方，会使防水层过热，因其底面的散热受阻，造成沥青膨胀、起泡及其挥发油蒸发。如果隔热层是透气性材料，如矿棉或泡沫混凝土，则水蒸气可在其上方与防水材料层的下方积聚。湿气在夜间凝结而在白天蒸发，这就产生向上的压力并形成鼓包，撕裂防水层而与下面的基板脱离。由此可见，在夏热冬冷地区，即使屋面有良好的隔热，对外表面作浅色处理仍然很重要。

4. 蒸发降温

蒸发降温是指可利用设置在屋面上的固定式水池或喷洒装置防止屋面受热。外表面为白色的防水屋结合喷水，可以使外表面的温度大大降低到室外气温以下。用蒸发降温的方法与屋面遮阳措施相结合，也可得到相同的效果。喷水降温不但可应用于平屋顶，还可应用于坡顶。从实用的观点来看，这种方法尚存在若干缺点，如喷洒系统需要维护，固定水池易成为蚊虫等的繁殖基地。

5.4.2 轻质屋面

轻质屋面可以是单层的或是由屋面及顶棚中间隔与空气间层组成的双层结构。屋面外层所吸收的太阳辐射热，部分通过对流与辐射方式散失于周围环境中，其余的主要通过辐射方式转移至顶棚。影响双层屋面热工性能的因素为外表面颜色、坡屋面下顶棚空间的通风及双层轻质屋面的隔热作用。

1. 外表面颜色

同实体平屋面一样，双层轻质屋面的外层表面颜色决定着该层所吸收的太阳辐射量。但对于双层屋面，外表颜色的作用有些差别。当屋面层很薄时，其底面的温度紧随外表面的温度而变动，并相应地受到外表面颜色的影响。但在屋面及顶棚之间的空气间层，则起着隔热层的作用，缓和了外表面颜色对顶棚温度及室内气候的影响，其缓和程度取决于空气间层中的条件。实验研究得知，如果应用刷白的水泥瓦屋面及粉刷顶棚，在白天，顶棚温度比屋面不刷白时可降低约 3 ℃。

2. 坡屋面下顶棚空间的通风

顶棚空间内的温度与换气率，即由固定式的或用机械方法操作的特殊开口进行通风所产生的热效果，主要取决于屋面的材料及外表颜色。坡屋面常用的材料如水泥瓦、黏土瓦及石棉水泥板，通常为暗色。这种屋面可吸收大量入射的太阳辐射使自身加热，其温度可大大超过室外温度。新的白铁皮及铝板等金属材料的辐射率低，但陈旧以后，反射能力大大降低，因而其增热量也很可观。

由吸收太阳辐射所得的热量，一部分通过对流散失于周围空气中，另一部分通过辐射又放射回室外空间，其余部分通过屋面材料转移而提高其底面的温度。由于坡屋面为较薄的构造层且具有高的导热系数，故温度提高量相当可观。由屋面底面转移至天棚的热量以对流及长波辐射方式进行，即使底面的温度保持不变，顶棚空间的通风对于此对流热转移也有着直接的影响，如果屋面温度随之改变，则间接地影响着辐射换热。

顶棚空间即使没有专设的通风装置，也可能有可观的气流通过，特别是空气可通过瓦缝渗入，如果屋面用板材构成，则此种气流会减少。当暗色的屋面覆盖层密闭性好、厚度薄且材料的导热系数较高时，为防止顶棚过热而在顶棚空间内采用特殊的开口或装置以组织通风，效果特佳，如上述的屋面面层的条件相反，则此种有通风的降温效果不明显。

有人分别就屋面材料与顶棚空间通风作用之间的关系，在试验房屋内进行过两项试验研究。其中一项试验，屋面的面层是红色水泥瓦，顶棚是钢丝网粉刷。供顶棚空间通风用的开口沿着建筑物纵墙设置，高度为 17 cm，在屋脊以下两侧设有高度为 7 cm 的开口，在两端山墙上各有 1 个直径为 15 cm 的圆形开口。在全部开口均打开或全部关闭的情况下分别观察。当不通风时，瓦底面的温度高于室外气温约 14 ℃，顶棚空间内的气温高出 2～3 ℃，顶棚上、下表面高 1～32 ℃，室内气温低于室外 2～33 ℃。通风时在以下几方面对温度产生影响：① 瓦底面温度在午前可降低约 1 ℃，在午后，当风速最大时可降低约 2 ℃；② 顶棚空间的气温可降低约 1 ℃；③ 顶棚上、下表面均可降低约 0.5 ℃；④ 对于室内气温的，因在实验误差的范围内，故未能确定。

在同一试验中还发现，当屋面瓦刷白时，即使顶棚空间不通风，瓦的底面温度及顶棚空间内的气温也仅高于室外气温 3～4 ℃，而顶棚表面温度可低于室外温度约 2 ℃。由此可见，在此情况下，顶棚空间的通风并无多大的降温效果。

另一项试验中，观测对象的构造为波形白铁皮的坡屋面，顶棚为石棉水泥板。试验中，顶棚空间采取自然通风及机械通风。

两种方式的试验发现：在白天，顶棚空间的温度在自然通风时可降低 7.8 ℃，采用机械通风时可降低 10 ℃；室内气温在自然条件下可降低 0.6～1.1 ℃，采用机械通风时可降低 0.8～1.6 ℃；通风可降低顶棚温度 2～3 ℃。在夜间，通风的顶棚空间内温度较高一些。

上述两项试验结果的差别可用屋面覆盖层的不同解释。在覆盖波形白铁皮的条件下，由于面屋相对透风，因此屋面下的气温较室外气温高得多。在瓦屋面情况下，即使设有特设的通风口，经由瓦屋面缝隙的通风也可减弱顶棚空间气体被加热的程度。

3. 双层轻质屋面的隔热作用

试验房屋的墙体均为重质砖墙，屋面面层为波形白铁皮，顶棚为 6 mm 石膏板，其中一幢未另设隔热材料，其他的采用了多种隔热形式，分别为用铝箔反射材料固定在屋面檀条的底面；充填矿棉，分别为 50 mm、10 mm 及 150 mm 厚；膨胀蛭石厚度为 50 mm 及 100 mm。以上各种材料均分别直接铺在顶棚上面。

松散材料的隔热作用随其厚度的增加而增加，但 50 mm 厚的作用约为 150 mm 厚的 65%，而 100 mm 和 150 mm 的作用差别不大。反射材料的隔热效果相当于 75 mm 厚矿棉的作用。加设隔热层使室内最低温度稍有提高，但与其降低最高温度的作用相比，则微不足道。

同时，应该充分重视反射隔热材料面积灰问题。凡直接放在顶棚上的反射材料，由于易积灰尘，辐射率迅速增加，降低了隔热效果。把铝箔固定于顶棚以上 25 mm 高度时，铝箔底面上的积灰速度很慢，从而可以更好、更长久地保持其反射隔热性能。

5.4.3　倒置屋面

1. 倒置屋面的特点

倒置屋面是将传统屋面构造中的保温隔热层与防水层“颠倒”，即将保温隔热层设在防水层上面，又称为“侧铺式”或“倒置式”屋面。

由于倒置屋面为外隔热保温形式，外隔热保温材料层的热阻作用对室外综合温度波首先进行了衰减，使其后产生在屋面重实材料上的内部温度分布低于传统保温隔热屋顶内部温度分布，屋面所蓄有的热量始终低于传统屋面保温隔热方式，向室内散热也小。因此，倒置屋面是一种隔热保温效果更好的节能屋面构造形式。其具有以下特点。

（1）可以有效延长防水层使用年限。“倒置屋面”将保温层设在防水层之上，大大减弱了防水层受大气、温差及太阳光紫外线照射的影响，使防水层不易老化，因而能长期保持其柔软性、延伸性等，有效延长使用年限。

（2）保护防水层免受外界损伤。由于保温材料组成不同厚度的缓冲层，因此卷材防水层不易在施工中受外界机械损伤，又能减少各种外界对屋面冲击产生的噪声。

（3）如果将保温材料做成放坡（一般不小于 2%），雨水可以自然排走。因此，进入屋面体系的水和水蒸气不会在防水层上冻结，也不会长久凝聚在屋面内部，能通过多孔材料蒸发掉，同时避免了传统屋面防水层下面水汽凝结、蒸发，造成防水层鼓泡而被破坏的质量通病。

（4）施工简便，利于维修。倒置屋面省去了传统屋面中的隔汽层及保温层上的找平层，施工简便，更加经济。即使出现个别地方渗漏，只要揭开几块保温板，就可以进行处理，所以易于维修。

2. 倒置屋面应用分析

（1）混凝土板块排水保护层屋面。这种倒置屋面在美国较普遍。如果防水材料的性质与挤压聚苯乙烯的性质不相容，则应在这两种材料之间设置隔离层。最上层预制混凝土板块起保护保温材料的作用，同时起排除雨水和承重的作用，松铺的做法便于取走混凝土板块，利于检修。混凝土板块下面覆盖无纺纤维布的一个作用是过滤收集建筑碎材料及四周的灰尘，另一个作用是防止紫外线直接透过预制混凝土板块之间可能存在的缝隙而对保温性材料造成危害。

（2）卵石排水保护层屋面。用卵石覆盖并铺设纤维过滤布的屋面能使湿空气以扩散和对流的方式向大气中逸散，只有少量的水分滞留在保温层内，排除雨水较快，成本也较低。但屋面的上表面不能利用。

（3）种植排水保护层屋面。以蔓生植物或多年生植物高矮搭配覆盖于屋面上，除了起保护和泄水作用，还可构成绿化园地，并且在阻止室内水蒸气渗入保温层内也有利。

5.4.4 种植屋面

在我国夏热冬冷地区和华南等地，过去就有“蓄土种植”屋面的应用实例，通常被称为“种植屋面”。目前此种屋顶在建筑中的应用更加广泛。利用屋顶植草栽花，甚至种灌木、堆假山、设喷水形成“草场屋顶”或屋顶花园，是一种生态型的节能屋面。植被屋顶的隔热保温性能优良，已逐步在广东、广西、四川、湖南等地被广泛应用。种植屋面不仅绿化改善了环境，还能吸收遮挡太阳辐射进入室内，同时吸收太阳热量用于植物的光合作用，改善建筑热环境和空气质量，辐射热能转化成植物的生物能和空气的有益成分，实现太阳辐射资源性的转化。通常种植屋面钢筋混凝土屋面板温度控制在月平均温度左右。具有良好的夏季隔热、冬季保温特性和良好的热稳定性。

覆土种植屋面构造如图 5.8 所示。无土种植具有自重轻、屋面温差小、利于防水防渗的特点，它采用水渣、蛭石或木屑代替土壤，使质量减小，隔热性能反而有所提高，且对屋面构造没有特殊的要求，只是在檐口和走道板处防止蛭石或木屑的雨水外溢时被冲走。据实践经验，植被屋顶的隔热性能与植被覆盖密度、培植基质（蛭石或木屑）的厚度和基层的构造等因素有关。另外，还可种植红薯、蔬菜或其他农作物，但培植基质较厚，所需水肥较多，需经常管理。草被屋面则不同，由于草的生长力和耐气候变化性强，可粗放管理，基本可依赖自然条件生长。草被品种可就地选用，也可采用碧绿色的天鹅绒草和其他观赏花木。

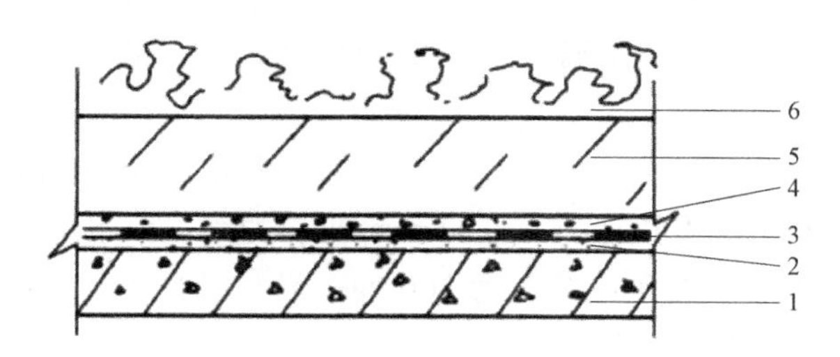

1—钢筋混凝土结构层；2—1∶25 水泥砂浆找坡找平层；3—卷材防水层；4—蓄水板；5—种植介质；6—植物

图 5.8　覆土种植屋面构造示意图

5.4.5　其他屋面

1. 通风屋面

在外围护结构表面设置通风的空气间层，利用层间通风带走一部分热量，使屋顶变成两次传热，以降低传至外围护结构内表面的温度，其传热过程及结构示意图如图 5.9 所示。通风屋面在我国夏热冬冷地区和夏热冬暖地区被广泛采用，尤其是在气候炎热多雨的夏季，这种屋面构造形式更能体现出它的优越性。屋盖由实体结构变为带有封闭或通风的空气间层的结构，大大地提高了屋盖的隔热能力。试验表明，通风屋面和实砌屋面相比，虽然两者的热阻相等，但它们的热工性能有很大的不同。

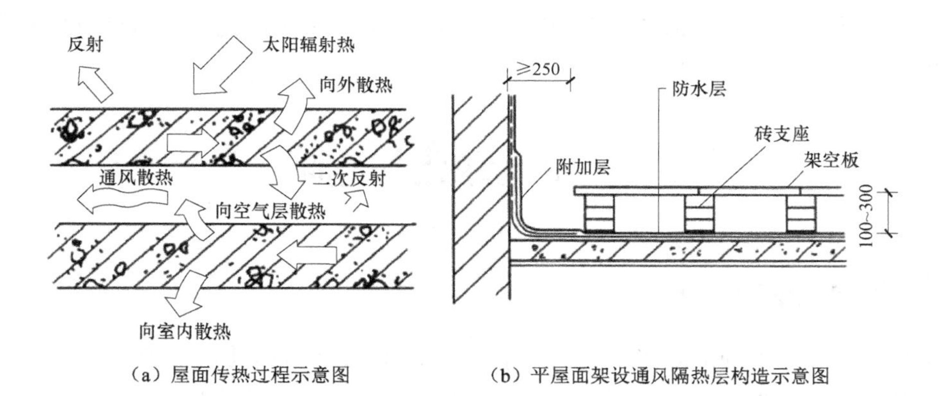

（a）屋面传热过程示意图　（b）平屋面架设通风隔热层构造示意图

图 5.9　通风屋面传热及结构示意图

以重庆市荣昌区节能试验建筑为例，在自然通风条件下，实砌屋顶内表面温度平均值为 35.1 ℃，最高温度达 38.7 ℃，而通风屋顶为 33.3 ℃，最高温度为 33.4 ℃，在空调连续运转的情况下，通风屋顶内表面温度比实砌屋面平均低 2.2 ℃。而且，通风屋面内表面温度波的最高值比实砌屋面要延后 3～4 h，说明通风屋顶具有隔热好、散热快的特点。

2. 蓄水屋面

蓄水屋面是指在屋面防水层上蓄一定高度的水，起到隔热作用的屋面。在太阳辐射和室外气温的综合作用下，水能吸收大量的热，由液体蒸发为气体，从而将热量散发到空气中，减少屋面吸收的热能，起到隔热的作用。水面还能反射阳光，减少阳光辐射对屋面的热作用。水层在冬季还有一定的保温作用。蓄水屋面既可隔热又可保温，还能保护防水层，延长防水材料的寿命。

蓄水屋面的蓄水深度以 50～100 mm 为宜，因水深超过 100 mm 时，屋面温度与相应热流值下降不显著，水层深度以保持在 200 mm 左右为宜。当水层深度为 200 mm 时，结构基层荷载等级采用 3 级，即允许荷载为 300 Pa；当水层为 150 mm 时，结构基层荷载等级采用 2 级，即允许荷载为 250 Pa。

防水层的做法：采用 40 mm 厚、200 号细石混凝土加水泥用量 0.05%的三乙醇胺，或水泥用量 1%的氯化铁，1%的亚硝酸钠（浓度 98%），内设 ϕ4 mm、200 mm×200 mm 的钢筋网，防渗漏性最好。要求所有屋面上的预留孔洞、预埋件、给水管、排水管等，均在浇筑混凝土防水层前做好，不得事后在防水层上凿孔打洞；混凝土防水层应一次浇筑完毕，不得留施工缝，立面与平面的防水层应一次做好，防水层施工温度宜为 5～35 ℃，应避免在低温或烈日暴晒下施工，刚性防水层完工后应及时养护，蓄水后不得断水。

3. 光伏一体化屋面

光伏建筑一体化是一种将太阳能发电（光伏）产品集成到建筑上的技术。光伏建筑一体化可分为两大类：一类是光伏方阵与建筑的结合，另一类是光伏方阵与建筑的集成，如光电瓦屋顶、光电幕墙和光电采光顶等。在这两种方式中，光伏方阵与建筑的结合是一种常用的形式，在与建筑屋面的结合上较为常见。

太阳能屋顶是在房屋顶部装设太阳能发电装置，利用太阳能光电技术在城乡建筑领域进行发电，达到节能减排的目的。

5.5 建筑绿化与遮阳

5.5.1 外墙绿化隔热技术

外墙绿化具有多方面的功能：美化环境、降低污染、遮阳隔热等。要想达到外墙绿化及遮阳隔热的效果，外墙在向阳面必须大面积地被植物遮挡。常见的有两种形式：一种是植物直接爬在墙上，覆盖墙面；另一种是在外墙的外侧种植密集的树木，利用树荫遮挡阳光。爬墙植物遮阳隔热的效果与植物叶面对墙面覆盖的疏密程度有关，覆盖越密，遮阳效果越好。但这种形式的缺点是植物覆盖层妨碍了墙面通风散热，因此墙面平均温度略高于空气平均温度。植树遮阳隔热的效果与投射到墙面的树荫疏密程度有关，由于树林与墙面有一定距离，墙面通风比爬墙植物的情况好，因此墙面平均温度几乎等于空气平均温度。兼顾遮阳和采光，为了不影响房屋冬季争取日照的要求，南向外墙宜植落叶植物；冬季叶片脱落，墙面暴露在阳光下，成为太阳能集热面，能将太阳能吸收并缓缓向室内释放，节约常规采暖能耗。

外墙绿化具有隔热和改善室外热环境的双重热效益。被植物遮阳的外墙，其外表面温度与空气温度相近，而直接暴露于阳光下的外墙，其外表面温度最高可比空气温度高 15 ℃以上，两者的平均温差一般为 5 ℃。

为了达到节能建筑所要求的隔热性能，完全暴露于阳光下的外墙，其热阻值比被植物遮阳的外墙至少应高出 50%，即需要增大热阻才能达到同样的隔热效果。在阳光下，外墙外表面温度随热阻的增大而增大，最高可达 60 ℃以上，将对环境产生较强的加热作用。而一般植物在太阳光直射下的叶面温度最高为 45 ℃左右。因此，外墙绿化有利于改善城市的局部热环境，降低热岛强度。

与建筑遮阳构件相比，外墙绿化遮阳的隔热效果更好。不管是水平的还是垂直的各种遮阳构件，它们既遮挡了阳光，又成为太阳能集热器，吸收了大量的太阳辐射，大大提高了自身的温度，然后辐射到被它遮阳的外墙上，因此被它遮阳的外墙表面温度仍然比空气温度高。绿化遮阳的情况则不然，对于有生命的植物，它们具有温度调节、自我保护的功能。在日照下，植物把根部吸收的水分输送到叶面蒸发，日照越强，蒸发越大，犹如人体出汗，使自身保持较低的温度，而不会对它的周围环境造成过强的热辐射。因此，被植物遮阳的外墙表面温度低于被遮阳构件遮阳的墙面温度，外墙绿化遮阳的隔热效果优于遮阳构件。

5.5.2 外窗遮阳隔热技术

1. 遮阳设施的功能与类型

遮阳设施可用于室外、室内或双层玻璃之间。它们可以是固定式、可调节式或活动式，也可以从建筑形式及几何外形上变化，起到遮阳的作用。内遮阳包括软百叶窗、可卷百叶窗及帘幕等，它们通常为活动的，可升降、可卷或可从窗户上收起，但有一些仅可调节角度。外遮阳包括垂直的、水平的或综合式的（框式）百叶窗、遮棚、水平悬板及各种肋板。双层玻璃间的遮阳包括软百叶帘、褶片及可卷的遮阳，它们通常为可调节的或可在内部伸缩的。

遮阳设施可以起到不同的功用：固定地控制进入室内的热量或有选择地调节进入室内的热量（在过热期减弱阳光的作用，在低热期让阳光通过）。遮阳对采光、眩光、视野及通风等均可产生一定的影响。这些因素的相对重要性，在不同的气候条件下和不同的环境中有所不同。在住宅中，冬天希望有阳光直接射入，夏天则相反。有时各种要求之间是互相矛盾的，如视觉上要求良好的采光与防止过热是矛盾的，但在许多情况下可以找到一种办法来满足看来是互相矛盾的要求。

可调节及可伸缩的遮阳设施可以随人们的意愿而调整，使之符合改变的要求。但固定式遮阳则根据其几何外形、朝向及每日、每年太阳运动情况之间的关系，按预定的目的起到固定的作用。为了调整其作用，使之适合于功能的要求，有必要在设计遮阳设施的细部时，全面考虑上述各项因素。

2. 可调节遮阳设施的效率

通过玻璃窗−遮阳这一综合系统进入室内的热量可分为三部分。

① 辐射在遮阳片间经反射后，通过综合系统透过的热量。

② 玻璃所吸收的热量，其中约有 1/3 又转移至室内。

③ 遮阳材料所吸收的热量。在内遮阳的情况下，这一部分热量几乎全部随即散失于室内而添加在总的热量内；在外遮阳的情况下，仅有约 5%的热量可以进入室内，其余全部散失于室外。

如果由于遮阳设施的几何排列不能遮挡全部日光时，则必须再加上第四部分热量——通过遮阳片之间的缝隙直接透入室内的部分。

有研究机构曾对不同类型可调节的内遮阳及外遮阳的太阳辐射透过系数进行过计算或实际测定，表 5.8 概括了其研究的若干成果，表中根据遮阳的吸收率及其对玻璃的位置，给出了不同遮阳设施的太阳辐射透过系数。

表5.8　各种玻璃窗–遮阳系统的太阳辐射透过系数

遮阳的吸收率/%	计算值	测定值	测定值	计算值	测定值	测定值	测定值
	玻璃窗与下列各种类型遮阳结合						
	内遮阳			外遮阳		可卷式遮阳	布窗帘
	倾斜 45°	倾斜 45°	倾斜 45°	倾斜 45°	倾斜 45°		
0.2	40.3	40	—	12.8	—	—	白色 38.2
0.4	51	51	乳白色 56	10.2	10	乳白色 41	—
0.6	62	61	普通色 65	8.05	—	普通色 62	—
0.8	—	71	暗色 75	—	—	暗色 81	暗色 64
1.0	83	黑色 80	—	5.0	—	—	—

注：7 月 21 日 14：00 的日射条件，北纬 32°。

由表 5.8 可知以下结论。① 外遮阳的效率比内遮阳高得多。② 外遮阳与内遮阳效率的差值随遮挡板颜色的加深而增高。③ 对于外遮阳而言，颜色越暗，效率越高；对于内遮阳而言，颜色越浅，效率越高。④ 有效的遮阳，如外百叶窗，可消除 90%以上的太阳辐射加热作用；效果差的遮阳方式，如暗色的内遮阳，预计有 75%～80%的太阳辐射可能进入室内。

上述外遮阳的效率随颜色的加深而增加的情况，仅存在于闭窗的条件下。在开窗时，颜色的作用在很大程度上取决于遮阳的朝向和风向之间的关系。例如：当下午为西风时，如窗户开着，则西墙上暗色的遮阳将会加热经过遮阳进入室内的气流；当采用热容量大的遮阳板如混凝土板时，它对气流的加热作用在日落以后很长时间内还会继续存在。如果暗色遮阳位于建筑物的背风面上，则它的加热作用就很小，因为经过遮阳的气流是离开建筑物的。

第6章
建筑用能系统节能技术

6.1 建筑采暖、通风与空调节能技术

6.1.1 热泵技术

热泵是一种以消耗部分能量作为补偿条件使热量从低温物体转移到高温物体的能量利用装置。热泵能够把空气、土壤、水中所含的不能直接利用的热能、太阳能、工业废热等转换为可以利用的热能。在暖通空调工程中可以用热泵作为空调系统的热源来提供100 ℃以下的低温用能。

1. 热泵的优势

热泵是通过动力驱动做功，从低温热源中取热，将其温度提升，送到高温处放热。由此可在夏天为空调提供冷源，在冬天为采暖提供热源。与在冬季直接燃烧燃料获取热量相比，热泵在某些条件下可降低能源消耗。热泵方式的关键问题是从哪种低温热源中有效地在冬季提取热量和在夏季向其排放热量。可利用的低温热源构成不同的热泵技术。热泵技术是直接燃烧一次能源而获得热量的主要替代方式，减少了能源消耗，有利于环保。

热泵技术有如下优势。

① 它能长期大规模地利用江河湖海、城市污水、工业污水、土壤或空气中的低温热能，可以利用生产和生活中弃置不用的低温热能。

② 它是节省一次能源如煤、石油、天然气等的供热系统，少量不可再生的能源将大量的低温热量提升为高温热量。

③ 它在一定条件下可以逆向使用，既可供热，也可制冷，即一套设备兼作热源和冷源。

2. 热泵的分类

根据利用能源的不同，热泵可分为空气源热泵、地源热泵、水源热泵和复合热泵（太阳空气热源热泵系统、土壤水热泵系统和太阳能水源热泵系统）四类。除上述四类以外，还有喷射式热泵、吸收式热泵、工质变浓度容量调节式热泵及以二氧化碳为工质的热泵系统。下面主要对常用的三种热泵技术进行介绍。

1）空气源热泵

空气源热泵是指一种利用人工技术，将低温热能转化为高温热能达到供热效果的机械装置。空气源热泵由低温热源（如周围环境空气）吸收热能，然后转换为较高温热源释放至所需的空间内。这种装置既可用作供热采暖设备，又可用作制冷降温设备，达到一机两用的目的。

（1）空气源热泵的工作原理。

压缩机将回流的低压冷媒压缩后，变成高温高压的气体排出，高温高压的冷媒气体流经缠绕在水箱外面的铜管，热量经铜管传导到水箱内，冷却下来的冷媒在压力的持续作用下变成液态，经膨胀阀后进入蒸发器，在蒸发器内液态冷媒迅速蒸发成气态并吸收大量的热。同时，在风扇的作用下，大量的空气流过蒸发器外表面，空气中的能量被蒸发器吸收，空气温度迅速降低，变成冷气排进空调房间。随后吸收了一定能量的冷媒回流到压缩机，进入下一个循环。

空气源热泵使空气一侧温度降低，将其热量转送至另一侧的空气或水中，使其温度升至采暖所要求的温度。

（2）空气源热泵的优点。

与其他热泵相比，空气源热泵的主要优点在于其热源获取的便利性。只要有适当的安装空间，并且该空间具有良好的获取室外空气的能力，该建筑便具备了安装空气源热泵的基本条件。

2）地源热泵

地源热泵系统是指以岩土体（土壤源）、地下水、地表水为低温热源，由水源热泵机组、地热能交换系统、建筑物内管道系统组成的供热空调系统。其原理是依靠消耗少量的电力驱动压缩机完成制冷循环，利用土壤温度相对稳定（不受外界气候变化的影响）的特点，通过深埋土壤的环闭管线系统进行热交换，夏天向地下释放热量，冬天向地下吸收热量，从而实现制冷或采暖的要求。

根据地热能交换系统形式的不同，地源热泵系统可分为地埋管地源热泵系统、地下水地源热泵系统和地表水地源热泵系统三种。作为可再生能源的主要应用方向之一，地源热泵系统可利用浅层地能资源进行供热与空调，具有良好的节能与环境效益，在国内得到了日益广泛的应用。我国于 2005 年 11 月 30 日发布了《地源热泵系统工程技术规范》（GB 50366—2005），并于 2009 年进行了局部修订，以确保地源热泵系统安全可靠地运行，更好地发挥其节能效益。

地源热泵系统的分类如图 6.1 所示。

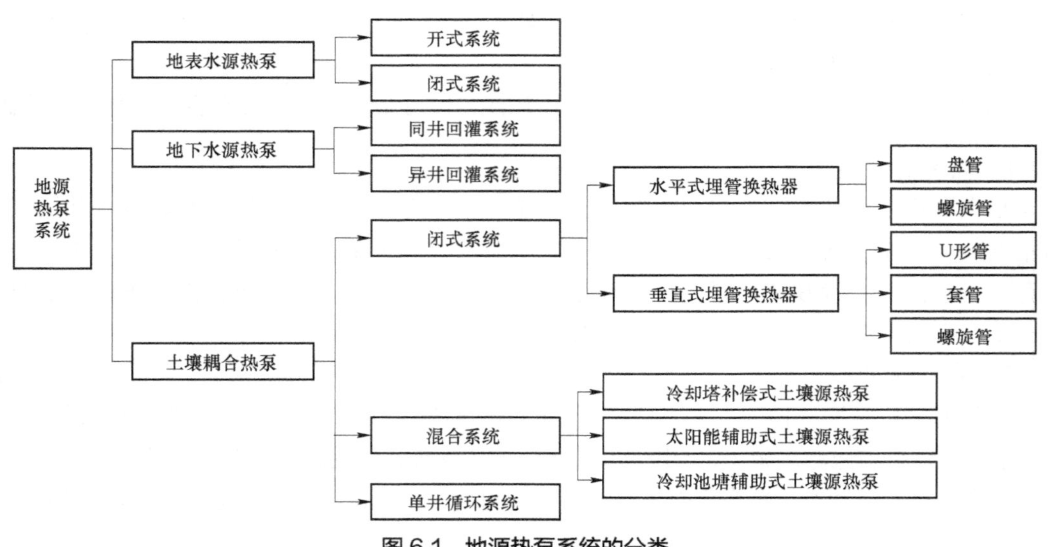

图 6.1　地源热泵系统的分类

（1）地表水源热泵系统。

地表水地源热泵系统是采用湖水、河水、海水及污水处理厂处理后的中水作为水源热泵的热源，从而实现冬季供热和夏季供冷。这种方式从原理上看是可行的，但在实际工程中，主要存在冬季供热的可行性、夏季供冷的经济性及长途取水的经济性三个问题，在技术上要解决水源导致换热装置结垢后引发换热性能恶化的问题。

冬季供热从水源中提取热量，会使水温降低，这就必须防止水的冻结。如果冬季从温度仅为 5 ℃左右的淡水中提取热量，除非水量很大，温降很小，否则容易出现冻结事故。当从湖水或流量很小的河水中提水时，还要正确估算水源的温度保持能力，防止由于连续取水和提取热量，导致温度逐渐下降，最终产生冻结。

（2）地下水源热泵系统。

地下水源热泵系统是抽取浅层地下水（100 m 以内），经过热泵提取热量或冷量，再将其回灌到地下。在冬季，抽取的地下水经换热器降温后，通过回灌井回灌到地下，换热器得到的热量经热泵提升温度后成为采暖热源。在夏季，抽取的地下水经换热器升温后，通过回灌井回灌到地下，使换热器另一侧降温后成为空调冷源。

由于取水和回水过程中仅通过中间换热器（蒸发器），属全封闭方式，因此不会污染地下水源。由于地下水温常年稳定，采用这种方式，运行成本低于燃煤锅炉房供热，夏季还可使空调效率提高，降低制冷电耗。

土地的地质条件，即所用的含水层深度、含水层厚度、含水层砂层粒度、地下水埋深、水力坡和水质情况等，会对系统的效能产生较大影响。一般含水层太深，会影响整个地下系统的造价；但含水层的厚度太小，则会影响单井出水量，从而影响系统的经济性，因此，含水层深度宜在 80～150 m 以内。对于含水层的砂层粒度大、含水层的渗透系数大的地方，此系统可以发挥优势，原因是单井的出水量大、灌抽比大，地下水容易回灌。所以，国内的地下水源热泵基本选择地下含水层为砾石和中粗砂区域，避免在中细砂区域设立项目。另外，只要设计适当，地下水力坡度对地下水源热泵的影响不大，但对地下储能系统的储能效率影响很大。水质对地下水系统的材料有一定要求，咸地下水要求系统具有耐腐蚀性。

普遍采用的有异井回灌和同井回灌两种技术。所谓异井回灌，是在与取水井有一定距离处单独设回灌井，把提取热量（冷量）的水加压回灌，一般是回灌到同一层，以维持地下水状况。同井回灌是利用一口井，在深处含水层取水，在浅处的另一个含水层回灌。回灌的水依靠两个含水层间的压差，经过渗透，穿过两个含水层间的固体介质，返回到取水层。

这种方式的主要问题是提取热量（冷量）的水向地下回灌时，必须保证最终把水全部回灌到原来取水的地下含水层，才能不影响地下水资源状况。把用过的水从地表排掉或排到其他浅层，都将破坏地下水状况，造成对水资源的破坏。另外，要设法避免灌到地下的水很快被重新抽回，否则水温会越来越低（冬季）或越来越高（夏季），使系统性能恶化。

（3）土壤耦合热泵。

土壤耦合热泵也称“地埋管地源热泵系统”，通过在地下竖直或水平地埋入塑料管，利用水泵驱动水经过塑料管道循环，与周围的土壤换热，从土壤中提取热量或释放热量。在冬季，通过这一换热器从地下取热，成为热泵的热源，为建筑物内部供热；在夏季，通过这一换热器向地下排热（取冷），使其成为热泵的冷源，为建筑物内部降温，实现能量的冬存夏用，或夏存冬用。

在竖直式埋管换热器中，应用广泛的是单U形管和双U形管（即把两根U形管放到同一个垂直井孔中）。同样条件下，双U形管的换热能力比单U形管要高，可以减少总打井数，节省人工费用。设计使用这一系统时，必须注意全年的冷热平衡问题。因为地下埋管的体积巨大，每根管只对其周围有限的土壤发生作用，如果每年因热量不平衡而造成积累，则会导致土壤温度逐年升高或降低。为此，应设置补充手段如增设冷却塔，以排出多余的热量，或采用辅助锅炉补充热量的不足。地埋管地源热泵系统设备投资高，占地面积大，对市政热网不能达到的独栋或别墅类住宅有较大优势。对于高层建筑，由于其建筑容积率高，可埋的地面面积不足，所以一般不适宜。

3）水源热泵

（1）水源热泵技术原理。

我国地热资源丰富，如何有效利用地热资源十分关键。水源热泵技术主要是利用被熔岩加热的地下水为地上建筑供冷或供热。水源热泵技术拥有诸多优点，包括效率高、绿色环保、节约能源等。

在水源热泵技术中，“热泵”这一名词源于“水泵”，参考水泵技术使热量从低温物体传输至高温物体，可以有效提升热量。

地下水源热泵系统主要可分为三大子系统：用户末端系统、热泵机组、水源系统。如图6.2所示，冬季地下水为“热源”，在进入热泵机组蒸发器后热量传至制冷剂，并及时回灌，制冷剂继续将热量传至冷凝器中的低温热水，热水吸热后被重新输送至用户末端，达到供热目的。如图6.3所示，夏季地下水为“冷源”，在进入热泵机组冷凝器后将制冷剂热量带走，并及时回灌，制冷剂继续将冷量传至蒸发器中的冷冻水，冷冻水温度降低后被重新输送至用户末端，达到供冷目标。

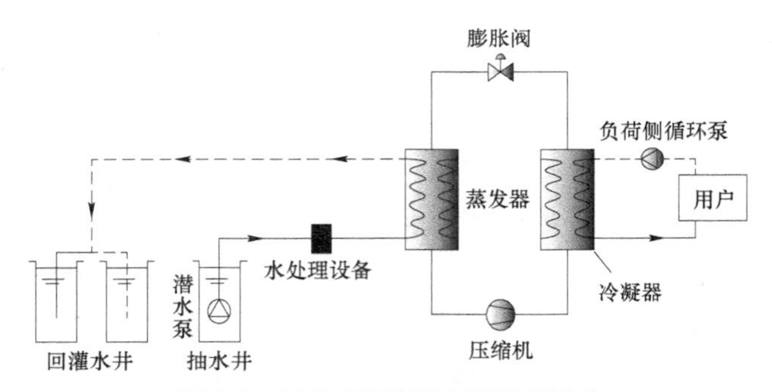

图6.2　地下水源热泵冬季供暖模式

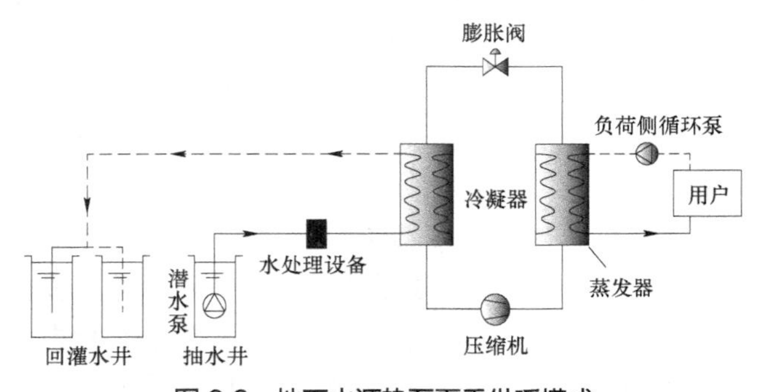

图6.3　地下水源热泵夏季供暖模式

（2）水源热泵技术应用优势。

与传统的暖通空调技术相比，水源热泵技术在暖通工程中的应用主要有以下优势。

① 经济性良好。与传统暖通空调相比，水源热泵容量大，可节约运行费用，维护费用更低，具有较好的经济性。

② 节能性较好。由于地球表层具有蓄热、隔热效果，地下水常年温度与全年气温相比呈冬暖夏凉的特点，可带走建筑物内的热量或输送多余的热量，且制冷能效比、制热性能系数均较高。

③ 环境效益显著。地下水源热泵系统以地下水为传热介质，冬季无须使用锅炉系统，减少了废气等污染物的排放，有利于资源节约、环境保护；夏季无须使用冷却水塔，减少了噪声、霉菌污染及水资源消耗等问题。此外，夏季水源热泵系统将建筑内的热量转移至地下，未排放至大气环境内，有利于缓解城市热岛效应。

6.1.2　通风系统节能

1. 自然通风

1）自然通风技术的优势

自然通风是当今建筑普遍采取的一项改革建筑热环境、节约空调能耗的技术，采用自然通风方式的根本目的是取代（或部分取代）空调制冷系统。这一取代过程有两个重要的意义。一是实现有效被动式制冷，当室外空气温湿度较低时，自然通风可以在不消耗不可再生能源的情况下降低室内温度，带走潮湿气体，达到人体热舒适。即使室外空气的温湿度超过舒适区，需要消耗能源进行降温降湿处理，也可以利用自然通风输送处理后的新风，省去风机能耗且无噪声，有利于减少能耗、降低污染，符合可持续发展的要求。二是可以提供新鲜、清洁的自然空气，有利于人的生理和心理健康。室内空气品质的低劣在很大程度上是由于缺少充足的新风。空调所造成的恒温环境也使人体抵抗力下降，引发各种“空调病”。自然通风可以排除室内污浊的空气，还有利于满足人和大自然交往的心理需求。

2）自然通风技术的原理及应用

自然通风是一项古老的技术，与复杂、耗能的空调技术相比，自然通风是能够适应气候的一项廉价而成熟的技术措施。自然通风具有三大主要作用：提供新鲜空气、生理降温、释放建筑结构中蓄存的热量。

自然通风是在压差推动下的空气流动。根据进出口位置，自然通风可以分为单侧的自然通风和双侧的自然通风；根据压差形成的机理，可以分为风压作用下的自然通风和热压作用下的自然通风，它们的形成过程如下。

（1）风压作用下自然通风的形成过程。当有风从左边吹向建筑时，建筑的迎风面将受到空气的推动作用形成正压区，推动空气从该侧进入建筑；建筑的背风面，由于受到空气绕流影响形成负压区，吸引建筑内空气从该侧的出口流出，这样形成了持续不断的空气流，成为风压作用下的自然通风。

（2）热压作用下的自然通风的形成过程。当室内存在热源时，室内空气将被加热，密度降低，并且向上浮动，造成建筑内上部空气压力比建筑外大，导致室内空气向外流动，同时在建筑下部不断有空气流入，以填补上部流出的空气所让出的空间，这样形成的持续不断的空气流就是热压作用下的自然通风。

3）自然通风的使用条件

（1）室内得热量的限制。应用自然通风的前提是室外空气温度比室内的高，通过室内空气的通风换气，将室外风引入室内，降低室内空气的温度。室内外空气温差越大，通风降温的效果越好。对于一般的依靠空调系统降温的建筑，应用自然通风系统可以在适当时间降低空调运行负荷，如空调系统在过渡季节的全新风运行。对于完全依靠自然通风系统进行降温的建筑，其使用效果则取决于很多因素，建筑的得热量是其中的一个重要因素，得热量越大，通过降温达到室内舒适要求的可能性越小。

（2）建筑环境的要求。应用自然通风降温措施后，建筑室内环境在很大程度上依靠室外环境进行调节，除空气的温度、湿度参数外，室内的噪声控制也将被室外环境所破坏。因此，采用自然通风的建筑，尤其在窗户开启的时候，必须保证建筑外的噪声不会影响人们正常生活和身体健康。同时，自然通风进风口的室外空气质量应该满足有关卫生要求。

（3）建筑条件的限制。应用自然通风的建筑，在建筑设计上应该参考以上两点要求，充分发挥自然通风的优势。使用自然通风时的建筑条件见表 6.1。

表6.1　使用自然通风时的建筑条件

<table>
<tr><th colspan="2">建筑条件</th><th>解释</th></tr>
<tr><td rowspan="3">建筑位置</td><td>周围是否有交通干道、铁路等</td><td>一般建筑的立面应离开交通干道 20 m，避免进风空气的污染或噪声干扰，或者在设计通风系统时，将靠近交通干道的地方作为通风的排风侧</td></tr>
<tr><td>地区的主导风向与风速</td><td>根据当地的主导风向与风速确定自然通风系统的设计，特别注意建筑是否处于周围污染空气的下游</td></tr>
<tr><td>周围环境</td><td>由于城市环境与乡村环境不同，对建筑通风系统的影响也不同，特别是建筑周围的其他建筑或障碍物将影响建筑周围的风向和风速、采光和噪声等</td></tr>
<tr><td rowspan="4">建筑形式</td><td>形状</td><td>建筑的宽度直接影响自然通风的形式和效果。宽度不超过 10 m 的建筑可以使用单侧通风，宽度不超过 15 m 的建筑可以使用双侧通风；否则将需要其他辅助措施，如烟囱结构或机械通风与自然通风的混合模式等</td></tr>
<tr><td>朝向</td><td>为了充分利用风压作用，系统的进风口应针对建筑周围的主导风向</td></tr>
<tr><td>开窗面积</td><td>系统进风侧外墙的窗墙比应兼顾自然采光和日射得热的控制</td></tr>
<tr><td>结构形式</td><td>建筑结构可以是轻型、中型或重型结构。对于中型或重型结构，由于其热惰性比较大，可以结合晚间通风等技术措施改善自然通风系统的运行效果</td></tr>
<tr><td rowspan="3">建筑内部设计</td><td>层高</td><td>比较大的层高有助于利用室内热负荷形成的热压，加强自然通风</td></tr>
<tr><td>室内分隔</td><td>室内分隔的形式直接影响通风气流的组织和通风量</td></tr>
<tr><td>建筑内竖直通道或风管</td><td>可以利用竖直通道产生的烟囱效应有效组织自然通风</td></tr>
<tr><td rowspan="2">室内人员</td><td>室内人员密度和设备、照明得热的影响</td><td>对于建筑得热超过 40 W/m^2 的建筑，可以根据建筑内热源的种类和分布情况，在适当的区域分别设置自然通风系统和机械制冷系统</td></tr>
<tr><td>工作时间</td><td>工作时间将影响其他辅助技术的选择，如晚间通风系统</td></tr>
</table>

（4）室外空气湿度的影响。应用自然通风可以对室内空气进行降温，不能调节或控制室内空气的湿度，因此，自然通风一般不能在非常潮湿的地区使用。

2. 机械通风

在办公建筑中，机械通风往往融合在空调系统中，通过新风量的调节和控制，使房间达到一定的通风量，满足室内的新风需求。机械通风需要消耗能量，但其通风量稳定且可调节控制，通风时间不受上、下班时间的限制，可通过空调系统的送排风管路，利用夜间通风来冷却建筑物的蓄热，缓解白天的供冷需求，最终达到降低建筑运行能耗的目的。

一般办公建筑的平面空间布局有两种典型形式：一种是大空间办公室，通常采用全空气普通集中式空调系统，具有集中的排风管路，可以直接利用送风管路进行夜间送新风，利用排风管路排风，保持室内压力平衡及通风的顺利进行；另一种是走廊式空间布局，在走廊两侧或一侧布置许多小空间独立办公室，这样的办公建筑通常采用风机盘管半集中式空调系统。由于半集中式空调系统没有集中的排风管路，在这种既有办公建筑中利用夜间机械通风降温受到很大的限制，因此需要采取一些措施使这种节能技术得以使用。通常可以采取走廊排风的简单办法，即每间办公室在下班后将门上的通风口打开，夜间利用新风管路送风时，排风通过门上的通风口排向走廊，再通过楼梯间或走廊尽头的外窗排向室外，以保持各办公室室内压力平衡及通风的顺利进行，同时不影响办公室在非工作时段的防盗安全要求。既有办公建筑可由空调系统运行管理人员根据气象条件的不同，在室外气温处于 26 ℃以下的非工作时段内，利用新风管路进行大量的送风，同时采取走廊排风的简单办法，减小空调开机负荷和高峰用电负荷，以达到节能的目的。

6.1.3　空调器节能

制冷技术的发展使得目前分散空调方式中使用的空调器具有优良的节能特性，但在使用中空调器是否能耗很低，还要依赖于用户是否能“节能”地使用。这主要包括正确选用空调器的容量大小、正确安装和合理使用三个方面。

1. 正确选用空调器的容量大小

空调器的容量大小要依据其在实际建筑环境中承担的负荷大小来选择，如果选择的空调器容量过大，则会造成使用中频繁启停，室内温度场波动大，电能浪费和初投资过大；选择的空调器太小，又达不到使用要求。房间空调负荷受很多因素影响，计算比较复杂，这里不再介绍。

2. 正确安装

空调器的耗电量与空调器的性能有关，也与合理地布置、使用空调器有很大关系。图 6.4 为空调器正确安装方法，其具体说明了空调器应如何布置，以充分发挥其效率。

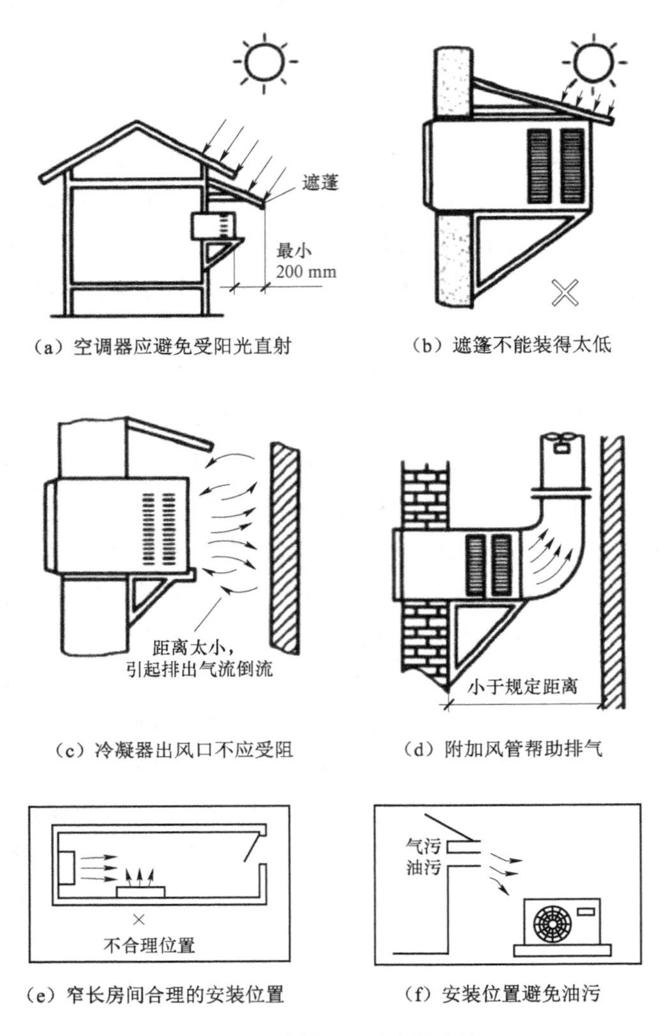

（a）空调器应避免受阳光直射　（b）遮蓬不能装得太低

（c）冷凝器出风口不应受阻　（d）附加风管帮助排气

（e）窄长房间合理的安装位置　（f）安装位置避免油污

图 6.4　空调器正确安装方法

3. 合理使用

合理使用空调器，虽然是节能途径的最末端问题，但也同样重要。其包括以下两个方面。

（1）设定适宜的温度是保证身体健康、获取最佳舒适环境和节能的方法之一。室内温湿度的设定与季节和人体的舒适感密切相关。在夏季，环境温度为 22～28 ℃，相对湿度为 40%～70%并略有微风的环境中，人们会感到很舒适；在冬季，当人们进入室内，脱去外衣时，环境温度在 16～22 ℃，相对湿度高于 30%的环境中，人们会感到很舒适。从节能的角度看，夏季室内设定温度每提高 1 ℃，一般空调器可减少 5%～10%的用电量。

（2）加强通风，保持室内健康的空气质量。在夏季，一些空调房间为降低从门窗传进的热量，往往是紧闭门窗。由于没有新鲜空气补充，房间内的空气逐渐污浊，长时间会使人产生头晕乏力、精力不能集中的现象，各种呼吸道传染性疾病也容易流行。因此，加强通风，保持室内正常的空气新鲜是空调器用户必须注意的。一般情况下，可利用早晚比较凉爽的时候开窗换气，或在没有直射阳光的时候通风换气，或者选用具有热回收装置的设备来强制通风换气。

6.1.4　户式中央空调节能

1. 户式中央空调产品

户式中央空调主要是指制冷量在 8～40 kW（适用居住面积 100～400 m^2 使用）的集中处理空调负荷的系统形式。空调用冷热量通过一定的介质输送到空调房间里去。户式中央空调产品可分为单冷型和热泵型两种。由于热泵系统的节能特性，以及在冬夏两个季节都可以使用的优点，所以本节主要介绍热泵型。

1）小型风冷热泵冷热水机组

小型风冷热泵冷热水机组属于空气–空气热泵机组。其室外机组靠空气进行热交换，室内机组产生空调冷水、热水，由管道系统输送到空调房间的末端装置。在末端装置处，冷、热水与房间空气进行热量交换，产生冷风、热风，从而实现房间的夏季供冷和冬季供暖。它属于一种集中产生冷水、热水，但分散处理各房间负荷的空调系统形式。

该类型机组体积小，在建筑上安放方便。由于冷、热管所占空间小，一般不受层高的限制；室内末端装置多为风机盘管，有风机调速和水量旁通等调节措施，因此，该种形式可以对每个房间进行单独调节，而且室内噪声较小。它的主要缺点是：性能系数不高，主机容量调节性能较差，特别是部分负荷性能较差。绝大多数产品均为启停控制，部分负荷性能系数更低，因而造成运行能耗及费用高；噪声较大，特别是在夜晚，难以满足居室环境的要求；初投资比较大。

2）风冷热泵管道式分体空调全空气系统

风冷热泵管道式分体空调全空气系统以风冷热泵分体空调机组为主机，属于空气–空气热泵。该系统的输送介质为空气，其原理与大型全空气中央空调系统基本相同。室外机产生的冷、热量，通过室内机组将室内回风（或回风与新风的混合气体）进行冷却或加热处理后，通过风管送入空调房间消除冷、热负荷。这种机组有两种形式：一种是室内机组为卧式，可以吊装在房间的楼板或吊顶上，通常称为“管道机”；另一种是室内机组为立式（柜机），可安装在辅助房间的走道或阳台上，这种机组通常称为“风冷热泵”。

这种系统的优点是：可以获得高质量的室内空气品质，在过渡季节可以利用室外新风实现的全新风运行；相对于其他几种户式中央空调系统，造价较低。其主要缺点是：能效比不高，调节性能差，运行费用高，如果采用变风量末端装置，会使系统的初投资大大上升；由于需要在房间内布置风管，要占用一定的使用空间，对建筑层高要求较高；室内噪声大，需要采用消声措施。

3）多联变频变制冷剂流量热泵空调系统

变制冷剂流量（variable refrigerant volume，VRV）空调系统，是一种制冷剂式空调系统，它以制冷剂为输送介质，属于空气–空气热泵。该系统由制冷剂管路连接的室外机和室内机组成，室外机由室外侧换热器、压缩机和其他制冷附件组成，一台室外机通过管路能够向多个室内机输送制冷剂，通过控制压缩机的制冷剂循环量和进入室内各个换热器的制冷剂流量，可以适时地满足空调房间的需求。

VRV 系统不仅适用于独立的住宅，还可用于集合式住宅。其主要优点是：其制冷剂管路小，便于埋墙安装或进行伪装；系统采用变频能量调节，部分负荷能效比高，运行费用低。其主要缺点是：初投资高；系统的施工要求高，难度大，从管材材质、制造工艺、零配件供应到现场焊接等要求都极为严格。

4）水源热泵空调系统

水源热泵空调系统由水源热泵机组和水环路组成。根据室内侧换热介质的不同，有直接加热或冷却空气的水–空气热泵系统；机组室内侧产生冷热水，然后送到空调房间的末端装置，对空气进行处理的水–水热泵系统。

水源热泵机组以水为热泵系统的低品位热源，可以利用江河湖水、地下水、废水或与土壤耦合换热的循环水。这种机组的最大特点是能效比高、节省运行费用。同时，它解决了风冷式机组冬季室外换热器的结霜问题，以及随室外气温降低，供热需求上升而制热能力反而下降的供需矛盾问题。

水源热泵系统既可按成栋建筑设置，也可单家独户设置。其地下埋管可环绕建筑布置，也可布置在花园、草坪、农田下面；所采用塑料管（或复合塑料管）制作的埋管换热器，其寿命可达 50 年以上。水源热泵系统的主要问题是：要有适宜的水源；有些系统冬季需要另设辅助热源；土壤源热泵系统的造价较高。

2. 户式中央空调能耗分析

户式中央空调通常是家庭中最大的能耗产品，所以在具有很高的可靠性的同时，必须具有较好的节能特性。多年的使用经验证明，热泵机组在使用寿命期间的能耗费用，一般是初投资的 5～10 倍。能耗指标是考虑机组可靠性之后的首要指标。由于户式中央空调极少在满负荷下运行，故应特别重视其部分负荷性能指标。

机组具有良好的能量调节措施，不仅对提高机组的部分负荷效率、节能具有重要意义，而且对延长机组的使用寿命、提高其可靠性也有好处。前面介绍的几种户式中央空调产品中，除 VRV 系统需要采用变频调速压缩机和电子膨胀阀实现制冷剂流量无级调节外，其他机组控制都比较简单。机组具体的能量调节方法有以下几种。

（1）开关控制。机组较多采用这种控制方法，压缩机频繁启停，增加了能耗，且降低了压缩机的使用寿命。

（2）20 kW 以上的热泵机组有的采用双压缩机、双制冷剂回路，能够实现 0.50%、100%能量调节，两套系统可以互为备用，冬季除霜时可以提供 50%的供热量，但系统复杂、初投资大。

（3）有的管道机采用多台并联压缩机及制冷剂回路，压缩机与室内机一一对应。

（4）管道机的室内机有高、中、低三挡风量可调。

另外，户式中央空调还需注意选择空气侧换热器的形状与风量，以及水侧换热器的制作与安装，以期达到最佳的节能效果。

3. 中央空调系统节能

中央空调系统的节能途径与采暖系统相似，可主要归纳为两个方面：一是系统自身，即在建造方面采用合理的设计方案并正确安装；二是依靠科学的运行管理方法，使空调系统真正地为用户节省能源。

1）系统负荷设计

在中央空调系统设计时，采用负荷指标估算，并且出于安全的考虑，指标往往取得过大，负荷计算也不详尽，结果造成了系统的冷热源、能量输配设备、末端换热设备的容量都大大超过了实际需求，既增加了投资，在使用上也不节能。所以，设计人员应仔细地进行负荷分析计算，力求与实际需求相符。

计算机模拟表明：深圳、广州、上海等地区夏季室内温度低 1 ℃或冬季高 1 ℃，暖通空调工程的投资约增加 6%，其能耗将增加 8%左右。另外，过大的室内外温差也不符合卫生的要求。《夏热冬冷地区居住建筑节能设计标准》（JGJ 134—2010）第 3.0.1 和 3.0.2 规定：冬季卧室、起居室室内设计温度应取 18 ℃，夏季应取 26 ℃。

除室内设计温度外，合理选取相对湿度的设计值及温湿度参数的合理搭配也是降低设计负荷的重要途径，特别是在新风量要求较大的场合，适当提高相对湿度，可大大降低设计负荷。

新风负荷在空调设计负荷中要占到空调系统总能耗的 30%甚至更高。向室内引入新风的目的是稀释各种有害气体，保证人体的健康。在满足卫生条件的前提下，减小新风量，有显著的节能效果。设计的关键是提高新风质量和新风利用效率。利用热交换器回收排风中的能量，是减小新风负荷的一项有力措施。按照空气量平衡的原理，向建筑物引入一定量的新风，必然要排除基本上相同数量的室内风，显然，排风的状态与室内空气状态相同。如果在系统中设置热交换器，则最多可节约处理新风耗能量的 70%～80%。日本空调学会提供的计算资料表明，以单风道定风量系统为基准，加装全热交换器以后，夏季 8 月份可节约冷量约 25%，冬季 1 月份可节约热量约 50%。排风中直接回收能量的装置有转轮式、板翅式、热管式和热回收回路式等。在我国，采用热回收以节约新风能耗的空调工程很少。

2）冷热源节能

冷热源在中央空调系统中被称为“主机”，其能耗是构成系统总能耗的主要部分。采用的冷热源形式主要有以下几种。

① 电动冷水机组供冷和燃油锅炉供热，供应能源为电和轻油。

② 电动冷水机组供冷和电热锅炉供热，供应能源为电。

③ 风冷热泵冷热水机组供冷、供热，供应能源为电。

④ 蒸汽型溴化锂吸收式冷水机组供冷、热网蒸汽供热，供应能源为热网蒸汽、少量的电。

⑤ 直燃型溴化锂吸收式冷热水机组供冷、供热，供应能源为轻油或燃气、少量的电。

⑥ 水环热泵系统供冷、供热，辅助热源为燃油、燃气锅炉等，供应能源为电、轻油或燃气。其中：电动制冷机组（或热泵机组）根据压缩机的形式不同，又可分为往复式、螺杆式、离心式三种。

在这些冷热源形式中，消耗的能源有电能、燃气、轻油、煤等，衡量它们的节能性时，需要将这些能源形式全部折算成同一种一次能源，并用一次能源效率来进行比较。

3）冷热源的部分负荷性能及台数配置

不同季节或在同一天中不同的使用情况下，建筑物的空调负荷是变化的。冷热源所提供的冷热量在大多数时间小于负荷的 80%，这里还没有考虑设计负荷取值偏大的问题。这种情况下，机组的工作效率一般要小于满负荷运行效率。所以，在选择冷热源方案时，要重视其部分负荷效率性能。另外，机组工作的环境热工状况也对其运行效率有一定的影响。例如：风冷热泵冷热水机组在夏季夜间工作时，因空气温度比白天低，其性能要好于白天；水冷式冷水机组主要受空气湿度温度影响，风冷机组主要受干球温度的影响，一般情况下，风冷机组在夜间工作更为有利。

根据建筑物负荷的变化合理地配置机组的台数及容量大小，可以使设备尽可能满负荷高效地工作。例如：某建筑的负荷在设计负荷的60%～70%时出现的频率最高，选用2台同型号的机组，则不如选3台同型号机组，或1台70%、1台30%一大一小两台机组，因为后两种方案可以让两台或一台机组满负荷运行来满足该建筑物大多数时候的负荷需求。《公共建筑节能设计标准》(GB 50189—2015）第4.2.7规定："集中空调系统的冷水（热泵）机组台数及单机制冷量（制热量）选择，应能适应负荷全年变化规律，满足季节及部分负荷要求。机组宜不少于两台，且同类型机组宜不超过4台；当小型工程仅设一台时，应选调节性能优良的机型，并能满足建筑最低负荷的要求。"为了运行时节能，单机容量大小应合理搭配。

采用变频调速等技术，使冷热源机组具有良好的能量调节特性，是节约冷热水机组耗电的重要技术手段。生活中的电源频率为50 Hz（220 V）是固定的，但变频空调因装有变频装置，可以改变压缩机的供电频率。提升频率时，空调器的心脏部件压缩机便高速运转，输出功率增大；反之，降低频率时，可抑制压缩机输出功率。因此，变频空调可以根据不同的室内温度状况，以最合适的输出功率运转，达到节能的目的；同时，当室内温度达到设定值后，空调主机则以能够准确保持这一温度的恒定速度运转，实现"不停机运转"，从而保证环境温度的稳定与舒适。

4）水系统节能

空调中水系统的用电，在冬季供暖期占动力用电的20%～25%，在夏季供冷期占动力用电的12%～24%。因此，降低空调水系统的输配用电是中央空调系统节约用电的一个重要环节。

我国的一些高层宾馆、饭店空调水系统普遍存在不合理的大流量小温差问题。冬季供暖水系统的供水、回水温差：较好情况为8～10 ℃，较差的情况只有3 ℃。夏季冷冻水系统的供水、回水温差，较好情况也只有3 ℃左右。根据造成上述现象的原因，可以从以下几个方面逐步解决，最终使水系统在节能状态下工作。

（1）各分支环路的水力平衡。对空调供冷、供暖水系统，无论是建筑物内的管路还是建筑物外的室外管网，均需按设计规范要求认真计算，使各个环路之间符合水力平衡要求。系统投入运行之前，必须调试，所以在设计时应设置能够准确调试的技术手段，如在各环路中设置平衡阀等平衡装置，以确保在实际运行中各环路之间达到较好的水力平衡。

（2）设置二次泵。如果某个或某几个支环路比其余环路压差相差悬殊，则此环路应增设二次循环水泵，以避免整个系统为满足这些少数高阻力环路需要而选用高扬程的总循环水泵。

（3）变流量水系统。为了系统节能，大规模的空调水系统多采用变流量系统，即通过调节二通阀改变流经末端设备的冷冻水流量来适应末端用户负荷的变化，维持供水、回水温差稳定在设计值；采用一定的手段，使系统的总循环水量与末端的需求量基本一致；保持通过冷水机组蒸发器的水流量基本不变，从而维持蒸发温度和蒸发压力的稳定。

5）风系统节能

在空调系统中，风系统中的主要耗能设备是风机。风机的作用是促使被处理的空气流经末端设备时进行强制对流换热，将冷水携带的冷量取出并输送至空调房间，用于消除房间的热湿负荷。被处理的空气可以是室外新风、室内循环风，也可以是新风与回风的混合风。风系统节能措施可从以下几个方面考虑。

（1）正确选用空气处理设备。根据空调机组风量、风压的匹配，选择最佳状态点运行，不宜过分加大风机风压，以降低风机功率。另外，应选用漏风量及外形尺寸小的机组。

（2）注意选用节能性好的风机盘管。

（3）设计选用变风量系统。变风量系统是通过改变送入房间的风量来满足室内变化的负荷要求，用减小风量来降低风机能耗。

由于变风量系统通过调节送入房间的风量来适应负荷的变化，在确定系统总风量时，还可以考虑一定的同时使用情况，所以能够节约风机运行能耗和减少风机装机容量，系统的灵活性较好。变风量系统属于全空气系统，它具有全空气系统的一些优点：可以利用新风消除室内负荷，没有风机盘管凝水问题和霉变问题。变风量系统存在的缺点是：在系统风量变小时，有可能不能满足室内新风量的需求，影响房间的气流组织；系统的控制要求高，不易稳定；投资较高等。这些都必须依靠设计者在设计时周密考虑，才能达到既满足使用要求又节能的目的。

6）中央空调系统节能新技术

（1）“大温差”技术。“大温差”是指空调送风或送水的温差比常规空调系统采用的温差大。大温差送风系统中，送风温差达到14～20 ℃；冷却水的大温差系统，冷却水温差达到8 ℃左右；当媒介携带的冷量加大后，循环流量将减小，可以节约一定的输送能耗并降低输送管网的初投资。

（2）冷却塔供冷技术。这种技术又称为“免费供冷技术”，是指在室外空气湿球温度较低时，关闭制冷机组，利用流经冷却塔的循环水直接或间接地向空调系统供冷，提供建筑物所需要的冷量，从而节约冷水机组的能耗。冷却塔供冷系统原理如图6.5所示。

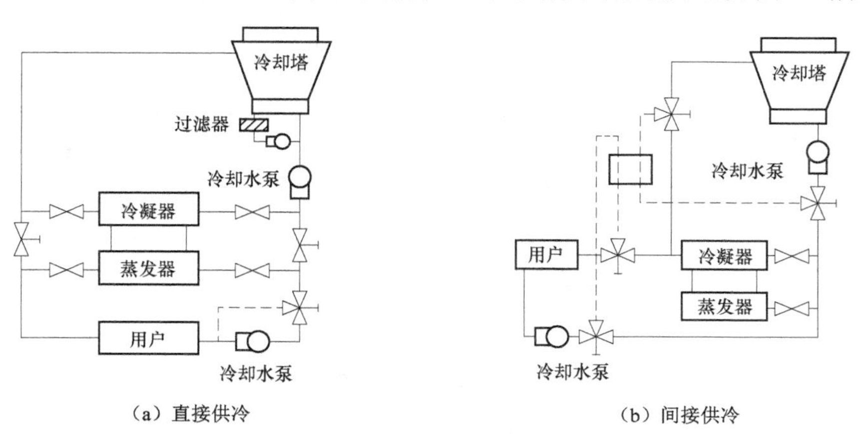

（a）直接供冷　　（b）间接供冷

图6.5 冷却塔供冷系统原理

由于冷却水泵的扬程不能满足供冷要求、水流与大气接触时的污染问题等，一般较少采用直接供冷方式。采用间接供冷时，需要增加板式热交换器和少量的连接管路，但投资不会增大很多。同时，由于增加了热交换温差，使得间接供冷时的免费供冷时间减少。这种方式比较适用于全年供冷或供冷时间较长的建筑物，如城市中心区的智能化办公大楼等内部负荷极高的建筑物。

6.1.5 蓄冷空调系统

1. 概述

蓄冷概念就是空调系统在不需要冷量或需冷量少的时间（如夜间），利用制冷设备将蓄冷介质中的热量移出，进行冷量储存，并将此冷量用在空调用冷或工艺用冷高峰期，类似于在冬天将天然冰深藏于地窖之中供来年夏天使用。蓄冷介质可以是水、冰或共晶盐。这一概念是和平衡电力负荷即“削峰填谷”的概念相联系的。现代城市的用电状况是：一方面，在白天存在用电高峰，供电能力不足，为满足高峰用电不得不新建电厂；另一方面，夜间的用电低谷时又有电送不出去，电厂运行效率很低。因此，蓄冷系统的特点是：转移制冷设备的运行时间，这样既可以利用夜间的廉价电，又减少了白天的峰值电负荷，达到移峰填谷的目的。

2. 全负荷蓄冷与部分负荷蓄冷的概念

除某些特殊的工业空调系统外，商业建筑空调或一般工业建筑用空调均非全日空调，通常空调系统每天只运行 10～14 h，而且几乎在非满负荷下工作。图 6.6 中：A 部分为某建筑物设计日空调负荷图。如果不采用蓄冷系统，制冷机组的制冷量应满足瞬时最大负荷时的需要，即 q_{max} 为应选机组的容量。当采用蓄冷时，通常有全负荷蓄冷与部分负荷蓄冷两种方法。全负荷蓄冷是将用电高峰期的冷负荷全部转移到用电低谷期，全天所需冷量 A 均由用电低谷时期所蓄的冷量供给，即图中 B+C 的面积等于 A 的面积，在用电高峰期间制冷机不运行。全负荷蓄冷系统需设置制冷机组和蓄冷装置。虽然它运行费用低，但设备投资高，蓄冷装置占地面积大，除峰值需冷量大且用冷时间短的建筑外，一般不宜采用。

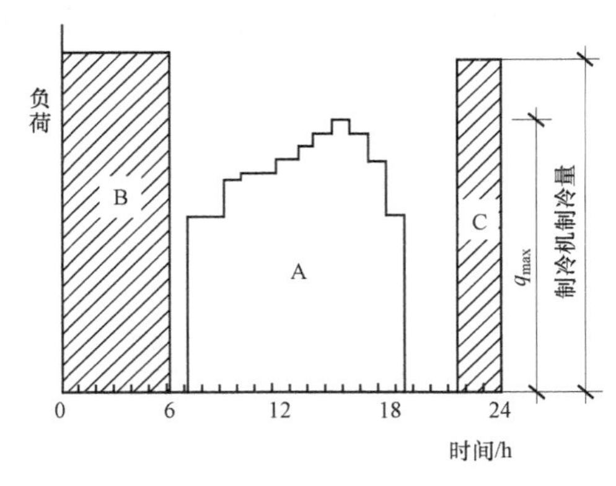

图 6.6 全负荷蓄冷示意

部分负荷蓄冷就是全天所需冷量中一部分由蓄冷装置提供，如图 6.7 所示。在用电低谷的夜间，制冷机运行蓄存一定冷量，补充用电高峰时所需的部分冷量，高峰期机组仍然运行满足建筑全部冷负荷的需要，即图中的 $B+C$ 的面积等于 A_1 面积。这种部分负荷蓄冷方式，相当于将一个工作日中的冷负荷被制冷机组均摊到全天来承担。所以，制冷机组的容量最小，蓄冷系统比较经济、合理，是较多采用的方法。

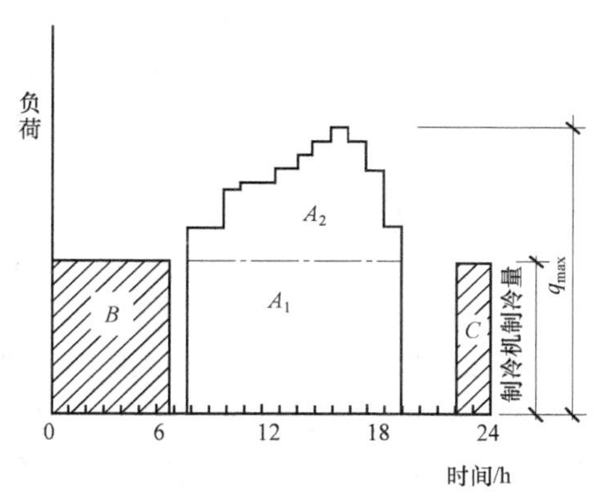

图 6.7　部分负荷蓄冷示意

3. 蓄冷设备

蓄冷设备一般可分为显热式蓄冷和潜热式蓄冷，具体分类情况见表 6.2。

表6.2　显热式蓄冷和潜热式蓄冷分类情况

<table>
<tr><th>分类</th><th>类型</th><th>蓄冷介质</th><th>蓄冷流体</th><th>取冷流体</th></tr>
<tr><td>显热式</td><td>水蓄冷</td><td>水</td><td>水</td><td>水</td></tr>
<tr><td rowspan="9">潜热式</td><td rowspan="2">冰盘管（外融冰）</td><td rowspan="2">冰或其他共晶盐</td><td>制冷剂</td><td rowspan="2">水或载冷剂</td></tr>
<tr><td>载冷剂</td></tr>
<tr><td rowspan="2">冰盘管（内融冰）</td><td rowspan="2">冰或其他共晶盐</td><td>载冷剂</td><td>载冷剂</td></tr>
<tr><td>制冷剂</td><td>制冷剂</td></tr>
<tr><td rowspan="2">封装式</td><td rowspan="2">冰或其他共晶盐</td><td>水</td><td>水</td></tr>
<tr><td>载冷剂</td><td>载冷剂</td></tr>
<tr><td>片冰滑落式</td><td>冰</td><td>制冷剂</td><td>水</td></tr>
<tr><td rowspan="2">冰晶式</td><td rowspan="2">冰</td><td>制冷剂</td><td rowspan="2">载冷剂</td></tr>
<tr><td>载冷剂</td></tr>
</table>

蓄冷介质最常用的有水、冰和其他相变材料。不同蓄冷介质有不同的单位体积蓄冷能力和不同的蓄冷温度。

（1）水。显热式蓄冷以水为蓄冷介质，水的比热为 4.184 kJ/（kg・K）。蓄冷槽的体积取决于空调回水与蓄冷槽供水之间的温差，大多数建筑的空调系统，此温差可为 8～11 ℃。水蓄冷的蓄冷温度为 4～6 ℃，空调常用冷水机组可以适应此温度。从空调系统设计上，应尽可能提高空调回水温度，以充分利用蓄冷槽的体积。

（2）冰。冰的溶解潜热为 335 kJ/kg，所以冰是很理想的蓄冷介质。冰蓄冷的蓄存温度为水的凝固点 0 ℃。为了使水冻结，制冷机应提供−7～−3 ℃的温度，它低于常规空调用制冷设备所提供的温度。在这样的系统中，蓄冰装置可以提供较低的空调供水温度，有利于提高空调供水、回水温差，以减小配管尺寸和水泵电耗。

（3）共晶盐。为了提高蓄冷温度，减少蓄冷装置的体积，可以采用除冰以外的其他相变材料。目前常用的相变材料为共晶盐，即无机盐与水的混合物。对于作为蓄冷介质的共晶盐，有如下要求：① 融解或凝固温度为 5～8 ℃；② 融解潜热大，导热系数大；③ 相对密度大；④ 无毒，无腐蚀。

4. 蓄冷空调技术

1）盘管式蓄冷装置

盘管式蓄冷装置是由沉浸在水槽中的盘管构成换热表面的一种蓄冷设备。在蓄冷过程中，载冷剂（一般系质量分数为25%的乙烯乙二醇水溶液）或制冷剂在盘管内循环，吸收水槽中水的热量，在盘管外表面形成冰层。按取冷方式，分为内融冰和外融冰两种方式。

（1）内融冰方式。来自用户或二次换热装置的温度较高的载冷剂仍在盘管内循环，通过盘管表面将热量传递给冰层，使盘管外表面的冰层自内向外逐渐融化进行取冷，故为内融冰方式。这种方式融冰换热热阻较大，影响取冷速率。为了解决此问题，多采用细管、薄冰层蓄冷。

（2）外融冰方式。温度较高的空调回水直接送入盘管表面结有冰层的蓄冷水槽，使盘管表面上的冰层自外向内逐渐融化，故为外融冰方式。这种方式换热效果好、取冷快，来自蓄冰槽的供水温度可低达 1 ℃左右。另外，空调用冷水直接来自蓄冰槽，可不需要二次换热装置，但需采取搅拌措施，以促进冰层均匀融化。

2）封装式冰蓄冷装置

将蓄冷介质封装在球形或板形小容器内，并将许多此种小蓄冷容器密集地放置在密封罐或槽体内，从而形成封装式蓄冷装置。运行时，载冷剂在球形或板形小容器外流动，将其中蓄冷介质冻结、蓄冷，或使其融解、取冷。封装在容器内的蓄冷介质有冰或其他相变材料两种。封装冰有冰球、冰板和蕊芯摺囊式冰球三种形式。此类型蓄冷装置运行可靠，流动阻力小，但载冷剂充注量比较大。冰球和蕊芯摺囊式冰球蓄冷系统应用较为普遍。

3）片冰滑落式蓄冷装置

片冰滑落式蓄冷装置就是在制冷机的板式蒸发器表面上不断冻结薄片冰，然后滑落至蓄冷水槽内进行蓄冷，此种方法又称为“动态制冰”。图 6.8 所示为片冰滑落式蓄冷装置示意图。

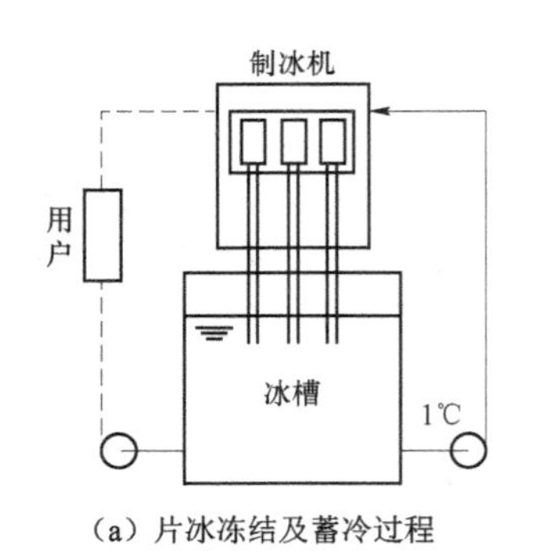

（a）片冰冻结及蓄冷过程

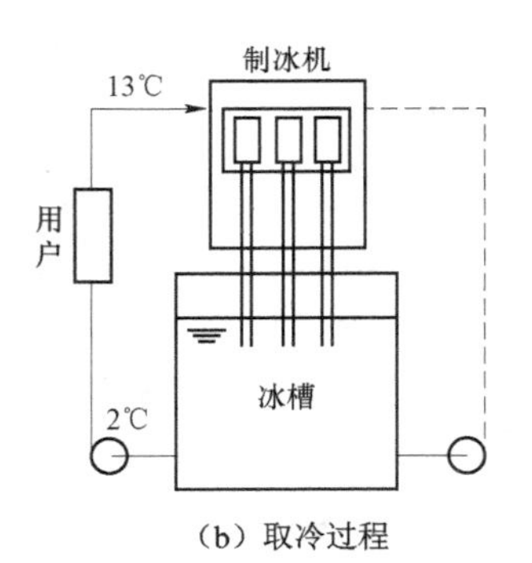

（b）取冷过程

图 6.8 片冰滑落式蓄冷装置示意

片冰滑落式系统由于仅冻结薄片冰，可高运转率地反复快速制冷，因此能提高制冷机的蒸发温度。制成的薄片冰或冰泥可在极短时间内融化，取冷供水温度低，融冰速率极快，特别适用于工业过程及渔业冷冻。但该类型蓄冷装置初投资较高，且需要层高较高的机房。

4）冰晶式蓄冷装置

冰晶式蓄冷系统是将低浓度的乙烯乙二醇或丙二醇的水溶液降至冻结点温度以下，使其产生冰晶。冰晶是极细小的冰粒与水的混合物，其形成过程类似于雪花，可以用泵输送。蓄冷时，从蒸发器出来的冰晶送至蓄冰槽内蓄存；释冷时，冰粒与水的混合溶液被直接送到空调负荷端使用，升温后回到蓄冰槽，将槽内的冰晶融化成水，完成释冷循环。冰晶式蓄冷系统如图6.9所示。

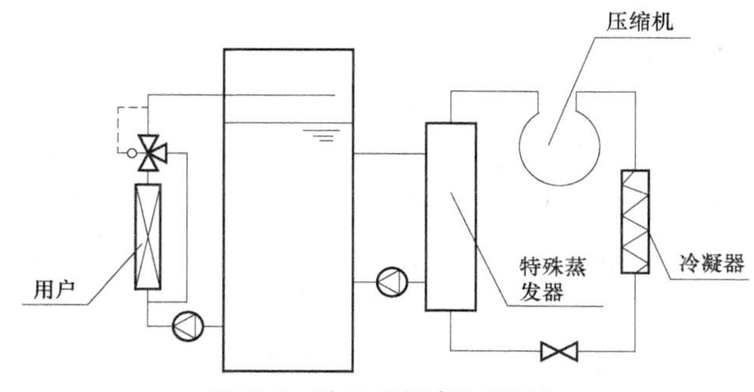

图6.9　冰晶式蓄冷装置示意

在混合液中，由于冰晶的颗粒细小且数量很多，因此与水的接触换热面积很大，冰晶的融化速度较快，可以适应负荷急剧变化的场合。该系统适用于小型空调系统。

6.2　建筑采光与照明节能技术

6.2.1　采光系统节能

1. 日照影响因素

1）建筑平面布置对日照的影响

一座建筑的平面决定了其内部日光的分布。通常，进深比较小的建筑形式最容易通过窗口利用自然光进行照明。在人类无法使用人工照明之前，建筑物通常设计成窄长的，其进深比较小，以便房间最深处也能依靠日光照明。对建筑物形式的这种限制常常形成L、E等形状的平面，从而使其周围外墙能最大限度地开窗接收自然光线。

2）朝向对采光的影响

如图6.10所示，在各种气候条件下，遮光格板的效率在南侧最高。为了获得有效的遮阳效果，在东、西两侧可以给垂直遮阳装置增加遮光格板，或者附加水平百叶。遮光格板对于北侧的光分布不太有用，但是也不会使照度大幅降低，反而可能通过阻隔天空眩光而使观景更加舒适。

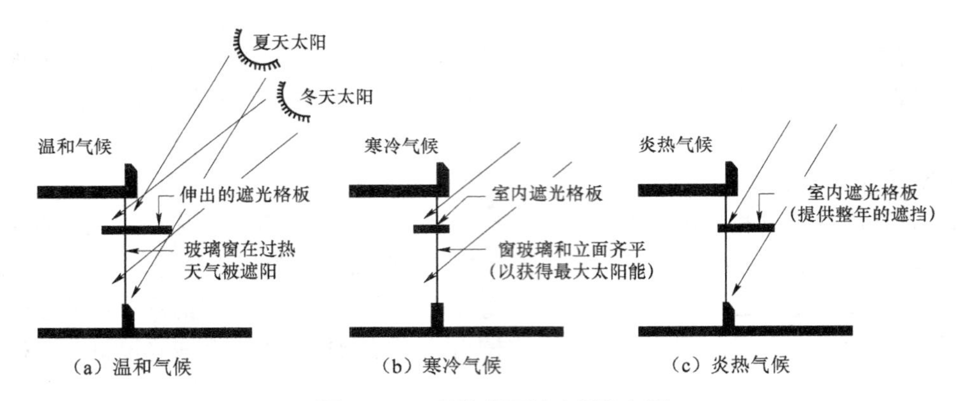

图 6.10　不同气候下遮光板的布置

2. 天然采光的基本形式

通常天然采光有三种基本的形式：侧面采光，顶部采光或中庭采光。它们具有其独自的特点。侧面采光时，室内通过窗口的视线好，眩光的可能性大，有效照射深度受顶棚高度限制，不受建筑层数的影响；顶部采光时，没有通过窗口向外的视线，但是眩光的可能性小，有效照射深度不受顶棚高度限制，采光均匀，但只能为本层建筑采光；中庭采光时，也没有通过窗口向外的视线，但是眩光的可能性小，在中庭空间比例合理的情况下，有效照射深度基本不受顶棚高度限制，采光均匀，可以为多层建筑采光。

1）侧面采光

侧面采光是在外墙上设置窗口。为了避免眩光和过度的得热量，有效利用自然光，需要考虑更多的因素，如受光面和反光面。在大多数情况下，顶棚是接收反射光线的最佳表面。它不应被遮住，应具有高反射比，并且能被一个空间里大部分视觉作业区域所利用。

为了更好地利用顶棚反射，侧窗采光应做到以下几点。

① 增加作业面与顶棚之间的距离，使视觉作业可以获得更多的顶棚反射光。

② 增加光源和顶棚之间的距离，以使光线在顶棚上更加均匀地分布。

③ 利用低置的窗户以及地面反射光，但应注意避免视线水平上的眩光。

④ 使用高反射比的各种表面（顶棚、墙面、地面及高反射表面等）。

⑤ 设计顶棚的形状，通过利用从窗口向上倾斜的平整顶棚，以获得最大的有效反射比和最佳的光分布。

侧面采光的室内设计原则应遵循以下几点。

① 不透明的表面应采用浅色的、与开窗的墙壁垂直布置。

② 考虑采用玻璃墙私密性时，可以采用玻璃上亮子。

③ 在开放式空间采用半高的隔墙，以使其对光线阻隔降到最小。摆放家具应尽量不要阻挡光线。

④ 大的不透明体，例如书架或纵深方向的横梁，应与带窗户的墙壁垂直布置。

⑤ 将有整层高度不透明墙体的办公室或会议室安排在建筑物的中部，远离带窗户的墙。

⑥ 显示屏幕也应与带窗户的墙壁方向垂直，或者与玻璃及其他明亮表面呈一定角度的偏离，使光幕反射减到最小。

⑦ 依据光的分布来规划室内各项活动的位置，使要求高的作业更靠近光源，如图 6.11 所示。

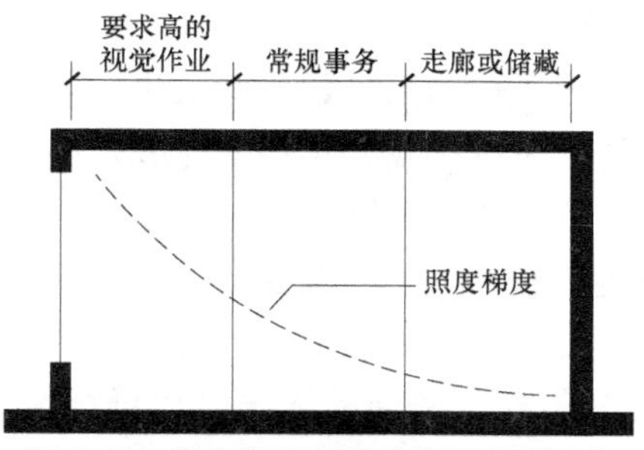

图 6.11　室内各项活动的位置合理确定

2）顶部采光

顶部采光与侧面采光相比，有几个重要的不同之处。外部的景观被内部阳光照亮的表面所替代。与侧面采光相比，顶部采光不易引起眩光，尤其是在低太阳角时。另外，顶部采光每单位窗口面积能比侧面采光提供更多的光线。

（1）顶部采光的特点。

① 顶部采光的窗口朝向可以与建筑朝向无关，它可以将光线引入单层空间的深处，这就使顶部采光非常有效。通过将窗口开在所需要的地方，从而可以获得最佳的光分布，且顶部采光不会带来过度的照明和对供暖、通风及空调系统造成负面影响。

② 顶部采光的空间的形状、表面反射比以及比例是非常重要的因素。增加顶棚的高度可以改善光分布，因此可以减少所需的窗口数量。

③ 光线间接使用效果最佳。就顶部采光而言，竖向构件如墙壁是最佳的受光面。利用顶部采光照亮墙面容易，这也是墙面经常被应用于艺术品照明和展示的原因。需要照明的墙面和其他表面应是高反射比的，并且应被置于视觉作业的可见范围之内。在某些情况下，从顶部采光而来的光线还可以被向上反射回顶棚。

④ 顶部采光的倾斜角对采光效果有显著影响。设置适当的倾斜度，可以使其与季节性照明要求相匹配，相应的得热量可以通过室外遮阳来调节。当太阳角度高时，水平天窗接收到的光和热最大；当太阳角度低时，接收到的最小。水平天窗面对着大部分的天空，因此最适用于全阴天的天空情况。它们也直接面对天空的顶部，而这正是阴天天空中最亮的部分，如图 6.12 所示。

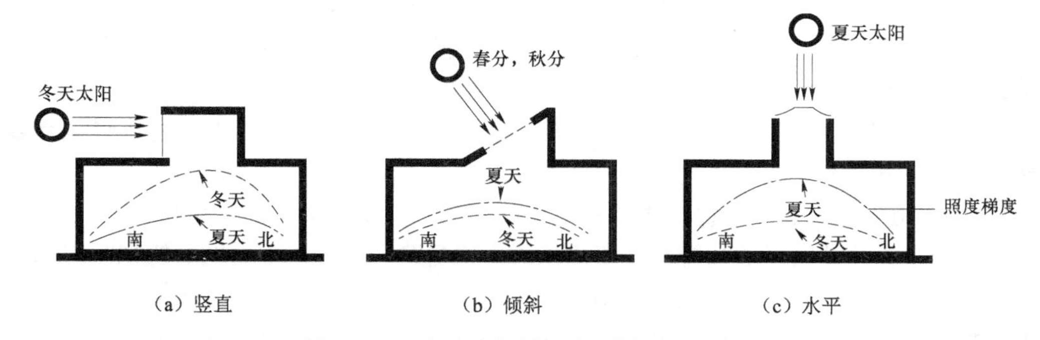

图 6.12　顶部采光倾斜角对采光效果的影响

由于竖直的天窗更偏好低太阳角，它们最适合日光和反射光的情况，而不是全阴天的天空情况。为了均衡全年中采集的光和热，应将天窗的窗口朝向春分或秋分时（3 月 21 日或 9 月 21 日）正午太阳的位置。

调节天窗朝向的目的是获得最佳的采光数量和质量。竖直的天窗很受朝向的影响，这一点类似普通的窗户。朝东的天窗可接收到早晨的光线，朝西的则接收到下午的光线；朝南的天窗采集到的光线最多，朝北的天窗则最少。朝南的天窗在低太阳角时采集到的光线多于高太阳角时，这种光是暖色的、强烈的且易变的；朝北的天窗需要的遮挡最少，这是由于它们采集到的天空光多于日光，这种光是冷色的、极少变化的。

水平天窗最适合全阴天空条件。竖向的天窗则对低太阳角有益，最适于日光和反射光线。

（2）顶部采光设计原则。

① 将窗口安排在最需要光线的地方。

② 为避免过多的光线进入，应控制采光面积的总量。

③ 优先采用多块位置合理的比较小面积透明窗玻璃。而大块的、半透明的天窗不论天气如何，均会产生类似于昏暗的全阴天空的效果。

④ 不要使用低透射比的半透明玻璃，因为它会造成眩光。而大面积、低透射比的玻璃与小面积的透明玻璃透射的光线一样多。

⑤ 将顶棚至窗口部分做成倾斜面，可以改善光分布，减小对比。

⑥ 采用尽量高的顶棚，以获得理想的光分布。

⑦ 将窗口设置在可将光线导向墙壁，或导向如同光井这样可以改变光方向的表面，使直接光线远离工作表面，从而达到控制眩光的目的。

⑧ 充分利用室外挑檐、百叶和格栅等设施，并且在室内利用深的光井、梁、格栅或反射器来控制直射光线。

3）中庭采光

建筑中庭通常是指建筑内部的庭院，这种室内开放空间具有解决交通集散、综合各种功能、组织环境景观、完善公共设施和提供信息交换的作用。它反映了建筑中室内室外化、室外室内化的倾向，为现代高层建筑空间注入了新的活力，是建筑设计中营造一种与外部空间既隔离又融合的特有形式，使建筑内部分享外部自然环境。

建筑的中庭不仅能有效改善建筑内部的环境，其天然采光也有利于节省照明能耗，中庭起到一个“光通道”的作用，将天空直射光线通过窗户照射到中庭相邻空间工作面上。

采用中庭采光时，需要注意中庭开窗面积、中庭高宽比和中庭内表面及地面材料的反光系数三个要素。

① 中庭开窗面积的大小直接决定了中庭内部采光的好坏程度，因为它决定了有多少光能够进入中庭。开窗面积越大，其内部光照度越高。

② 当中庭开窗面积一定时，中庭高宽比的大小对中庭的采光好坏又起到了决定作用，因为它决定了光传播路径的长短，高宽比越大，传播路径越长，中庭地面的光照度越低。

③ 当中庭高宽比也一定时，中庭内表面及地面材料的反光系数又起着关键的作用，因为它决定了光线在传播过程中被中庭内部材料吸收、反射以及最终到达中庭地面光线的多少。当中庭内部材料反光系数越大时，中庭底层采光越好。中庭内部的绿色植物会大幅

降低中庭底层的自然采光，因为绿色植物会降低中庭内表面材料平均的反光系数。

3. 采光设计节能

太阳是一个巨大的能量来源，时时刻刻向地球辐射着无尽的光和热。如果在建筑设计中能够充分合理地利用日光作为天然光源，可以营造舒适的视觉效果，并且有效节约人工照明能耗。反之，如果没有经过精心的设计，可能会造成建筑室内过热、过亮或者照明分布不均。

建筑采光设计的主要目标是为日常活动和视觉享受提供合理的照明。对于日光的基本设计策略是不直接利用过强的日光，而是间接利用。间接利用日光是为了合理利用日光这个光强极高的移动光源。采光设计应与建筑设计综合考虑、融为一体，以使建筑获得适量的日光，有效地利用它实现均衡的照明，避免眩光。

1）调整界面反射性能

房间各个界面反射比对光的分布影响极大。一般顶棚是最重要的光反射表面。由于大多数视觉作业更需要自顶棚反射而来的光线，顶棚成为一个重要的光源，尤其是在又深又广的侧面采光的房间中。在顶部采光的小房间中，侧面墙壁的重要性随之增加。

在图 6.13 中，各种平滑黑色表面与无光泽白色表面的组合，与一面带窗户的墙面相对。桌面上昼光的衰减显示了具有这个光源和比例的空间中每个表面的相对重要性。下面的百分比数据显示了相对于额定为 100%的白色表面条件下的照度。

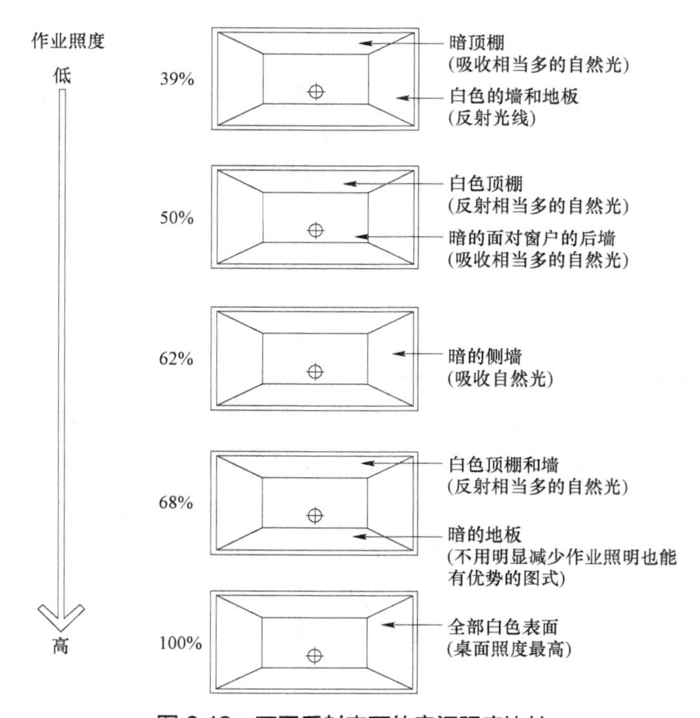

图 6.13 不同反射表面的房间照度比较

2）日光反射装置的利用

日光反射装置具有和遮阳设施类似的形式，应能重新调节确定方位，从而使之能够最大限度接收到最多的照明，并且能将光线重新射向空间中的各个位置。在全阴天空情况下，它们的作用是有限的。日光反射装置也可以作为遮阳设施使用，其表面应具有高反射比，甚至具有镜面般的表面涂层材料。日光反射装置的设计常常要在兼顾最佳光分布和眩光控制的条件下合理确定，如图 6.14 所示。

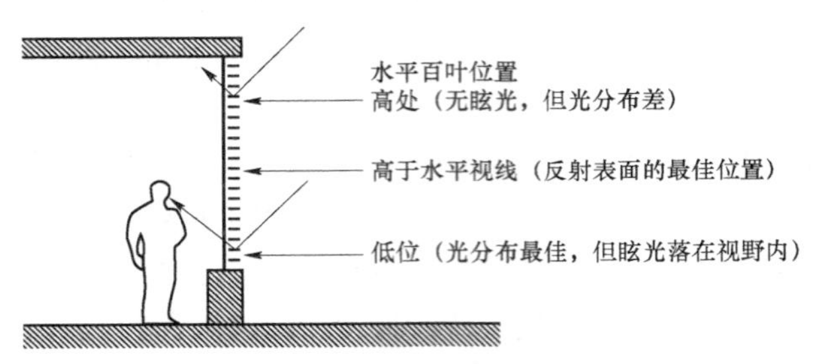

图 6.14　日光反射装置的合理布置

遮光格板是水平遮阳设施及变向设备。它们通过降低窗口附近的照明水平和将光线改向射至空间深处，以改善空间中的自然光的均匀度。一块遮光格板在带窗户的墙面上有效分成 2 个开口，上部窗口主要用作照明，下部的窗口用于观景。为了获得最佳的光分布，遮光格板在空间中的位置应在不导致眩光的情况下尽可能地放低，一般在站立者的视线水平之上。另外，还可通过增加顶棚的高度来增强遮光格板的效能。

从实际效果来看，一个遮光格板的最小宽度由具体的遮阳要求决定。为了防止眩光的情况，遮光格板的边缘应能挡住从上部窗户进入的直接光。通过延伸遮光格板的深度，光线分布的均匀度可得到改善。

当需要光线时，遮光格板应被充分地照明。在高太阳角时，这意味着遮光格板应凸出在建筑物表面之外。将遮光格板凸出在外也为下部的景观窗口提供了附带的遮挡。遮光格板一般是水平的，将其朝外侧向下倾斜将使其遮挡效率更高，但在光分布上效率较低。将遮光格板朝内侧倾斜则效果相反，其在光分布方面效率更高，而在遮挡方面效率较低。

将两种特性结合起来的方法是：在水平的遮光格板边缘增加一个向内倾斜的楔形，这样可以将高太阳角的日光更深入地引入室内空间。这个特性特别有用，因为遮光格板一般在高太阳角（夏天）时比在低太阳角（冬天）时引入的光线更少。应当注意防止来自用在低于眼睛水平线的遮光格板上的镜表面这样的镜面反射器上的眩光。

将顶棚朝窗楣方向倾侧，这样可以通过提供一个明亮的表面使窗户处的对比度减到最低。在室外，可以将窗口设计成能使遮光格板完全暴露在光照下。对于非常大的遮光格板或者没有附设观景窗口的遮光格板，在遮光格板正下方的区域可能处于阴影中。这种情况可以通过“浮式”遮光格板来缓解，由此允许少量的间接光线照亮阴影区域。

玻璃窗的位置影响着进入一幢建筑的太阳辐射量。凹进去的玻璃窗终年遮阳，与外表面齐平的玻璃窗则会使得热量最大。因此，对于有季节性供暖需求的建筑，玻璃窗应取折中的位置。

3）阳光收集器的应用

阳光收集器是指与建筑物表面平行的竖向的日光改向装置。作为竖向的装置，它们最适于在建筑物的东、西两侧截取低角度阳光。它们也可用在建筑物北侧来采集阳光，这样能够极大地增强照明。阳光收集器会遮挡低角度阳光，因而可能会阻挡视线。它们反射的日光趋于向下反射，这将会造成眩光。因而，它们应当用来使光线变向照到墙壁上，或者与遮光格板同时使用，将光线改变方向射到顶棚上。

各式各样活动的小型装备，包括遮阳帘、百叶窗、网帘和窗帘，可以与固定的遮阳装置和重新定向装置同时使用。这些装备不能改变光线方向，它们只能漫射或阻隔光线。由于是活动的，它们适用于控制短时内的眩光。进入室内的光线，应努力设法分布使之深入建筑。

4）阳光反射器的应用

阳光反射器可以显著改善高侧天窗的采光性能。除了朝南的窗口已接受了最大量的光线以外，使用竖向反射器可以改善其他朝向窗口的采光持续时间和照明强度。在朝北的窗口处，阳光采集器不但可以用来增加其照明数量，而且改善其与朝南窗口之间的平衡度。

在朝东及朝西的窗口处，阳光采集器可用于全天平衡照明量，如果没有使用阳光采集器，一座同时拥有东、西窗口的建筑，其在早晨从东面接收的光线大大多于从西面接受的光线。加上阳光采集器之后，全天的照度几乎是一致的。这种效果可以通过在日光直射面进行遮挡（如图 6.15 所示），同时在背阴面改变日光方向而获得。阳光采集器应当设计成可将室外光源直接反射到室内采光面。

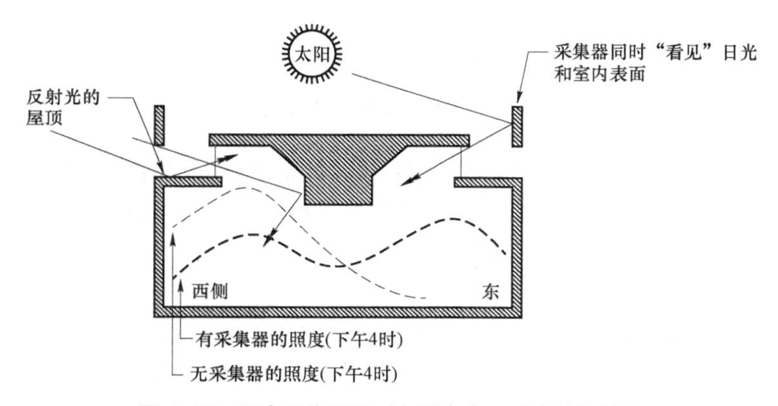

图 6.15　阳光采集器可对东西向窗口采光的调整图

6.2.2　照明系统节能

1. 照明节能控制措施

1）手动控制

手动照明控制几乎安装在所有照明系统中，可以是开关或调光，或者拥有各种附加的复杂电路。典型的手动开关是 1 个双路开关，用以连通或切断电路。如果电路需要在两个位置被控制，则需要 2 个三路开关；对于两个或多个位置的控制，需要四路开关。手动开关的效率依赖于房间使用者如何使用。

在使用区域安装开关是最方便的。一般将开关安装在靠近空间入口处。可以将一批开关安装在一个面板上集中控制，这适合于有相同照明要求区域的成组控制。集中控制面板的另一个附加好处是可提供预设的照明场景设置，如一个餐馆可能有一个预设场景为午餐时间，另一个为晚餐时间。

人们希望使用周围环境中的局部控制系统。居住者在进入一个空间后，不管是否必需往往就合上开关，当他们离开后也常常留下灯开着。这种情况可通过空间分区来解决，做到只有需要的区域会被照明。同时将手动开关与自动控制相结合，根据使用和需求来重新平衡照度水平。照明设计必须注意不要用过多开关而让使用者感到混乱。

2）人员流动传感器

人员流动传感器也叫“运动传感器”，可以探测人员流动的情况从而开灯或关灯。运动传感器最适合用于间歇使用的空间，如教室、走廊、会议室和休息室。

最常用的是被动式红外传感器和超声传感器，如图 6.16 所示，为人员流动传感器控制系统组成。

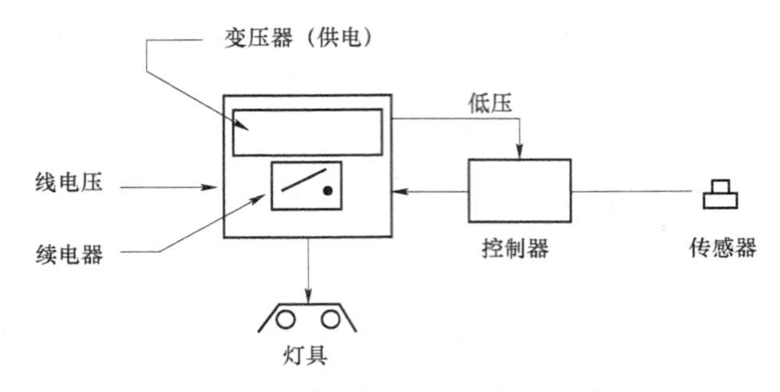

图 6.16　人员流动传感器控制系统

PIR 传感器探测人体发出的红外热辐射。因此，传感器必须能探测到热源，它们是视线区域的器件，不能探测到角落或隔断背后的停留者。PIR 传感器使用一个多面的透镜，从而产生一个接近圆锥形的热感应区域，当一个热源从一个区域穿过进入到另一个区域时，这个运动就能被探测到。

超声传感器不是被动的，它们发出高频信号并探测反射声波的频率。这些探测器会连续覆盖，没有缺口间隙或盲点。

人员流动传感器必须配合频繁开关而不会损坏的灯使用。合适的光源有白炽灯和快速启动荧光灯。瞬时启动荧光灯和预热式灯管可能会由于频繁开关而缩短使用寿命。HID 光源由于较长的启动和重启动时间而一般不适合重复开关。

3）光电控制

光电控制系统使用光电元件感知光线。当自然光对一个指定区的环境照明时，光电池便调低或关闭电光源，其原则是，不管是什么光源，都保证区域内维持足够的照度。同时，光电控制系统中的传感器可以探测环境光的水平。当自然光照明水平下降时，增加电补偿；当自然光照明水平增加时，调低或关闭电气照明。

为了有效地利用光电池来调整被自然光代替的电灯光，电灯光的分布和开关方式必须补充空间内自然光的光分布。例如：当房屋有侧窗时，灯具应该平行于开窗的墙，以便根据需要调节或开关。

使用灯具来仿效自然光的空间分布也是很有益处的。如果使用顶棚来作为散布自然光的面，也宜使用顶棚作为分布电气照明的表面。这将有助于混合使用两种光源，并使调光和补偿电灯光不太引人注意。

光电效应控制系统一般分为闭环（完整的）和开环（部分的），如图 6.17 和图 6.18 所示。闭环系统同时探测灯光和环境自然光，开环系统只探测自然光。闭环系统在夜间灯光打开时校准，以建立一个目标照度水平。当存在的自然光造成照度水平超出时，灯光即被调低直到维持目标水平。开环系统在白天校准。传感器暴露在昼光下，当可用光线水平增加时，相应地，灯光即被调低。良好设计、安装的闭环系统通常比开环系统更好地追踪照度水平。

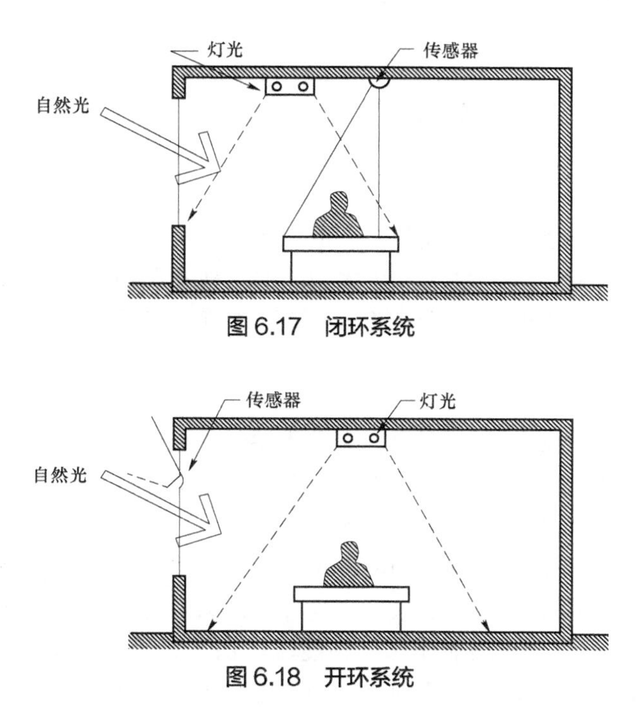

图 6.17　闭环系统

图 6.18　开环系统

传感器的定位使它们具有较大的视野。这能确保细小的亮度变化不会引起传感器触发。在闭环系统中，传感器可以定位在有代表性的工作区域上方来测量工作面上的光线。典型的是位于距离窗户大约为自然光控制区域的深度 2/3 的位置。传感器不会误读诸如来自灯具的光是非常重要的。对于直接下射照明系统，传感器可以装在顶棚上，但对于间接照明系统，必须将传感器的传感面向下安装在灯具下半部分。

2. 照明系统节能措施

设计节能措施包括避免过高的均匀照明，在获得足够的整体照明水平后，通过使用可移动灯具，家具集成灯具和类似灯具等来提供可选择的工作照明。为了使光幕反射减到最小，局部照明定位要确保在视觉作业面上的照明来自侧向，如果需要可以使用补充照明。同时，应该将照明要求类似的视觉作业布置在一组。另外，隔墙上部使用高窗可以利用室内光为走廊提供间接采光，墙、地板和顶棚尽量用浅色以增加反射光。

光源节能措施应考虑对于要求恒定照度的场合，使用满足要求的单一功率光源提供照明，而不用多级照明光源；应使用符合要求的一个灯来提供必要的照度，而不是使用多个总功率等于或大于单个灯的小功率灯。选择光源时，应尽量使用高光效的节能灯，有条件时，使用紧凑型荧光灯替代白炽灯，放电灯使用高效低能耗的镇流器，室外照明使用放电灯时配备定时器或光电控制器，以便在不需要时关灯。

灯具节能应考虑尽可能降低半直接灯具和下射灯的高度，以便更多的光到达工作面，尽量选用悬挂式或吊链式荧光灯灯具而不用封闭型灯具，以便镇流器和灯的散热。灯具的选用还应便于清洁和维护。

6.3 可再生能源在建筑中的应用

6.3.1 太阳能光热、光伏建筑应用

1. 太阳能介绍

太阳能是指太阳辐射所负载的能量，一般以阳光照射到地面的辐射总量来计量，包括太阳的直接辐射和天空散射辐射的总和。太阳能的转换和利用方式有光-热转换、光-电转换和光-化学转换。接收或聚集太阳能使之转换为热能，然后用于生产和生活，这是太阳能热利用的最基本方式。

太阳能资源具有以下特点。

（1）广泛性。太阳能资源取之不尽，用之不竭，是任何地区、任何个人都能分享的一种自然能源。这对于经济不发达地区、能源匮乏地区更显示出它的优越性。即使对于经济高度发达的国家来说，太阳能也日益受到人们的重视。

（2）无污染性。煤炭、石油等能源的开采对环境污染严重，太阳能却有以上各种能源无可相比的清洁性。利用太阳能可以大大减少环境污染，并给人一种安静感和自然感。

（3）稀薄性及间歇性。太阳能作为一种能源，由于过于“稀薄”，而且一年内太阳的位置无时不在变化，太阳在天空的活动范围约占整个天空的40%，加上昼夜交替，云霁阴雨，要想经济有效地收集并储藏足够的供工业和生活使用的太阳能，需要有一定的科技措施。

2. 太阳能光热建筑应用

1）太阳能热水系统

太阳能热水系统是指利用温室原理，将太阳辐射能转变为热能，并向冷水传递热量，从而获得热水的一种系统。它由集热器、蓄热水箱、循环管道、支架、控制系统及相关附件组成，必要时，需要增加辅助热源。其中太阳能集热器是太阳能热水系统中把太阳能辐射能转换为热能的主要部件。

（1）太阳能集热器的类型。

太阳能集热器主要有三大类：闷晒式太阳能集热器、平板式太阳能集热器、真空管式太阳能集热器。后两者使用较为广泛。

① 闷晒式太阳能集热器。闷晒式太阳能集热器是最简单的集热器，集热器与水箱合为一体，直接通过太阳能辐射照射加热水箱内的水，冷热水的循环和流动在水箱内部进行，加热后直接使用，是人类早期使用的太阳能热水装置。其工作温度低，成本廉价，多用在

我国农村地区，但其结构笨重，热水保温问题不易解决。图 6.19 为具有代表性的闷晒式太阳能热水装置。

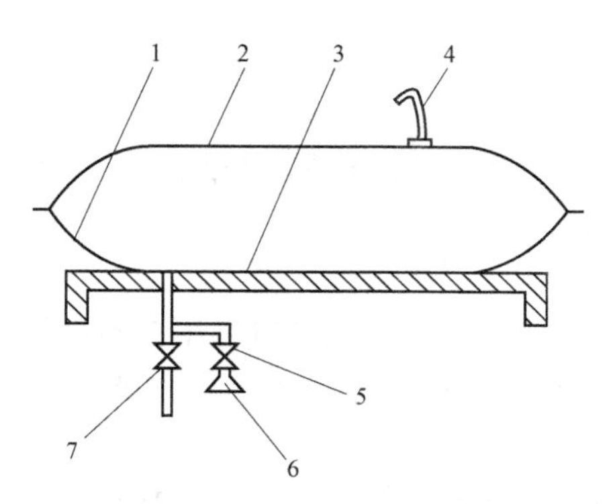

1—下部黑色塑料；2—上部透明塑料；3—支架；4—溢流口；5、7—阀；6—喷头

图 6.19　闷晒式太阳能热水装置

② 平板式太阳能集热器。平板式太阳能集热器吸热面积与透光面积相同，又称为“非聚光型太阳能集热器”。除闷晒式太阳能集热器以外，平板式太阳能集热器的制造成本最低，但每年只能有 6～7 个月的使用时间，冬季不能有效使用，防冻性能差，运行温度不得低于 0 ℃。在夏季多云和阴天时，太阳能吸收率较低。

平板式太阳能集热器的工作原理是：在一块金属片上涂以黑色，置于阳光下，以吸收太阳能辐射使其温度升高，金属片内有流道，使流体通过并带走热量，向阳面加玻璃罩盖起温室效应，背板上衬垫保温材料，以减少板对环境的散热，提高太阳能集热器的热效率。平板式太阳能集热器一般由吸热板、盖板、保温层和外壳四部分组成。图 6.20 为平板式太阳能集热器的结构示意图。

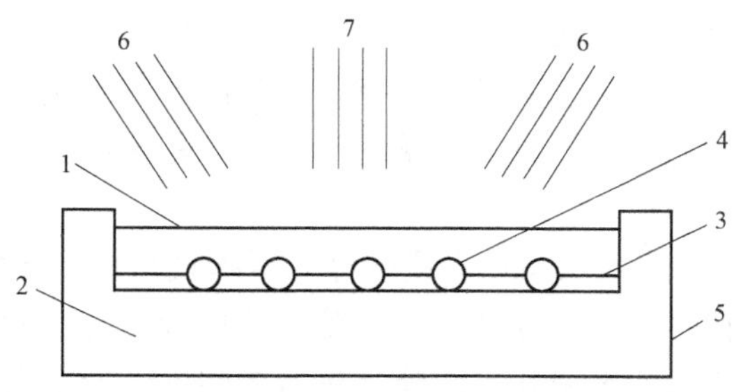

1—玻璃盖板；2—保温材料；3—吸热板；4—排管；5—外壳；6—散射太阳能辐射；7—直射太阳能辐射

图 6.20　平板式太阳能集热器的结构示意图

平板式太阳能集热器损失大，难以达到 80 ℃以上的工作温度，冬季热效率低。由于吸收膜层暴露在空气中，高温条件下氧化严重，流道细，易结垢且无法清除，系统一般运行 4～5 年后热性能即急剧下降。

③ 真空管式太阳能集热器。为了减少平板式太阳能集热器的热损，提高集热温度，国际上 20 世纪 70 年代研制成功了真空集热管，其吸收体被封闭在高真空的玻璃真空管内，充分发挥了选择性吸收涂层的低发射率及降低热损的作用，最高温度可以达到 120 ℃。根

据集热管的集热、取热的不同结构，有以下不同种类的真空管。

- 全玻璃真空集热管。采用管内装水，在运行过程中若有一根管坏掉，整个系统停止运行。
- 热管式真空集热管。在全玻璃真空管中插入焊接有金属翼片的热管，结构复杂及造价高。
- U 形管式真空集热管。是在全玻璃真空管中插入 U 形金属管，玻璃管不直接接触被加热流体，在低温环境中散热少，整体效率高；以水为工质时，存在金属管冻裂和结垢问题。
- 同轴套管式真空集热管。是在热管的位置上用 2 根内外相套的金属管代替玻璃管，工作时，冷水从内管进入真空管，被吸热板加热后，热水通过外管流出。直接加热工质，热效率较高。
- 内聚光式真空集热管。是在真空管内加聚光反射面的一种集热管，管中的聚光集热器能将阳光会聚在面积较小的吸热面上，运行温度较高。
- 直通式真空集热管。传热介质由吸热管的一端流入，经在真空管内加热后，从另一端流出，运行温度高且易于组装，特别适合应用于大型太阳能热水工程。
- 储热式真空管。是将大直径真空集热管与储热水箱结合为一体的真空管热水器。白天使用时，冷水通过内插管徐徐注入，将热水顶出使用，到晚上，由于有真空隔热，筒内的热水温度下降很慢。其结构紧凑，不需要水箱，可根据用户需求来设计。

（2）系统的分类及运行方式。

① 系统的分类。

根据实际用途，太阳能热水系统分为供家庭使用的太阳能热水系统（通常称为“家用太阳能热水系统”）和供大型浴室、住宅及酒店等建筑集中使用的太阳能热水系统（或称为“太阳能热水工程”）。

根据太阳能集热系统与太阳能热水供应系统的关系，太阳能热水系统分为直接式系统（也称“一次循环系统”）和间接式系统（也称“二次循环系统”）。

按有无辅助热源，太阳能热水系统分为有辅助热源系统和无辅助热源系统；按供热水范围，分为集中供热水系统、局部供热水系统；按系统是否承压，分为承压太阳能热水系统和非承压太阳能热水系统。

按水箱与集热器的关系，太阳能热水系统分为紧凑式系统、分离式系统和闷晒式系统。紧凑式系统是指集热器和贮水箱相互独立，但贮水箱直接安装在太阳能集热器上或相邻位置的系统；分离式系统是指贮水箱和太阳能集热器之间分开一定距离安装的系统；闷晒式系统是指集热器和贮水箱结合于一体的系统。在实际太阳能热水系统工程中，主要使用分离式系统。

② 系统的运行方式。

按系统中水的流动方式，大体上可分为自然循环式、直流式和强制循环式三大类。自然循环式热水系统又可以分为自然循环式、自然循环定温放水式。直流式，也称“变流量定温式”，直接利用自来水压力或其他附加压力，如图 6.21～图 6.24 所示。

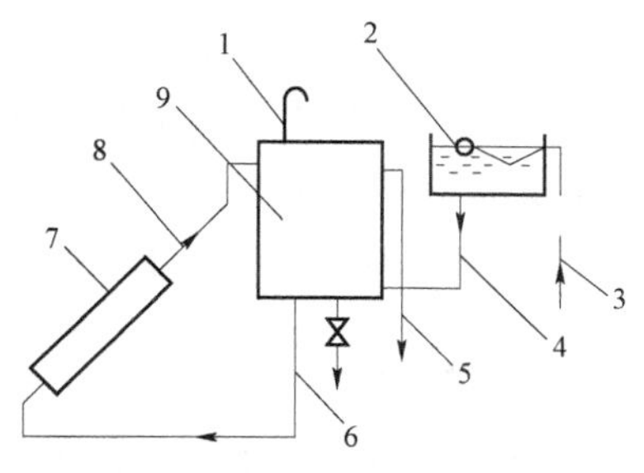

1—排气管；2—补水箱浮球阀；3—自来水进水阀；4—补给水管；5—供热水管；
6—下循环管；7—集热器；8—上循环管；9—蓄水箱

图 6.21　自然循环式太阳能热水系统

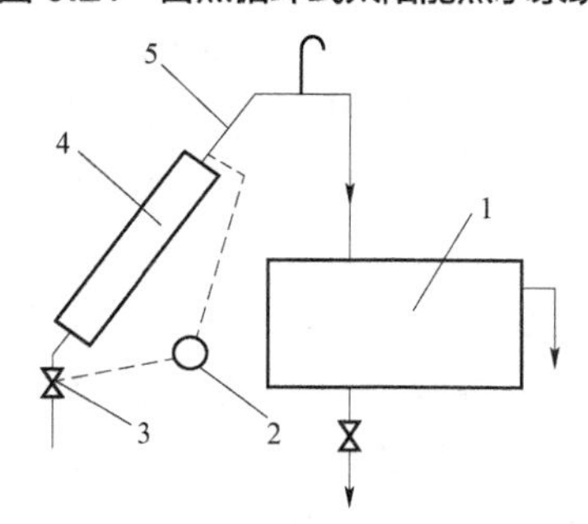

1—蓄水箱；2—控制器；3—电磁阀；4—集热器；5—上循环管

图 6.22　自然循环定温式太阳能热水系统

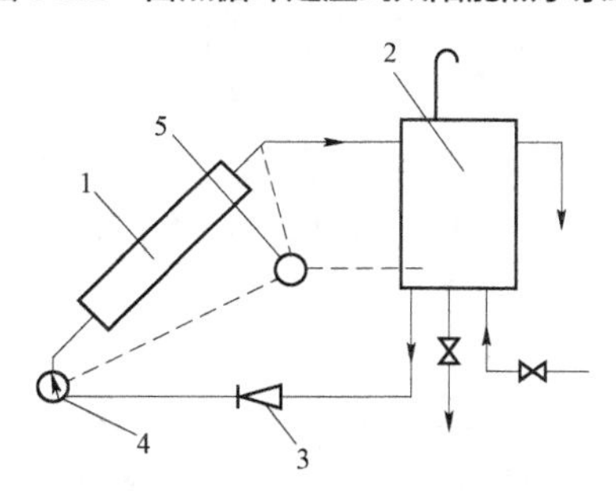

1—集热器；2—蓄水箱；3—单向阀；4—变频水泵；5—控制器

图 6.23　直流式太阳能热水系统

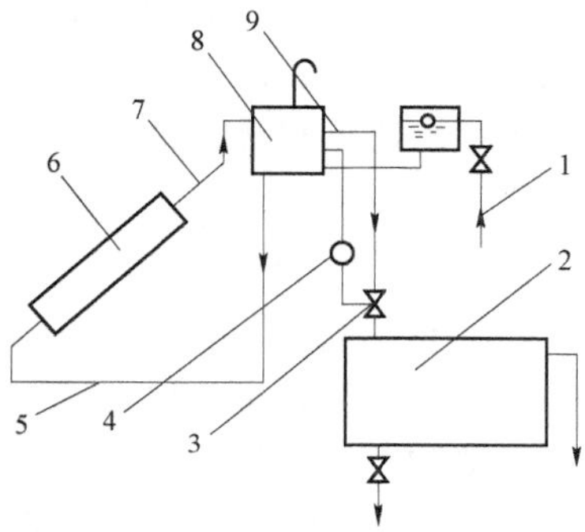

1—自来水进水阀；2—蓄水箱；3—电磁阀；4—控制器；5—下循环管；6—集热器；
7—上循环管；8—蓄水箱；9—电接点温度计

图 6.24　直接强制循环式太阳能热水系统

（3）太阳能热水系统建筑应用。

长期以来，家用太阳能热水器一般是在房屋建成后，由用户直接购买，由经销商上门安装的。这种利用方式会对建筑物外观和房屋相关使用功能造成一定影响和破坏，制约了太阳能热水器在建筑上的应用与发展。因此，发展出了太阳能热水器/系统一体化建筑。

2）太阳能供暖

太阳能供暖分为主动式和被动式两大类。主动式太阳能供暖是以太阳能集热器、管道、风机或泵、末端散热设备及储热装置等组成的强制循环太阳能供暖系统。被动式是通过建筑朝向和周围环境的合理布置，内部空间的外部形态的巧妙处理，以及建筑材料和结构、构造的恰当选择，使房屋在冬季能集取、保持、存储、分布太阳热能，适度解决建筑物的供暖问题。运用被动式太阳能供暖原理建造的房屋称为“被动式供暖太阳房”。主动式太阳能供暖系统由暖通工程师设计，被动式供暖太阳房则主要由建筑师设计。

（1）被动式供暖太阳房。

被动式供暖太阳房的类型很多。从太阳能的利用方式来区分，可分为直接受益式和间接受益式两大类。直接受益式，太阳能辐射能直接穿过建筑透光面进入室内；间接受益式，太阳能通过一个接收部件（或称“太阳能集热器”），这种接收部件实际上是建筑组成的一部分或在屋面或在墙面，而太阳能辐射能在接收部件中转换成热能再经由送热方式对建筑供暖。

直接受益式和间接受益式的被动式供暖太阳房可分为以下 6 种。

① 直接受益式。太阳光穿过透光材料直接进入室内的供暖形式。直接受益式的太阳房，本身成为一个包括太阳能集热器、蓄热器和分配器的集合体。这种太阳能供暖方式最直接、最简单，效果也最好，但是当在夜间且建筑物保温和蓄热性能较差时，室内降温快，温度波动大。有效的措施是增加透光面的夜间保温，如选用活动保温窗帘、保温扇、保温板等。

② 集热蓄热墙式。太阳光穿过透光材料照射集热蓄热墙，墙体吸收辐射热后以对流、传导、辐射方式向室内传递热量的供暖形式。它是间接受益式被动式供暖太阳房的一种。透光面后面的墙体一般采用具有一定蓄热能力的混凝土或砖砌体，又名“特朗勃墙”。通常墙体上开有上下通风口：冬季，在玻璃和墙体夹层中的空气被加热后，形成向室内输送热风的对流循环，夜间关闭上下通风口，以防止逆循环；夏季，只通过墙上部的气孔与室外通风，排出室内热空气。另外一种形式是在玻璃后面设置一道“水墙”，通过“水墙”向室内传导、辐射或对流传递热量。

③ 附加阳光间式。在房屋主体南面附加一个玻璃温室，被加热的空气可以直接进入室内或者热量通过房间和温室之间的蓄热墙传入室内。白天，阳光间将热量传向室内，夜间则作为室内外的缓冲区，减少房间热损失。也可以在阳光间加设保温，以增加冬季夜间的保温效果，或在阳光间内种植蔬菜和花草美化环境。

④ 屋顶集热蓄热式。利用屋顶进行集热器蓄热，以及在屋顶设置集热蓄热装置，并加设活动保温板，夏季保温板夜开昼合，冬季夜合昼开，从而实现夏季降温和冬季供暖双重作用。屋顶不设置保温层，只起到承重和围护作用。但活动保温板面积较大，操控困难。另一种方法是修建水屋面，但由于承重问题，不利于抗震防震。

⑤ 热虹吸式（又称“对流环路式”）。利用热虹吸作用通过自然循环向室内散热，并设置有蓄热体。这种形式的太阳房适用于建在山坡上的房屋，集热器低于建筑物地面。一般借助建筑地坪与室外地面的高差位置安装空气集热器，并用风道与设在室内地面以下的卵石储热床相连通。白天集热器中的空气（或水）被加热后，由温差产生热虹吸作用，通过风道（或水管）上升到上部的岩石贮热层，热量被岩石吸收变冷再流回集热器底部，进行下一次循环。夜间岩石贮热层通过送风口以对流方式向房间供暖。这种形式一般要借助风扇强制循环。

⑥ 综合式。由上述两种或两种以上的基本类型组合而成的被动式太阳房。不同类型的被动式太阳房有各自的独特之处，不同供暖方式的结合使用，可以形成互为补充的、更为有效的被动式太阳能供暖系统。如由直接受益窗和集热墙两种形式集合而成的综合式太阳房，可同时具有白天自然照明和全天太阳能供暖比较均匀的优点。

（2）主动式太阳能供暖。

主动式太阳能供暖系统主要由集热器、贮热器、供暖末端设备、辅助加热装置和自动控制系统等部分组成。按热媒种类的不同，主动式太阳能供暖系统可分为空气加热系统及水加热系统。

① 空气加热系统。

如图 6.25 所示，是以空气为集热介质的太阳能空气加热系统。其中：风机 1 的作用是驱动空气在集热器与贮热器之间循环，让空气吸收集热器中的供暖板的热量，然后传送到贮热器储存起来，或直接送往建筑物；风机 2 的作用是驱动空气在建筑物与贮热器之间循环，让建筑物内冷空气在贮热器中被贮热介质加热，然后送往建筑物。由于太阳能辐射能量在每天，尤其是一天当中变化很大，一般需安装锅炉或电加热器等辅助加热装置。

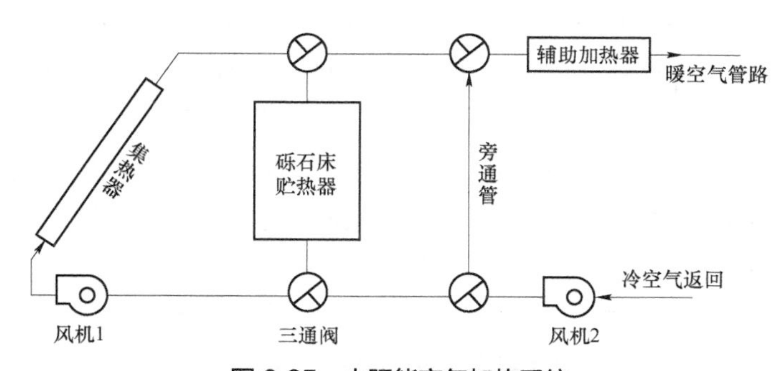

图 6.25 太阳能空气加热系统

集热器是太阳能供暖的关键部件。由于空气的容积比热容较小，与集热器中供暖板的换热系数较水小得多。这种系统的优点是集热器不会出现冻坏和过热情况，可直接用于热风供暖，控制使用方便。缺点是所需集热器面积大。

② 水加热系统。

水加热太阳能供暖系统是指利用太阳能加热水，然后让被加热的水通过散热器向室内供暖的系统。它同太阳能热水系统非常相似，只是太阳能热水系统是生产热水直接供生活使用，水加热太阳能供暖系统则是将生产的热水流过安装在室内的散热器向室内散热。水加热太阳能供暖系统和太阳能热水系统的关键部件都是太阳能集热器，在太阳能热水系统已做介绍，这里不再赘述。

图 6.26 是以水为集热介质的太阳能供暖系统。此系统以贮热水箱与辅助加热装置作为供暖热源。当有太阳能可采集时，开动水泵 1，使水在集热器与水箱之间循环，吸收太阳能来提高水温；水泵 2 的作用是保证负荷部分供暖热水的循环；旁通管路可以避免用辅助能量加热贮热水箱。

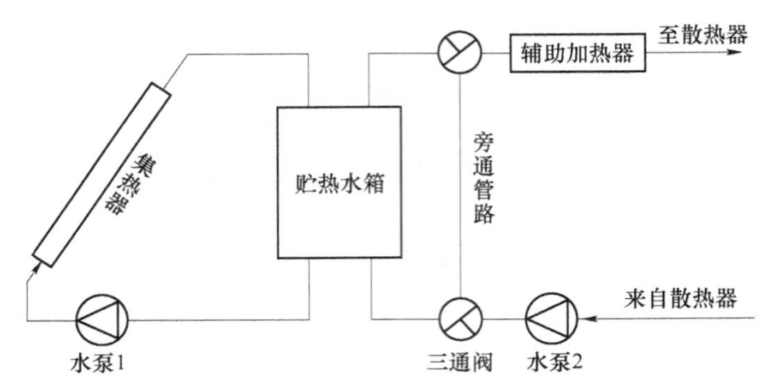

图 6.26　以水为集热介质的太阳能供暖系统

一般系统有三种工作状态：假设供暖热媒温度为 40 ℃、回水温度为 25 ℃，当收集温度超过 40 ℃时，辅助加热装置就不工作；当收集温度介于 40～25 ℃之间，水循环通过贮热水箱，辅助加热器起补充作用，把水温提高到 40 ℃；当收集温度降到 25 ℃以下，系统中水量只通过旁通管路，供暖所需热量全部由辅助加热装置提供，暂不使用太阳能。

3）太阳能光热空调制冷

太阳能制冷空调主要可以通过光−热和光−电转换两种途径实现。光−热转换制冷是指太阳能通过太阳能集热器转换为热能，根据所得到的不同热能品位，驱动不同的热力机械制冷。太阳能热力制冷可能的途径主要有除湿冷却空调、蒸气喷射制冷、朗肯循环制冷、吸收式制冷/吸附式制冷和化学制冷等。光−电转换制冷是指太阳能通过光伏发电转化为电力，然后通过常规的蒸气压缩制冷、半导体热电制冷或斯特林循环等方式来实现制冷。此处只介绍太阳能光热空调制冷。

太阳能空调的最大优点在于季节适应性好。一方面，夏季烈日当头，太阳辐射能量剧增，在炎热天气下，人们迫切需要空调制冷；另一方面，由于夏季太阳辐射能量增加，使依靠太阳能来驱动的空调系统可以产生更多的冷量。太阳能空调系统的制冷能力随着太阳辐射能量的增加而增大，正好与夏季人们对空调的迫切要求相匹配。

（1）太阳能吸收式制冷系统。

太阳能吸收式制冷系统是利用太阳能集热器提供吸收式制冷循环所需要的热源，保证吸收式制冷机正常运行，从而实现制冷的系统。它包括太阳能热利用系统和吸收式制冷系统两个部分，一般由太阳能集热器、吸收式制冷机、空调箱（或风机盘管）、辅助加热器、水箱和自动控制系统等组成。太阳能吸收式制冷原理如图 6.27 所示。

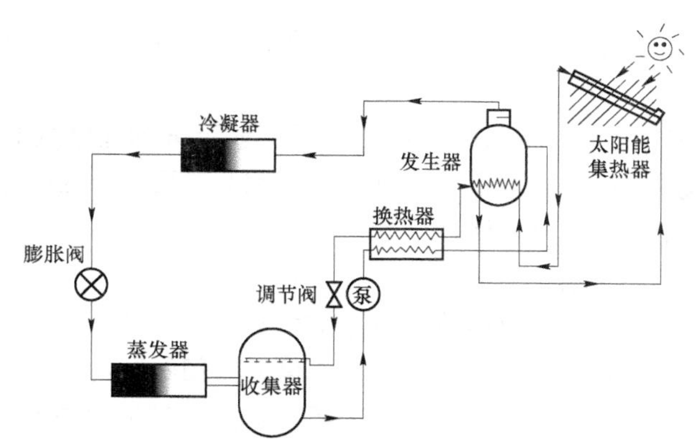

图 6.27　太阳能吸收式制冷原理

太阳能吸收式空调可以实现夏季制冷、冬季供暖、全年提供生活热水等多项功能。夏季时，被加热的热水首先进入贮水箱，达到一定温度后，向吸收式制冷机提供热源水，降温后再流回贮水箱，从吸收式制冷机流出的冷冻水通入空调房间实现制冷。当太阳能集热器提供的热量不足以驱动吸收式制冷机时，由辅助热源提供热量。冬季时，相当于水加热太阳能供暖系统，被太阳能集热器加热的热水流入贮水箱，当热水温度达到一定值时，直接接入空调房间实现供暖。当热量不足时，也可以使用辅助热源。在非空调供暖季节，相当于太阳能热水系统，只要将太阳能集热器加热的热水直接通向生活热水贮水箱，可提供所需的生活热水。

（2）太阳能吸附式制冷系统。

太阳能吸附式制冷主要利用具有多孔性的固体吸附剂对制冷剂的吸附（或化学吸收）和解吸作用实现制冷循环。吸附剂和制冷剂形成吸附制冷工质对。制冷温度低于零度的常用工质对为活性炭–甲醇等，建筑空调系统制冷温度高于零度的常用工质对为沸石–水、硅胶–水等。吸附剂的再生温度一般在 80～150 ℃，适合利用太阳能。图 6.28 为太阳能吸附式制冷原理。

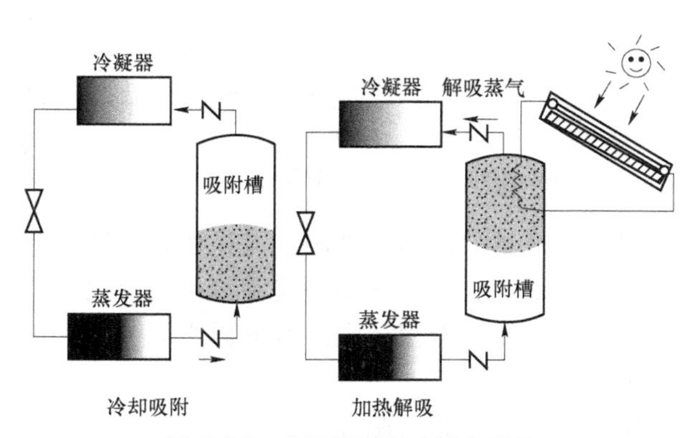

图 6.28　太阳能吸附式制冷原理

吸附式制冷通常包含以下两个阶段。

① 冷却吸附→蒸发制冷。通过水、空气等热沉带走吸附剂显热与吸附热，完成吸附剂对制冷剂的吸附，制冷剂的蒸发过程实现制冷。

② 加热解吸→冷凝排热。吸附制冷完成后，再利用热能（如太阳能、废热等）提供

吸附剂的解吸热，完成吸附剂的再生，解吸出的制冷剂蒸气在冷凝器中释放热量，重新回到液体状态。

太阳能吸附式制冷根据制冷系统的运行方式一般可分为连续式制冷系统和间歇式制冷系统。建筑空调系统中应用一般需要连续运行，因此需要多个吸附床联合运行，在某个吸附床解吸时其他吸附床可以吸附制冷。

（3）太阳能除湿制冷系统。

太阳能除湿式制冷通过吸湿剂吸附空气中的水蒸气，降低空气的湿度来实现制冷。它的制冷过程实际是直流式蒸发冷却空调过程，不借助专门的制冷机。它利用吸湿剂对空气进行减湿，然后将水作为制冷剂，在干空气中蒸发降温，对房间进行温度和湿度的调节，用过的吸湿剂则被加热进行再生。系统使用的吸湿剂有固态吸湿剂（如硅胶等）和液态吸湿剂（如氯化钙、氯化锂等）两类。除湿器可采用蜂窝转轮式（对于固态干燥剂）和填料塔式（对于液态干燥剂）两种形式。

采用固态吸湿剂系统，如图 6.29 所示，其运行原理为：室外空气通过除湿转轮后湿度降低，温度升高，通过换热器后被空调排风冷却，然后进入蒸发加湿器蒸发降温变成低温饱和空气进入房间，在房间内被加热后变成不饱和空气，房间的不饱和排风通过第二级的蒸发冷却后温度降低，在换热器中温度升高，然后进入太阳能空气集热器进一步升温，升温后的空气将除湿转轮中的吸湿剂再生后排入室外。转轮的迎风面可以分成工作区和再生区，转轮缓慢旋转，从工作区移动到再生区，又从再生区返回到工作区，从而使除温过程和再生过程周而复始地进行。

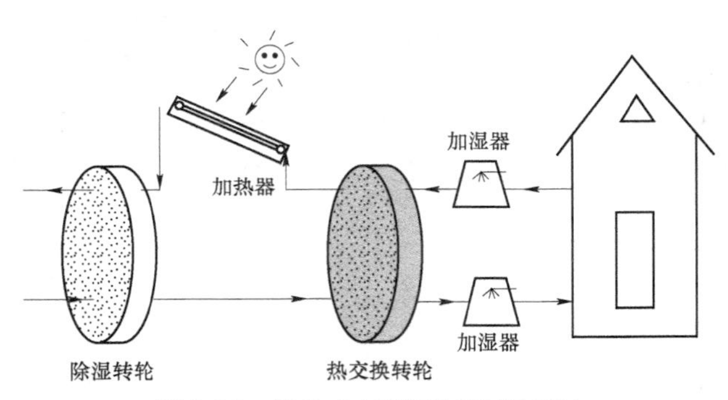

图 6.29　轮转式太阳能除湿制冷系统

太阳能集热器也可以采用液体集热器，然后通过换热器来加热再生用的热风。

采用液态吸湿剂的制冷系统，主要是利用除湿溶液再生温度低的特点，通过太阳能集热器将太阳辐射能量收集起来用于除湿空调吸湿剂的再生。

（4）太阳能蒸汽压缩式制冷系统。

太阳能蒸汽压缩式制冷系统，是将太阳能作为驱动热机的热源，使热机对外做功，带动蒸汽压缩制冷机来实现制冷的。它主要由太阳集热器、蒸汽轮机和蒸汽压缩式制冷机三大部分组成，它们分别依照太阳集热器循环、热机循环和蒸汽压缩式制冷机循环的规律运行。

（5）太阳能蒸汽喷射式制冷系统。

太阳能蒸汽喷射式制冷系统主要由太阳集热器和蒸汽喷射式制冷机两大部分组成，它们分别依照太阳集热器循环和蒸汽喷射式制冷机循环的规律运行。在整个系统中，太阳能集热器循环只用来为锅炉热水运行预加热，以减少锅炉燃料消耗，降低燃料费用。其工作原理如图 6.30 所示。

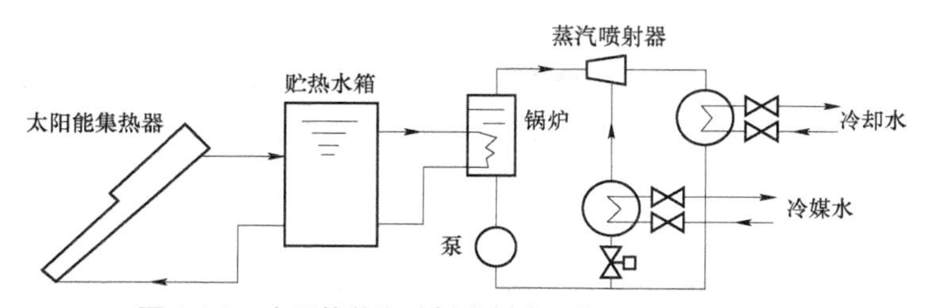

图 6.30　太阳能蒸汽喷射式制冷系统工作原理示意图

2. 太阳能光伏建筑应用

1）光伏发电原理

“光伏发电”是将太阳光的光能直接转换为电能的一种发电形式，其发电原理是“光生伏打效应”。如图 6.31 所示，普通的晶体硅太阳能电池由两种不同导电类型（N 型和 P 型）的半导体构成，分为 2 个区域：一个正电荷区，一个负电荷区。当阳光投射到太阳能电池时，内部产生自由的电子–空穴对，并在电池内扩散，自由电子被 P–N 结扫向 N 区，空穴被扫向 P 区，在 P–N 结两端形成电压，当用金属线将太阳能电池的正负极与负载相连时，在外电路形成了电流。太阳能电池的输出电流受自身面积和光照强度的影响，面积较大的电池能够产生较强的电流。

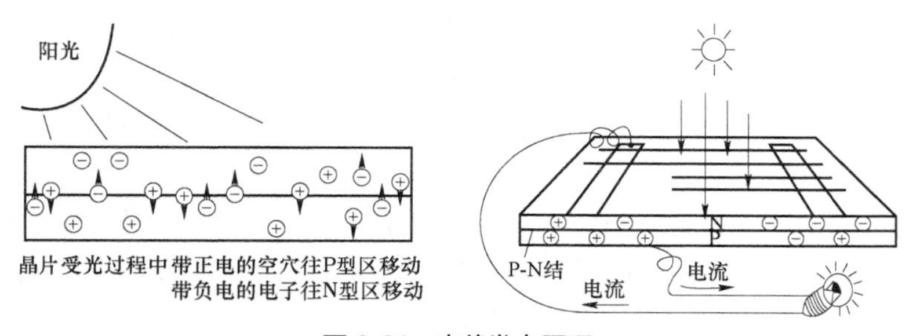

图 6.31　光伏发电原理

2）光伏发电系统的组成

太阳能光伏发电系统是利用光伏电池板直接将太阳辐射能转化成电能的系统，主要由太阳能电池板、电能储存元件、控制器、逆变器等部件构成。

（1）太阳能电池板。

① 太阳能电池的分类。

太阳能电池板是太阳能光伏系统的关键设备，多为半导体材料制造，发展至今，已种类繁多，形式各样。从材料体型来分，有晶片太阳能电池和薄膜太阳能电池；从内部结构的 P–N 结多少或层数来分，有单节太阳能电池、多节太阳能电池或多层太阳能电池。

按照材料的不同，还可分为如下几类。

- 单晶硅太阳能电池。单晶硅太阳能电池是由圆柱形单晶硅锭修掉部分圆边，然后切片而成，所以单晶硅太阳能电池成准正方形（四个角呈圆弧状）。因制造商不同，其发电效率为 14%～17%。

- 多晶硅太阳能电池。多晶硅太阳能电池由方形或矩形的硅锭切片而成，四个角为方角，表面有类似冰花一样的花纹。其电池效率只有约 12%，但是制造所需能量较单晶硅太阳能电池低约 30%。

- 非晶硅薄膜太阳能电池。它由硅直接沉积到金属衬板（铝、玻璃甚至塑料）上生成薄膜光电材料后，再加工制作而成。它可以制作成连续的长卷，可以与木瓦、屋面材料，甚至书包结合到一起。但非晶硅材料经长时间阳光照射后不稳定，目前多用于手表和计算器等小型电子产品中。

- 化合物半导体太阳能电池。太阳能电池还可以由半导体化合物制作，如砷化镓太阳能电池、镓铟铜太阳能电池、硫化镉太阳能电池、碲化镉太阳能电池和镓铟磷太阳能电池等。

② 太阳能电池、组件及方阵。

单体太阳能电池是太阳能电池的最基本单元；多个电池片串联而成太阳能电池组件，它是构成最小实用型功率系统的基本单元；将多个太阳能电池组件组装在一起组成光伏方阵。

③ 组件的串联和并联。

太阳能电池件组件同普通电源一样，也采用电压值和电流值标定。在充足的阳光下 40～50 W 组件的标称电压是 12 V（最佳电压 17 V），电流大约为 3 A。组件可以根据需要组合到一起，以得到不同电压和电流的太阳能电池板。

（2）电能储存元件。

由于太阳能辐射随天气阴晴变化无常，光伏电站发电系统的输出功率和能量随时在波动，使得负载无法获得持续而稳定的电能供应，电力负载在与电力生产量之间无法匹配。为解决上述问题，必须利用某种类型的能量储存装置将光伏电池板发出的电能暂时储存起来，并使其输出与负载平衡。

光伏发电系统中使用最普遍的能量储存装置是蓄电池组，白天转换来的直流电储存起来，并随时向负载供电；夜间或阴天时再释放出电能。蓄电池组还能在阳光强弱相差过大或设备耗电突然发生变化时，起一定的调节作用。

（3）控制器。

在运行中，控制器用来报警或自动切断电路，以保证系统负载正常工作。

（4）逆变器。

逆变器的功能是将直流电转变成交流电。

3）建筑光伏应用

在建筑物上安装光伏系统的初衷是利用建筑物的光照面积发电，既不影响建筑物的使用功能，又能获得电力供应。建筑光伏应用一般分为建筑附加光伏和建筑集成光伏两种。

BAPV 是把光伏系统安装在建筑物的屋顶或者外墙上，建筑物作为光伏组件的载体，起支承作用；BIPV 是指将光伏系统与建筑物集成一体，光伏组件成为建筑结构不可分割的一部分，如果拆除光伏系统则建筑本身不能正常使用。

建筑光伏应用有以下几种形式。

（1）光伏系统与建筑屋顶相结合。光伏系统与建筑屋顶相结合日照条件好，不易受到遮挡，可以充分接收太阳辐射。光伏屋顶一体化建筑，由于综合使用材料，可以节约成本。

（2）光伏与墙体相结合。多、高层建筑外墙是与太阳光接触面积最大的外表面。为了合理地利用墙面收集太阳能，将光伏系统布置于建筑物的外墙上。这样既可以利用太阳能产生电力，满足建筑的需求，又可以有效降低建筑墙体的温度，从而降低建筑物室内空调冷负荷。

（3）光伏幕墙。由光伏组件同玻璃幕墙集成化而来，不多占用建筑面积，优美的外观具有特殊的装饰效果，更赋予建筑物鲜明的现代科技和时代特色。

（4）光伏组件与遮阳装置相结合。太阳能电池组件可以与遮阳装置结合，一物多用，既可有效利用空间，又可以提供能源，在美学与功能两方面都达到了完美的统一，如停车棚等。

3. 太阳能综合利用

太阳能在建筑中的综合利用，即利用太阳能满足房屋居住者舒适水平和使用功能所需要的大部分能量供应，如供暖、空调、热水供应、供电等。

1）光伏光热系统

光伏光热系统，即实现太阳能光伏和光热综合利用的系统。其所用设备称为“光伏光热一体化组件”。

根据实现功能不同，光伏光热系统可分为光伏热水系统、光伏供暖系统、光伏空调系统；根据光伏板背面冷却介质不同，光伏光热系统一般分为风冷却系统、水冷却系统、制冷剂冷却系统等，介绍如下。

（1）风冷却光伏光热系统，即用空气冷却光伏板背面，降低光伏板温度；同时，加热后的空气也可以用作其他用途，如供暖等。一般风冷却采用自然对流，热风不做回收，主要目的是提高太阳能发电效率。

（2）水冷却光伏光热系统，即用水冷却光伏板背面，降低光伏板温度；同时，加热后的水也可以用作其他用途，如供暖、生活热水、空调制冷。也可以与热泵结合，提高热量品位后再用作供暖、生活热水、空调制冷等功能。

（3）制冷剂冷却光伏光热系统，即通过制冷剂吸取光伏板热量，降低光伏板温度，提高光伏板效率，并为热泵系统提供热量，即作为热泵的热源、蒸发器，提高热利用率。

2）其他太阳能综合利用

根据建筑物的用能特点，供暖负荷和空调负荷是季节性的，热水负荷是全年性的，太阳能供暖系统和太阳能制冷系统在设计阶段就已经考虑太阳能的综合应用，即在非供暖季和非空调季利用太阳能生产生活热水。

根据太阳能功能与建筑物结合的方式，太阳能的综合利用还可以分为以下几种系统形式。

（1）集热器-蓄热器系统。集热器安装在南向的墙面上，蓄热器也安装在南向的墙面上，即集热器和蓄热器合并成建筑物结构的一部分。这种系统主要用来实现冬季供暖。

（2）集热器-散热器-蓄热器系统。集热器、散热器和蓄热器作为维护结构的屋面，屋面设置可以移动的隔热装置，可以使系统在供暖季的白天吸收太阳能，夏天可以向天空辐射，实现了冬季供暖和夏季空调的功能。

(3) 集热器-散热器-热泵系统。系统的集热器没有盖板，白天集热，夜间散热，利用贮热、冷水箱给建筑物供暖或者空调；系统中安装的热泵，用于保持冷、热水箱之间的温差。集热器安装在屋面，散热器为顶棚辐射板，都作为围护结构的一部分，系统可以供暖方式运行（冬天）、空调方式运行（夏天）、供暖和空调方式运行（过渡季）。

以上三种系统适用于层数不多的建筑，需要建筑物有足够的位置安装集热器等相关附件。

6.3.2 风力发电技术及应用

1. 风能介绍

风能是太阳能的一种新的转化形式，由于太阳辐射造成地球表面温度不均匀，引起各地温差和气压不同，导致空气运动而产生的能量。风能属于一种自然资源，具有总储量大、可以再生、分布广泛、不需运输、对环境没有污染、不破坏生态平衡等诸多特点，但在利用上也存在着能量密度低、随机变化大、难以贮存等诸多问题。风能的大小取决于风速和空气的密度。在中国北方地区和东南沿海地区的一些岛屿，风能资源非常丰富。利用风力机可将风能转换成电力、制热以及风帆助航等。

2. 风力发电机组的工作原理及分类

1）风力发电机组的工作原理

风力发电机组（后文简称“风电机组”或“机组”）是将风的动能转换为电能的系统。在风力发电机组中，存在着两种物质流：能量流和信息流。两者的相互作用，使机组完成发电功能。

风力发电机组的工作原理如图 6.32 所示。

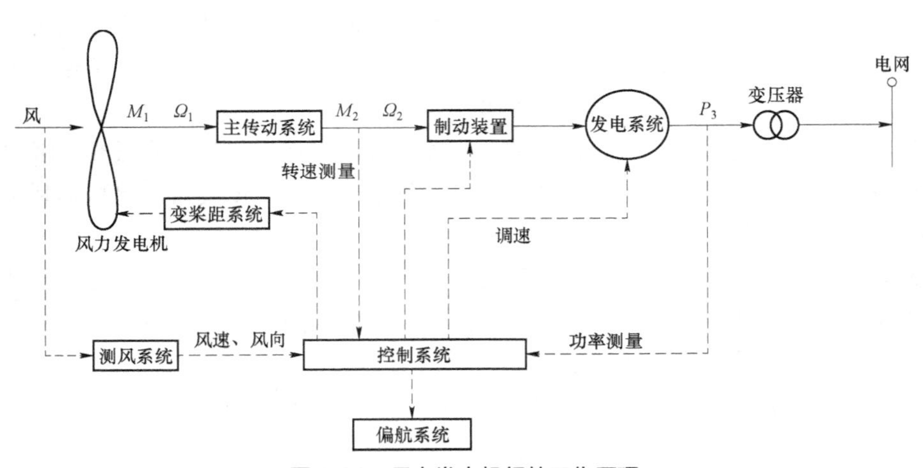

图 6.32 风力发电机组的工作原理

（1）能量流。

当风以一定的速度吹向风力机时，在风轮上产生的力矩驱动风轮转动。将风的动能变成风轮旋转的动能，两者都属于机械能。风轮的输出功率见式（6.1）。

$$P_1 = M_1 \Omega_1 \tag{6.1}$$

式中：P_1为风轮的输出功率（W）；M_1为风轮的输出转矩（N·m）；Ω_1为风轮的角速度（rad/s）。

风轮的输出功率通过主传动系统传递。主传动系统可能使转矩和转速发生变化，于是式（6.2）。

$$P_2 = M_2\Omega_2 = M_1\Omega_1\eta_1 \tag{6.2}$$

式中：P_2为主传动系统的输出功率（W）；M_2为主传动系统的输出转矩（N·m）；Ω_2为主传动系统的输出角速度（rad/s）；η_1为主传动系统的总效率。其余符号意义同前。

主传动系统将动力传递给发电系统，发电机把机械能变为电能。发电机的输出功率见式（6.3）。

$$P_3 = \sqrt{3}U_N I_N \cos\varphi_N = P_2\eta_2 \tag{6.3}$$

式中：P_3为发电系统的输出功率（W）；U_N为定子三相绕组上的线电压（V）；I_N为流过定子绕组的线电流（A）；$\cos\varphi_N$为功率因数；η_2为发电系统的总效率。其余符号意义同前。

对于并网型风电机组，发电系统输出的电流经过变压器升压后，既可输入电网。

（2）信息流。

信息流的传递是围绕控制系统进行的。控制系统的功能是过程控制和安全保护。过程控制包括起动、运行、暂停、停止等。在出现恶劣的外部环境和机组零部件突然失效时应该紧急关机。

风速、风向、风力发电机的转速、发电功率等物理量通过传感器变成电信号传给控制系统，它们是控制系统的输入信息。控制系统随时对输入信息进行加工和比较，及时发出控制指令，这些指令是控制系统的输出信息。

对于变桨距机组，当风速大于额定风速时，控制系统发出变桨距指令，通过变桨距系统改变风轮叶片的桨距角，从而控制风电机组输出功率。在起动和停止的过程中，也需要改变叶片的桨距角；对于变速型机组，当风速小于额定风速时，控制系统可以根据风的大小发出改变发电机转速的指令，以便风力机最大限度地捕获风能。

当风轮的轴向与风向偏离时，控制系统发出偏航指令，通过偏航系统校正风轮轴的指向使风轮始终对准来风方向；当需要停机时，控制系统发出关机指令，除了借助变桨距制动外，还可以通过安装在传动轴上的制动装置实现制动。

实际上，在风电机组中，能量流和信息流组成了闭环系统。同时，变桨距系统、偏航系统等也组成了若干闭环的子系统，实现相应的控制功能。

2）风力发电机组的分类

（1）按装机容量分类。

装机容量在0.1～1 kW，为小型；1～100 kW，为中型；100～1 000 kW，为大型；1 000 kW以上，为特大型。

（2）按风轮轴方向分类。

① 水平轴机组。水平轴机组是风轮轴基本上平行于风向的风力发电机组。工作时，风轮的旋转平面与风向垂直。水平轴机组随风轮与塔架相对位置的不同而有上风向与下风向之分。风轮在塔架的前面迎风旋转，叫作“上风向机组”；风轮安装在塔架后面，风先经过塔架，再到风轮，则称为“下风向机组”。上风向机组必须有某种调向装置来保持风轮迎风。下风向机组则能够自动对准风向，从而免去了调向装置；但由于一部分空气通过塔架

后再吹向风轮，这样塔架就干扰了流过叶片的气流而形成所谓塔影响效应，影响风力机的效率，使性能有所降低。

② 垂直轴机组。垂直轴机组是风轮轴垂直于风向的风力发电机组。其主要特点是可以接收来自任何方向的风，因而当风向改变时，无须对风。由于不需要调向装置，它们的结构简化。垂直轴机组的另一个优点是齿轮箱和发电机可以安装在地面上。但垂直轴机组需要大量材料，占地面积大。

（3）按功率调节方式分类。

① 定桨距机组。叶片固定安装在轮毂上，角度不能改变，风机的功率调节完全依靠叶片的气动特性。当风速超过额定风速时，利用叶片本身的空气动力特性减小旋转力矩（失速）或通过偏航控制维持输出功率相对稳定。

② 普通变桨距型（正变距）机组。这种机组当风速过高时，通过改变桨距角（在指定的径向位置叶片几何弦线与风轮旋转面间的夹角），功率输出保持稳定。同时，机组在起动过程也需要通过变距来获得足够的起动力矩。采用变桨距技术的风力发电机组还可使叶片和整机的受力状况大为改善，这对大型风力发电机组十分有利。

③ 主动失速型（负变距）机组。这种机组的工作原理是以上两种形式的组合。当风机达到额定功率后，相应地增加攻角，使叶片的失速效应加深，从而限制风能的捕获，因此称为“负变距型机组”。

（4）按传动形式分类。

① 高传动比齿轮箱型。风力发电机组中齿轮箱的主要功能是将风轮在风力作用下所产生的动力传递给发电机并使其得到相应的转速。风轮的转速较低，通常达不到发电机发电的要求，必须通过齿轮箱的增速作用来实现动力传递，故也将齿轮箱称之为“增速箱”。

② 直接驱动型。应用多极同步发电机可以去掉风力发电系统中常见的齿轮箱，让风机直接拖动发电机转子运转在低速状态，解决了齿轮箱所带来的噪声、故障率高和维护成本大等问题，提高了运行的可靠性。

③ 中传动比齿轮箱型（“半直驱”）。这种机组的工作原理是以上两种形式的综合。中传动比齿轮箱型机组减少了传统齿轮箱的传动比，也相应地减少了多极同步发电机的极数，从而减小了发电机的体积。

（5）按转速变化分类。

① 定速（又称“恒速”）。定速风力发电机是指其发电机的转速是恒定不变的，它不随风速的变化而变化，始终在一个恒定不变的转速下运行。

② 多态定速。多态定速风力发电机组中包含两台或多台发电机，根据风速的变化，可以有不同大小和数量的发电机投入运行。

③ 变速。变速风力发电机组中的发电机工作在转速随风速时刻变化的状态下。目前，主流的大型风力发电机组都采用变速恒频运行方式。

3. 风力发电系统

1）风力发电系统的组成

风力发电系统通常由风轮、对风装置、调速机构、传动装置、发电装置、储能装置、逆变装置、控制装置、塔架及附属部件组成。

（1）风轮。风轮是集风装置，它的作用是把流动空气具有的动能转变为风轮旋转的机械能。风轮一般由叶片、叶柄、轮毂及风轮轴等组成。要获得较大的风力发电功率，其关键在于要具有能轻快旋转的叶片。所以，风力发电机叶片技术是风力发电机组的核心技术，叶片的翼型设计、结构形式，直接影响风力发电装置的性能和功率，是风力发电机中最核心的部分。

（2）对风装置。自然风不仅风速经常变化，而且风向经常变化。垂直轴式风轮能利用来自各个方向的风，它不受风向的影响。但是对于使用最广泛的水平轴螺旋桨式或多叶式风轮，为了能有效地利用风能，应经常使其旋转面正对风向，因此，几乎所有的水平轴风轮装有转向机构。常用风力发电机的对风装置有尾舵、舵轮、电动机构和自动对风四种。

（3）调速机构。风轮的转速随风速的增大而变快，而转速超过设计允许值后，将可能导致机组的毁坏或寿命的减少；有了调速机构，即使风速很大，风轮的转速仍能维持在一个较稳定的范围之内，防止超速乃至飞车的发生。

（4）传动装置。传动装置是将风轮轴的机械能送至做功装置的机构。在传动过程中，距离有远有近，有的需要改变方向，有的需要改变速度。风力机的传动装置多为齿轮、传动带、曲柄连杆、联轴器等。

（5）发电装置。发电装置分为同步发电机和异步发电机两种。同步发电机主要由定子和转子组成。定子由开槽的定子铁心和放置在定子铁心槽内按一定规律连接成的定子绕组构成；转子上装有磁极和使磁极磁化的励磁绕组。异步发电机的定子与同步发电机的定子基本相同，它的转子分为绕线转子和笼型转子。

（6）储能装置。风力发电机最基本的储能装置是蓄电池。在风力发电机组中使用最多的是铅酸蓄电池，尽管其储能效率较低，但是价格便宜。任何蓄电池的使用过程都是充电和放电过程反复地进行着，铅酸蓄电池使用寿命为2～6年。

（7）逆变装置。逆变器是一种将直流电变成交流电的装置，有的逆变器还兼有把交流电变成直流电的功能。

（8）控制装置。由于风能是随机性的，风力的大小时刻变化，必须根据风力大小及电能需要量的变化及时通过控制装置来实现对风力发电机组的起动、调节、停机、故障保护，以及对电能用户所接负荷的接通、调整及断开等。在小容量的风力发电系统中，一般采用由继电器、接触器及传感元件组成的控制装置；在容量较大的风力发电系统中，现在普遍采用微机控制。

（9）塔架。在风能利用装置中，风轮塔架很重要，塔架必须能够支承发电机的机体，其费用约占整个机组的30%，它的类型主要有桁架式、管塔式等。

（10）附属部件。这主要有机舱、机头座、回转体、停车机构等。

2）风力发电系统的运行方式

风力发电系统的运行方式可分为独立运行、并网运行、风力–柴油发电系统等。

（1）独立运行。

风力发电机输出的电能经蓄电池蓄能，再供应用户使用。5 kW以下的风力发电机多采用这种运行方式，可供边远农村、牧区、海岛、气象台站、导航灯塔、电视差转台、边防哨所等电网达不到的地区利用。根据用户需求，可以进行直流供电和交流供电。直流供电是小型风力发电机组独立供电的主要方式，它将风力发电机组发出的交流电整流成直流电，并采用储能装置储存剩余的电能，使输出的电能具有稳频、稳压的特性。交流供电多用于对电能质量无特殊要求的情况，如加热水、淡化海水等。在风力资源比较丰富而且比较稳定的地区，采取某些措施改善电能质量，也可带动照明、动力负荷。此外，也可通过“交流—直流—交流”逆变器供电。先将风力发电机发出的交流电整流成直流电，再用逆变器把直流电变换成电压和频率都很稳定的交流电输出，保证了用户对交流电的质量要求。

（2）并网运行。

风力发电机组的并网运行，是将发电机组发出的电送入电网，用电时再从电网把电取回来，这就解决了发电不连续及电压和频率不稳定等问题，并且从电网取回的电的质量是可靠的。

风力发电机组采用两种方式向网上送电：一种是将机组发出的交流电直接输入网上；另一种是将机组发出的交流电先整流成直流电，再由逆变器变换成与电力系统同压、同频的交流电输入电网。无论采用哪种方式，要实现并网运行，都要求输入电网的交流电具备下列条件：电压的大小与电网电压相等；频率与电网频率相同；电压的相序与电网电压的相序一致；电压的相位与电网电压的相位相同；电压的波形与电网电压的波形相同。

并网运行是为克服风的随机性而带来蓄能问题的最稳妥易行的运行方式，可达到节约矿物燃料的目的。10 kW 以上直至兆瓦级的风力发电机皆可采用这种运行方式。

（3）风力–柴油发电系统。

采用风力–柴油发电系统可以实现稳定持续地供电。这种系统有两种不同的运行方式：其一为风力发电机与柴油发电机交替运行，风力发电机与柴油发电机在机械上及电气上没有任何联系，有风时由风力发电机供电，无风时由柴油发电机供电；其二为风力发电机与柴油发电机并联后向负荷供电。这种运行方式技术上较复杂，需要解决在风况及负荷经常变动的情况下两种动态特性和控制系统各异的发电机组并联后运行的稳定性问题。在柴油机连续运转时，当风力增大或电负荷小时，柴油机将在轻载下运转，会导致柴油机效率低；在柴油机断续运转时，可以避免这一缺点，但柴油机的频繁起动与停机，对柴油机的维护保养是不利的。为了避免这种由于风力及负荷变化而造成的柴油机的频繁起动与停机，可采用配备蓄电池短时间储能的措施：当短时间内风力不足时可由蓄电池经逆变器向负荷供电；当短时间内风力有余或负荷减小时，就经整流器向蓄电池充电，从而减少柴油机的停机次数。

3）风电场选址

一个风电场选址的优劣，对项目经济可行性起主要作用。控制一个场址经济潜力的主要因素之一是风能资源的特性。在近地层，风的特性是十分复杂的，它在空间分布上是分散的，在时间分布上也是不稳定和不连续的。风速对当地气候十分敏感，同时风速的大小、品位的高低又受到风场地形、地貌特征的影响。所以，要选择风能资源丰富的有利地形，还要结合征地价格、工程投资、交通、通信、联网条件、环保要求等因素进行经济和社会效益的综合评价，最后确定最佳场址。

风电场选址程序可以分为以下三个阶段。

第一阶段，参照国家风能资源分布区划，首先在风能资源丰富地区内候选风能资源区。每一个候选区应具备以下特点：有丰富的风能资源，在经济上有开发利用的可行性；有足够面积，可以安装一定规模的风力发电机组；具备良好的地形、地貌，风况品位高。

第二阶段，将候选风能资源区进行筛选，以确认其中有开发前景的场址。在这个阶段，非气象学因素，如交通、通信、联网、土地投资等因素对该场址的取舍起着关键作用。以上筛选工作需搜集当地气象台站的有关气象资料，灾害性气候频发的地区应该重点分析其建厂的可行性。

第三阶段，对准备开发建设的场址进行具体分析，做好以下工作：① 进行现场测风，取得足够的精确数据，一般至少取得一年的完整测风资料，以便对风力发电机组的发电量做出精确估算；② 确保风资源特性与待选风力发电机组的运行特性相匹配；③ 进行场址的初步工程设计，确定开发建设费用；④ 确定风力发电机组输出对电网系统的影响；⑤ 评价场址建设、运行的经济效益；⑥ 对社会效益的评价。

6.3.3　生物质能源技术及应用

1. 生物质能源的概述

1）生物质的定义

一切有生命的可以生长的有机物质通称为“生物质”。它包括植物、动物和微生物。广义概念上，生物质包括所有的植物、微生物以及以植物、微生物为食物的动物及其生产的废弃物。有代表性的生物质如农作物、农作物废弃物、木材、木材废弃物和动物粪便等。狭义概念上，生物质主要是指农林业生产过程中除粮食、果实以外的秸秆、树木等木质纤维素（简称“木质素”）、农产品加工业下脚料、农林废弃物及畜牧业生产过程中的禽畜粪便和废弃物等物质。

我国通常认为生物质是指由“光合作用”而产生的有机物，既有植物类，如树木及其加工的剩余物、农作物及其剩余物（秸秆类物质），也有非植物类，如畜牧场的污物（牲畜粪便及污水）、废水中的有机成分以及垃圾中的有机成分等。所谓“光合作用”，是指植物利用空气中的二氧化碳和土壤中的水，将吸收的太阳能转换为碳水化合物和氧气的过程。

2）生物质能源的分类

依据来源的不同，可以将适合于能源利用的生物质分为林业生物质能源、农业生物质能源、生活污水和工业有机废水、城市固体废物和畜禽粪便五大类。

（1）林业生物质能源。林业生物质能源是指森林生长和林业生产过程提供的生物质能源，包括薪炭林、在森林抚育和间伐作业中的散木材、残留的树枝、树叶和木屑等；木材采运和加工过程中的枝丫、锯末、木屑、梢头、板皮和截头等；林业副产品的废弃物，如果壳和果核等。

（2）农业生物质能源。农业生物质能源是指农业作物（包括能源作物）；农业生产过程中的废弃物，如农作物收获时残留在农田内的农作物秸秆（玉米秸、高粱秸、麦秸、稻草、豆秸和棉秆等）；农业加工业的废弃物，如农业生产过程中剩余的稻壳等。能源植物泛指各种用以提供能源的植物，通常包括草本能源作物、油料作物、制取碳氢化合物植物和水生植物等几类。

（3）生活污水和工业有机废水。生活污水主要由城镇居民生活、商业和服务业的各种排水组成，如冷却水、洗浴排水、盥洗排水、洗衣排水、厨房排水、粪便污水等。工业有机废水主要是酒精、酿酒、制糖、食品、制药、造纸及屠宰等行业生产过程中排出的废水等，其中都富含有机物。

（4）城市固体废物。城市固体废物主要由城镇居民生活垃圾，商业、服务业垃圾和少量建筑业垃圾等固体废物构成。其组成成分比较复杂，受当地居民的平均生活水平、能源消费结构、城镇建设、自然条件、传统习惯及季节变化等因素影响。

（5）畜禽粪便。畜禽粪便是畜禽排泄物的总称，它是其他形态生物质（主要是粮食、农作物秸秆和牧草等）的转化形式，包括畜禽排出的粪便、尿及其与垫草的混合物。

3）生物质能源利用技术

人类对生物质能源的利用已有悠久的历史，但是在漫长的时间里，一直以直接燃烧的方式利用它的热量，直到21世纪，特别是近一二十年，人们普遍提高了能源与环保意识，对地球固有的化石燃料日趋减少有一种危机感，在可再生能源方面寻求持续供给的今天，生物质利用新技术的研究与应用，才有了快速的发展。生物质能源利用技术如图6.33所示。

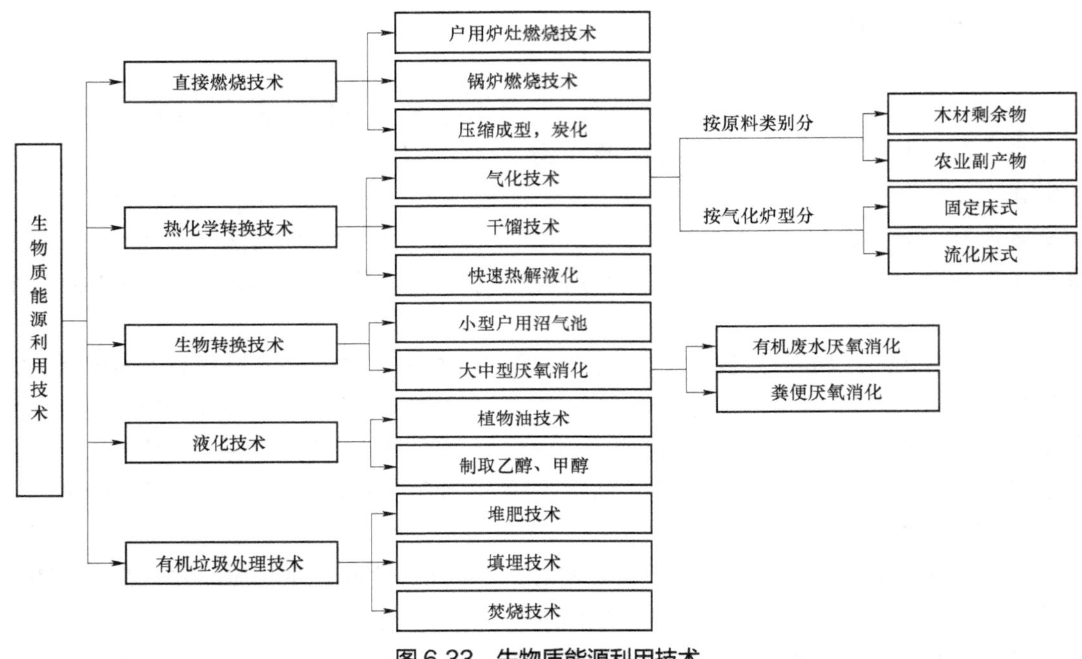

图6.33　生物质能源利用技术

2. 生物质燃烧技术

1）生物质燃料与燃烧

生物质燃料，又称“生物质成型燃料”，是应用农林废弃物（如秸秆、锯末、甘蔗渣、稻糠等）作为原材料，经过粉碎、混合、挤压、烘干等工艺，制成各种形状（如颗粒状）的，可直接燃烧的一种新型清洁燃料。

固体燃料的燃烧按燃烧特征，通常分为以下几类。

（1）表面燃烧。指燃烧反应在燃料表面进行，通常发生在几乎不含挥发分的燃料中，如木炭表面的燃烧。

（2）分解燃烧。当燃料的热解温度较低时，热解产生的挥发分析出后，与氧气进行气相燃烧反应。当温度较低、挥发分未能点火燃烧时，将会冒出大量浓烟，浪费了大量的能源。生物质的燃烧过程属于分解燃烧。

（3）蒸发燃烧。主要发生在熔点较低的固体燃料中。燃料在燃烧前首先熔融为液态，然后再进行蒸发和燃烧（相当于液体燃料）。

2）省柴灶

人类使用以薪柴、秸秆、杂草和牲畜粪便等为燃料的柴炉、柴灶已经有几千年的历史，大体上经历了原始炉灶、旧式炉灶、改良炉灶和省柴灶四个阶段。原始炉灶是用几块石头支撑锅或罐，在锅或罐的下面点火烧柴，用于炊事。旧式炉灶是用砖、土坯或石块垒成边框，把锅或罐架在上面，在边框一侧开口加柴，热效率为8%～10%。改良炉灶是在旧式炉灶的基础上增设炉篦和加砌烟筒，既改善了燃烧条件和卫生状况，又使热效率提高到12%～15%。如图6.34所示，省柴灶是以节约能源为目的，对改良炉灶进一步改进，使其结构更趋于合理，燃料燃烧更完全，热效率为22%～30%。

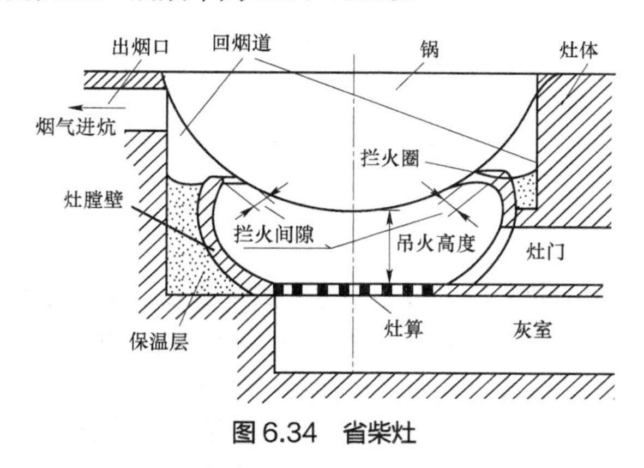

图6.34　省柴灶

农村省柴灶是指针对农村广泛利用柴草、秸秆进行直接燃烧的状况，利用燃烧学和热力学的原理，进行科学设计和建造，或者制造出的适用于农村炊事、供暖等生活领域的用能设备。相对于农村传统的旧式炉、灶、炕而言的，农村省柴灶不仅改革了内部结构，提高了效率，减少了排放，而且卫生、方便、安全。

3. 沼气技术

1）沼气的理化性质和原理

沼气是一种可燃性气体，随着其产生的地点和原料的不同有着多种称呼，最通常的称呼是“沼气”和“生物气”。

沼气的成分是不断变化的，其各成分的含量受发酵条件、工艺流程、原料性质等因素的影响。一般沼气中含甲烷（CH_4）55%～70%，二氧化碳（CO_2）25%～40%，还有少量的硫化氢（H_2S）、氮气（N_2）、氢气（H_2）、一氧化碳（CO）等，有时还含少量的高级碳氢化合物（C_mH_n）。

2）沼气的发酵过程

沼气发酵又称“厌氧消化”，实质上是在微生物的作用下物质变化和能量转换的过程。在此过程中，微生物获得能量和营养，进行生长和繁殖，同时将有机物转化为甲烷和二氧化碳。只有对此过程有所了解，才能保证微生物旺盛地生长和繁殖，维持较高的产气率和设备生产强度。厌氧消化也可以说是在隔绝空气的条件下，依赖兼性厌氧菌和专性厌氧菌的生物化学作用，对有机物进行生物降解的过程。厌氧消化处理有机物的工艺，不但能降解有机物，还能产生气体料，因而得到了广泛的应用。沼气的发酵过程如图 6.35 所示。完成有机物的厌氧消化过程，主要经过三个阶段：水解（液化）阶段、酸化阶段和气化阶段。

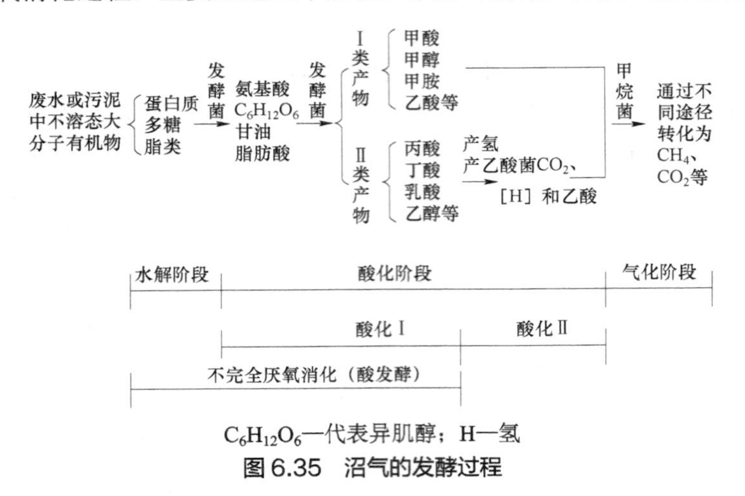

$C_6H_{12}O_6$—代表异肌醇；H—氢

图 6.35　沼气的发酵过程

4. 生物质气化技术

1）气化方法原理

生物质气化是在一定的热力学条件下，将组成生物质的碳氢化合物转化为含 CO、H_2、CH_4 等可燃气体的过程，此过程实质是生物质中的碳、氢、氧等元素的原子，在反应条件下按照化学键的成键原理，变成 CO、H_2、CH_4 等可燃性气体的分子。这样生物质中的大部分能量就转移到这些气体中，这一生物质的气化过程的实现是通过气化反应装置完成的。

为了提供反应的热力学条件，气化过程需要供给空气或氧气，使原料发生部分燃烧。气化过程和常见的燃烧过程的区别是：燃烧过程中供给充足的氧气，使原料充分燃烧，目的是直接获取热量，燃烧后的产物是二氧化碳和水蒸气等不可再燃烧的烟气；气化过程只供给热化学反应所需的那部分氧气，而尽可能将能量保留在反应后得到的可燃气体中，气化后的产物是含 CO、H_2、CH_4 和低分子烃类的可燃气体。

2）常见生物质气化炉

气化炉的实际使用设备有固定床气化炉、流动床气化炉、喷流床气化炉等主要形式。

（1）固定床气化炉。

固定床气化炉是固体燃料燃烧和气化的基础设备，其构造较简单，装置费用较低。固定床气化炉一般以大小为 2.5～5 cm 的木材碎片为原料，在上部供料口投入，在炉内形成堆积层。气化剂（空气、氧气、水蒸气或这些气体的混合气体）由底部以上升流形式供给（气化方式中也有下降流形式）。气化反应由下部向上部推进。从下部到上部，以灰分层、木炭层、挥发热分解层、未反应材料层的顺序，伴随着原料的气化过程而形成各个层次。

（2）流动床气化炉。

流动床气化炉的炉底填有直径为几毫米的砂或氧化铝颗粒，填充高度为 0.5～1 m，在气化剂（通过多孔板下部供给）的流动化作用下形成 1～2 m 高的床层。床温一般为 800～1 000 ℃，但特殊情况下也有 600 ℃左右的。供给床层的原料在被流动材料搅拌的同时被加热，挥发组分发生汽化，而木炭则被粉碎。

上述原料的一部分与气化剂中的氧气发生燃烧，用于保持床温所需的热量。床温由原料供给量与气化剂中氧气浓度共同控制。

在流动床气化炉中，床部上方的自由空间（熔化室）具有重要作用。由于床层内气化剂与原料常常不能混合接触，与气化剂不能充分反应，挥发组分气体和木炭粒子在自由空间部位通过二次反应进行清洁气化。因此，在此处有必要提供新的气化剂，这称为“二次气化剂”，对流动床方式是绝对必要的。

（3）喷流床气化炉。

喷流床气化炉采用的是将粉体用气流载入后进行燃烧的气化反应方式，也称为浮游床气化炉。它与粒子在内部循环的喷流床是不同的，其概念图如图6.36所示。

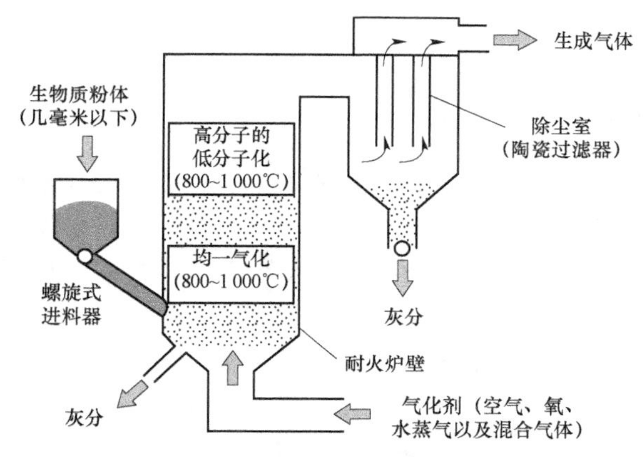

图6.36　喷流床气化炉概念图

将生物质粉碎到1 mm以下得到粉体。在微粉炭燃烧锅炉中，要求74 μm以下的粒子达到90%左右，所以要用到微粉碎的方法。在以生物质为原料时，其相对密度较小、挥发性组分较多且含氧元素，所以不需要进行像微粉炭那样的微粉碎。

3）生物质气化的利用

生物质气化技术在国内的应用，目前主要有两个方面：一是产出的燃气用于供暖；二是燃气用来发电。

生物质气化集中供气系统已在我国许多省份得到了推广应用，在农民居住比较集中的村落，建造一个生物质气化站，就可以解决整个村屯居民的炊事和供暖所用的气体燃料。

用生物质气化产出的燃气烘干农林产品，对燃气的纯度和组分没有特殊要求。在保证空气供给的条件下，燃气在各种类型的燃烧室中均可连续燃烧，无须净化和长距离输送，设备简单，投资少，回收期短。较直接燃烧生物质供暖，热量损失小，热效率高，对于小型企业、个体户很有实用价值。燃气在燃烧室中燃烧，可直接用于木材、谷物、烟草、茶叶的干燥，也可用作畜舍供暖、温室加热等。

国际上生物质气化发电目前有三种基本形式：一是内燃机/发电机机组；二是汽轮机/发电机机组；三是燃气轮机/发电机机组。现在我国利用生物质燃气发电主要是第一种形式。它包括三个组成部分：一是生物质气化部分；二是燃气冷却、净化部分；三是燃气发电。燃气可直接供给内燃机，也可由储气罐供给内燃机使用。现在我国采用的燃气净化方法是普通的物理方法，净化程度低，只能勉强达到内燃机的使用要求。

第7章 建筑围护结构节能施工

7.1 墙体节能施工

7.1.1 外墙保温施工的一般规定

除采用现浇混凝土外墙外保温系统外，外保温工程施工应在基层施工质量验收合格后进行；施工前，外门窗洞口应通过验收，洞口尺寸、位置应符合设计要求和质量要求，门窗框或辅框应安装完毕；伸出墙面的消防梯、水落管、各种进户管线和空调器等的预埋件、连接件应安装完毕，并按外保温系统厚度留出间隙。

保温隔热材料的厚度必须符合设计要求。保温板材与基层及各构造层之间的粘结或连接必须牢固。粘结强度和连接方式应符合设计要求。保温板材与基层的粘结强度应做现场拉拔试验。保温浆料应分层施工。当采用保温浆料做外保温时，保温层与基层之间及各层之间的粘结必须牢固，不应脱层、空鼓和开裂。当墙体节能工程的保温层采用预埋或后置锚固件固定时，锚固件数量、位置、锚固深度和拉拔力应符合设计要求。后置锚固件应进行锚固力现场拉拔试验。

基层应坚实、平整。保温层施工前，应进行基层处理。

外保温工程的施工应具备施工方案，施工人员应经过培训并经考核合格。

7.1.2 膨胀聚苯薄抹灰外墙外保温体系

1. EPS外墙保温施工工艺流程

基层检查、处理→弹控制线、挂基准线→配制专用粘结剂→预黏翻包网格布→黏聚外保温用聚苯板→安装固定件→保温板面打磨、找平→配制聚合物砂浆→抹底层聚合物砂浆→贴网格布→抹面层聚合物砂浆→验收。

下面主要对关键工艺流程进行介绍。

2. 施工工艺

（1）弹控制线、挂基准线。根据建筑立面设计和外墙外保温技术要求，在墙面弹出外门窗水平、垂直控制线及伸缩缝线、装饰缝线等。在建筑外墙大角（阴阳角）及其他必要处挂垂直基准钢线，每个楼层适当位置挂水平线，用以控制聚苯板的垂直度和平整度。

（2）配制专用粘结剂。根据专用粘结剂的使用说明书提供的掺配比例配制，专人负责，严格计量，机械搅拌，确保搅拌均匀。拌和好的粘结剂在静停5 min后再搅拌，方可使用。必须随拌随用，且拌和好的粘结剂保证在1 h内用完。

（3）预粘翻包网格布。凡在聚苯板侧边外露处（如伸缩缝、门窗洞口处），都应做网格布翻包处理。

（4）粘贴聚苯板。施工要点如下：① 外保温用聚苯板标准尺寸为 600 mm×900 mm、600 mm×1 200 mm 两种，非标准尺寸或局部不规则处可现场裁切，但必须注意切口与板面垂直；② 阴阳角处必须相互错茬搭接粘贴；③ 门窗洞口四角不可出现直缝，必须用整块聚苯板裁切出刀把状，且小边宽度≥200 mm；④ 粘贴方法采用点粘法，且必须保证粘结面积不小于 30%；⑤ 聚苯板抹完专用粘结剂后，必须迅速粘贴到墙面上，避免粘结剂结皮而失去粘接性；⑥ 粘贴聚苯板时，应轻柔、均匀挤压聚苯板，并用 2 m 靠尺和拖线板检查板面平整度和垂直度。粘贴时，注意清除板边溢出的粘结剂，使板与板间不留缝。

（5）安装固定件。固定件长度为板厚+50 mm。其安装应至少在粘完板的 24 h 后进行。用电锤在聚苯板表面向内打孔，孔径视固定件直径而定，进墙深度不小于 60 mm，拧入固定件，钉头和压盘应略低于板面。

（6）保温板面打磨、找平。对板面接缝高低较大的区域用粗砂纸打磨找平，打磨时动作要轻，并以圆周运动打磨。

（7）配制聚合物砂浆。方法及要求同配制专用粘结剂，在此不赘述。

（8）抹底层聚合物砂浆。在聚苯板面抹底层砂浆，厚度为 2～2.5 mm，同时将翻包网格布压入砂浆中。门窗洞口的加强网格布也应随即压入砂浆中。

（9）贴网格布。将网格布紧绷后贴于底层抹面砂浆上，用抹子由中间向四周把网格布压入砂浆的表层，要平整压实，严禁网格布褶皱。网格布不得压入过深，表面必须暴露在底层砂浆之外。网格布上下搭接宽度不小于 80 mm，左右搭接宽度不小于 100 mm。

（10）抹面层聚合物砂浆。网格布黏贴完后，在表面抹一层 0.5～1 mm 面层聚合物砂浆。

7.1.3　外贴式聚苯板外墙外保温系统

1. 构造做法及施工顺序

1）聚苯板涂料饰面保温系统

聚苯板涂料饰面保温系统基本构造如图 7.1 所示。施工程序为：清理基层墙体→胶粘剂粘贴、塑料膨胀锚栓固定聚苯板→抹聚合物抗裂砂浆中夹入耐碱玻纤网→刮柔性耐水腻子→涂料饰面。

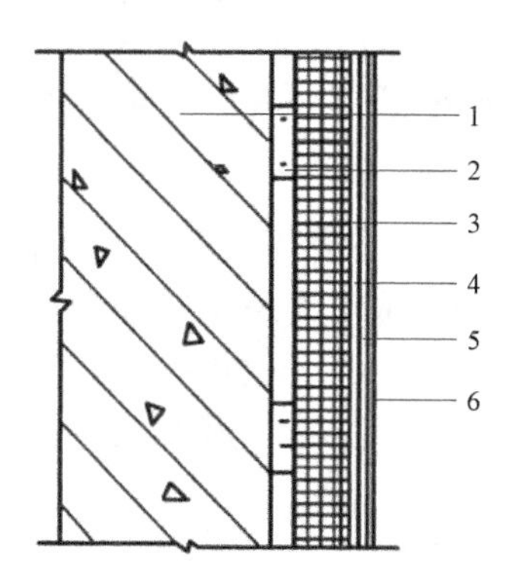

1—基层墙体；2—聚苯板粘贴；3—聚苯板；4—抗裂砂浆复合耐碱网布；5—弹性底涂、柔性腻子；6—外墙涂料

图 7.1　聚苯板涂料饰面保温系统

2）聚苯板复合 ZL 胶粉聚苯颗粒涂料饰面保温系统

聚苯板复合 ZL 胶粉聚苯颗粒涂料饰面保温系统如图 7.2 所示。施工程序为：清理基层墙体→胶粘剂粘贴、塑料膨胀锚栓固定聚苯板→抹胶粉聚苯颗粒浆 20 mm 厚→抹聚合物抗裂砂浆中夹入耐碱玻纤网→刮柔性耐水腻子→涂料饰面。

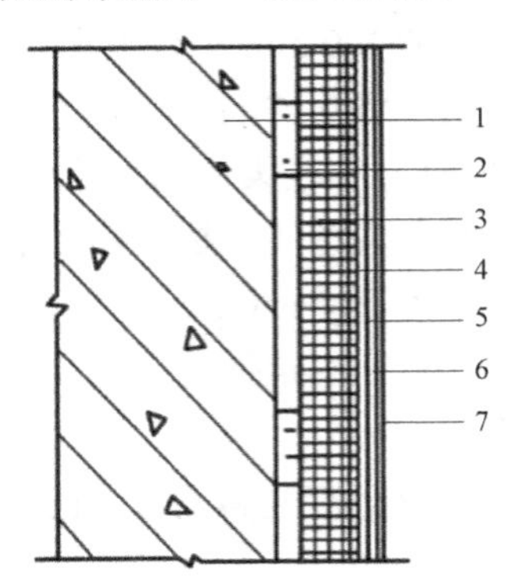

1—基层墙体；2—聚苯板粘贴；3—聚苯板；4—胶粉聚苯颗粒浆找平；5—抗裂砂浆复合耐碱网布；
6—弹性底涂、柔性腻子；7—外墙涂料

图 7.2　聚苯板复合 ZL 胶粉聚苯颗粒涂料饰面保温系统

3）聚苯板复合 ZL 胶粉聚苯颗粒面砖饰面保温系统

聚苯板复合 ZL 胶粉聚苯颗粒面砖饰面保温系统如图 7.3 所示。施工程序为：清理基层墙体→胶粘剂粘贴聚苯板→抹 ZL 胶粉聚苯颗粒保温浆料→抹第一遍聚合物抗裂砂浆→塑料膨胀锚栓固定热镀锌钢丝网→抹第二遍聚合物抗裂砂浆→粘贴面砖。

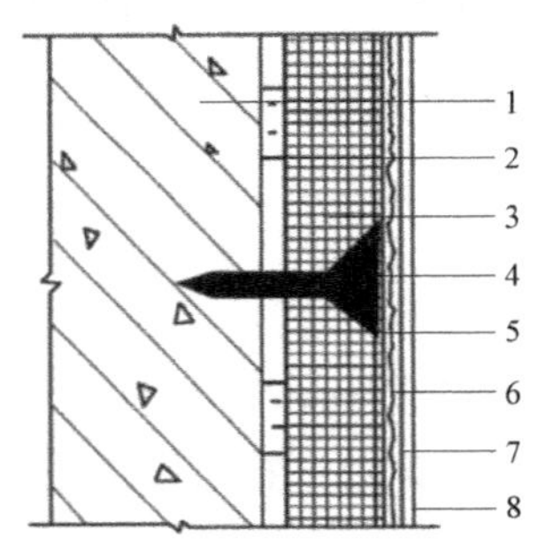

1—基层墙体；2—聚苯板粘贴；3—聚苯板；4—胶粉聚苯颗粒保温层；5—聚合物抗裂砂浆层；
6—抗裂砂浆复合热镀锌钢丝网（塑料栓锚固）；7—聚合物抗裂砂浆层；8—面砖

图 7.3　聚苯板复合 ZL 胶粉聚苯颗粒面砖饰面保温系统

2. 施工准备及材料配制

（1）聚苯板外墙外保温系统施工主要施工工具有不锈钢抹子、槽抹子、搓抹子、角抹子、700～1 000 r/min 电动搅拌器（或可调速电钻加配搅拌器）、专用锯齿抹子及粘有大于 20 粒度的粗砂纸的不锈钢打磨抹子。此外，配电热丝切割器、冲击钻、靠尺、刷子、多用刀、灰浆托板、拉线、墨斗、空气压缩机、开槽器、皮尺、毛辊等一般施工工具及操作人员必需的劳保用品等。

（2）基层墙体表面应清洁，无油污、脱模剂等妨碍粘结的附着物；凸起、空鼓和疏松部位应剔除并找平；找平层应与墙体粘结牢固（有可靠粘结力或界面处理措施），不得有脱层、空鼓、裂缝，面层不得有粉化、起皮、爆灰等现象。

（3）聚苯板的切割采用电热丝切割器切割成型，标准板尺寸一般为1 200 mm×600 mm，对角误差为±1.6 mm，非标准板用整板按实际需要尺寸加工，尺寸允许偏差为±1.6 mm，大小面应互相垂直。

（4）应严格按规定的配比和制作工艺现场配制胶黏剂，除规定外，严禁添加任何添加剂。

（5）双组分胶粘剂。配制胶粘剂用的树脂乳液开罐后，一般有离析现象，应在掺加水泥前，用专用电动搅拌器充分搅拌至均匀，再加入一定比例水泥继续搅拌至充分均匀并静置5 min后，视其和易性加入适量的水再搅拌，直至达到所需的黏稠度。

（6）单组分胶粘剂将干粉胶粘剂直接加入适量水，用专用电动搅拌器搅拌均匀，达到所需的黏稠度。

（7）每次配制的胶粘剂不宜过多，视不同环境温度控制在2 h内用完，或按产品说明书中规定的时间内用完。

（8）聚苯板保温层应采用“粘锚结合”方案。当采用EPS板时，其锚栓数量为：高层建筑标高20 m以下时，宜不少于3个/m²；20～50 m时，宜不少于4个/m²；50 m以上时，宜不少于6个/m²。锚栓长度应进入基层墙体内50 mm，锚栓固定件在阳角、檐口下、孔洞边缘四周应加密，其间距应不大于300 mm，距基层边缘不小于80 mm。

（9）饰面层为面砖时，应在底部第一排及每层标高保温板的每板端下方增设不锈角钢托架，间距小于或等于1 200 mm，角钢托架长150 mm，宽度由保温层厚度确定，每个托架由2个经防腐处理的膨胀螺栓与基层墙体固定。

（10）洞口四角的聚苯板应采用整块聚苯板切割成型，不得拼接。拼接缝距四角距离应大于200 mm，且须有锚固措施，并在洞口处增贴耐碱玻纤网。

3. 施工操作要点

（1）根据建筑物体形和立面设计要求设计聚苯板排板，特别应做好门窗洞口的排板设计。在经过处理的基层墙面上，用墨线弹出距散水标高20 mm的水平线和保温层变形缝宽度线，排出聚苯板粘结位置。所有细部构造应按标准图或施工图的节点大样处理。

（2）粘贴聚苯板前，按平整度和垂直度要求挂线（基层平整度偏差宜不超过3 mm，垂直度偏差不超过10 mm），进行系统起端和终端的翻包或包边施工。

（3）聚苯板贴宜采用点框粘贴方法，如图7.4所示。先用抹子沿保温板背面四周抹上胶粘剂，其宽度为50 mm，如采用标准板时，在板中还要均匀布置8个粘结饼，每个饼的

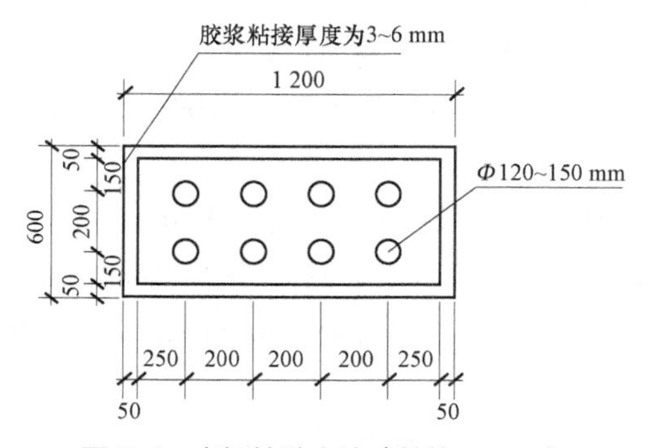

图7.4　点框粘贴方法（单位：mm）

粘结直径不小于 120 mm，胶厚 6～8 mm，中心距 200 mm，当采用非标准板时，板面中部粘结饼一般为 4～6 个。胶粘剂粘结面积与保温板面积比：当外表为涂料饰面时不得小于 40%；当为面砖饰面时不得小于 45%。

（4）胶粘剂应涂抹在聚苯板上，不应涂在基层上。涂胶点应按面积均布，板的侧边和底涂胶（需翻包标准网时除外）抹完胶粘剂后，应立即就位粘贴。

（5）聚苯板粘贴时，应先轻柔滑动就位，再采用 2 m 靠尺进行压平操作。不得局部用力按压，聚苯板对头缝应挤紧，并与相邻板齐平，胶粘剂的压实厚度宜控制在 3～6 mm，贴好后立即刮除板缝和板侧残留的粘结剂。聚苯板板间缝隙应不大于 2 mm，板间高差不得大于 1 mm，否则用砂纸或专用打磨机具打磨平整。为了减少对头缝热桥影响，宜将聚苯板四周边裁成企口，然后按上述方法粘贴。

（6）聚苯板应由勒脚部位开始，自下而上，沿水平方向铺设粘贴。竖缝应逐行错缝 1/2 板长，在墙角处交错互锁咬口连接，并保证墙角垂直度。

（7）门窗洞口角部应用整块板切割成 L 形粘贴，板间接缝距四角的距离应不小于 200 mm；门窗口内壁面贴聚苯板，其厚度视门窗框与洞口间隙大小而定，一般宜不小于 30 mm。

（8）锚栓在聚苯板粘贴 24 h 后开始安装，按设计要求的位置用冲击钻钻孔，孔径 ϕ10 mm，用 ϕ10 mm 聚乙烯胀塞，其有效锚固长度不小于 50 mm，并确保牢固可靠。

（9）塑料锚栓的钉帽与聚苯板表面齐平或略拧入些，确保膨胀栓钉尾部回拧使其与基层墙体充分锚固。

（10）聚苯板贴完后，至少静默 24 h，才可用金刚砂锉子将板缝不平处磨平，然后将聚苯板面打磨 1 遍，并将板面清理干净。

（11）铺设标准网时，先用抹子在聚苯板表面均匀涂抹一道厚度 1.5～2.0 mm 聚合物抗裂砂浆（底层），面积略大于一块玻纤网范围；然后立即将耐碱玻纤网压入抗裂砂浆中，压出抗裂砂浆表面应平整，直至把整片墙面做完；待胶浆干硬至可碰触时，再抹第二遍。聚合物水泥抗裂砂浆（面层）厚度为 1.0～1.2 mm，直至全部覆盖玻纤网，使玻纤网约处于两道抗裂砂浆中的中间位置，表面应平整。

（12）加强网铺设同标准网铺设，但加强网应采用对接。

（13）玻纤网铺设应自上而下，先从外墙转角处沿外墙一圈一圈铺设。当遇到门窗洞口时，要在洞口周边和四周铺设加强网。

（14）首层墙面及其他可能遭受冲击的部位，应加铺一层加强玻纤网；二层及二层以上如无特殊要求（门窗洞口除外），应铺标准网；勒脚以下部位宜增设钢丝网，采用厚层抹灰。

（15）标准网接缝为搭接，搭接长度应不少于 100 mm。转角处标准网应是连续的，从每边双向绕角后包墙的宽度（即搭接长度）应不小于 200 mm。加强玻纤网铺设完毕后，至少静默养护 24 h。在寒冷和潮湿的气候条件下，可适当加长养护时间，养护应避免雨水渗透和冲刷。

（16）标准网在下列终端应进行翻包处理：门窗洞口、管道或其他设备穿墙洞处；勒脚、阴阳台、雨篷等系统的尽端部位；变形缝等需终止系统的部位；女儿墙顶部。

（17）翻包标准网施工应按下列步骤进行。

① 裁剪窄幅标准网，长度由需翻包的墙体部位尺寸而定。

② 在基层墙体上所有洞口周边及保温系统起及终端处涂抹宽100 mm、厚2～3 mm的胶粘剂。

③ 将窄幅标准网的一端压入胶粘剂内10 mm，其余甩出备用，并保持清洁。

④ 将聚苯板背面抹好胶粘剂，将其压在墙上，然后用抹子轻轻拍击，使其与墙面粘贴牢固。

⑤ 将翻包部位的聚苯板的正面和侧面均涂抹上聚合物抗裂砂浆，将预先甩出的窄幅标准网沿板厚翻包，并压入抗裂砂浆内。当需要铺高加强网时，则先铺设加强网，再将翻包标准压在加强网之上。

（18）主体结构变形缝、保温层的伸缩缝和饰面层的分格缝的施工应符合下列要求。

① 主体结构缝按标准图或设计图纸施工，其金属调节片应在保温层粘贴前按设计要求安装就位，并与基层墙体牢固固定，做好防锈处理。缝外侧采用橡胶密封条或采用密封膏的部位应留出嵌缝背衬及密封膏的深度，无密封条或密封膏的部位与保温板面平齐。

② 保温层的伸缩缝按标准图或设计图纸施工。缝内填塞比缝宽大于1.3倍的嵌缝衬条（如软聚乙烯泡沫塑料条），并分2次勾填密封膏，密封膏凹进保温层外表面5 mm；当在饰面层施工完毕后，再勾填密封膏时，事先用胶带保护墙面，确保墙面免受污染。

③ 饰面层分格缝，按设计要求分格，槽深小于或等于8 mm，槽宽10～12 mm。抹聚合物抗裂砂浆时，先处理槽缝部位，在槽口加贴一层标准玻纤网，并伸出槽口两边10 mm；分格缝也可采用塑料分隔条施工。

（19）装饰线条安装应按下列步骤进行。

① 装饰线条采用与墙体保温材料性能相同的聚苯板。

② 装饰线条凸出墙面时，可采用两种安装方式：第一种是在保温用聚苯板粘贴完毕后，按设计要求用墨线在聚苯板面弹出装饰线具体位置，将装饰线条用胶粘剂粘贴在设计位置上，表面用聚合物抗裂砂浆铺贴标准网，并留出大于或等于100 mm的搭接长度；第二种是将凸出装饰线按设计要求先用胶粘剂粘贴在基层墙面上，再用胶粘剂粘贴装饰线，上下保温用聚苯板。

③ 装饰线条凹进墙面时，应在粘贴完毕的保温聚苯板上，按设计要求用墨线弹出装饰线具体位置，用开槽器按图纸要求将聚苯板切出凹线或图案，凹槽处聚苯板的实际厚度不得小于20 mm，然后压入标准网。墙面粘贴的标准网与凹槽周边甩出的网布需搭接。

④ 装饰线条凸出墙面保温板的厚度不得大于250 mm，且应采取安全锚固措施。

⑤ 装饰件铺网时，饰件应在大面积网外装贴，再加附加网，附加网与大面积网应有一定的搭接宽度。

（20）饰面层施工应符合下列要求。

① 施工前，应检查聚合物抗裂砂浆是否有抹子抹痕，耐碱玻纤网是否全部嵌入，然后修补抗裂砂浆缺陷和凹凸不平处，并用细砂纸打磨一遍。

② 待聚合物抗裂砂浆表干后，即可进行柔性耐水腻子施工。用镘刀或刮板批刮，待第一遍柔性腻子表干后，再刮第二遍柔性腻子。压实磨光成活，待柔性腻子完全干固后，即可进行与保温系统配套的涂料施工。

③ 采用涂料饰面系统，应采用高弹性防水耐擦洗外墙涂料，并按《建筑装饰装修工程质量验收标准》（GB 50210—2018）规定施工。

④ 采用面砖饰面系统，应增设热镀锌钢丝网和锚栓固定，并按《外墙饰面砖工程施工及验收规程》（JGJ 126—2015）规定施工。

⑤ 当采用模塑或挤塑聚苯板复合 ZL 胶粉聚苯颗粒料饰面保温系统时，仅需在聚苯板粘结和用塑料膨胀锚栓固定，并清除表面污物后，增抹一层厚 15 mm ZL 胶粉聚苯颗粒浆料作为保温找平层，然后做饰面层施工即可。

⑥ 当采用模塑或挤塑聚苯板复合 ZL 胶粉聚苯颗粒面砖饰面保温系统时，则在聚苯板粘结牢固并清除表面污物后，增抹一层厚 15 mm ZL 胶粉聚苯颗粒浆料作为保温找平层，然后抹第一遍厚 3～4 mm 的聚合物抗裂砂浆，待抗裂砂浆干燥后达到一定强度后固定热镀锌钢丝网，固定件间距为双向@500 mm，再抹第二遍厚 5～6 mm 的聚合物抗裂砂浆，最后用专用黏结砂浆粘贴面砖。

7.1.4 大模内置无网保温系统

1. 构造做法及施工顺序

1）大模内置无网聚苯板涂料饰面保温系统

大模内置无网聚苯板涂料饰面保温系统如图 7.5 所示。施工程序为：绑扎外墙钢筋骨架、验收→聚苯板内外表面喷涂界面砂浆→置入聚苯板、用塑料锚栓或塑料卡钉固定在钢筋骨架上→安装大模板→浇筑混凝土→拆除大模板→抹聚合物抗裂砂浆中夹入耐碱玻纤网→刮柔性耐水腻子→涂料饰面。

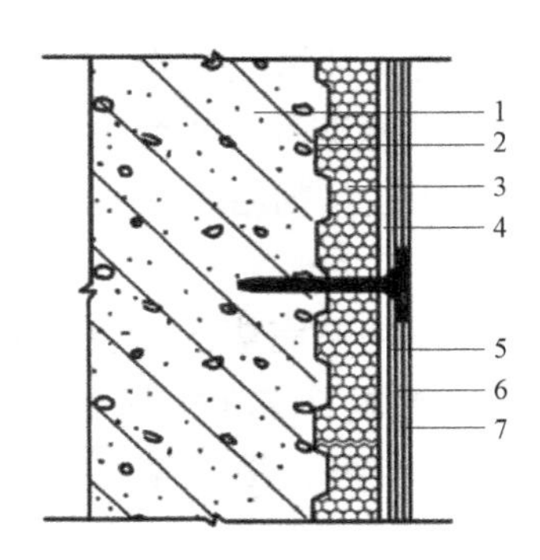

1—基层墙体；2—界面砂浆；3—聚苯板；4—钢筋骨架；5—抗裂砂浆复合耐碱网布；6—弹性底涂、柔性腻子；7—外墙涂料

图 7.5 大模内置无网聚苯板涂料饰面保温系统

2）大模内置无网聚苯板复合 ZL 胶粉聚苯颗粒涂料饰面外保温系统

大模内置无网聚苯板复合 ZL 胶粉聚苯颗粒涂料饰面外保温系统如图 7.6 所示。仅在拆除大模板后增加抹 20 mm 厚 ZL 胶粉聚苯颗粒浆料保温找平层，其余皆与前述相同。

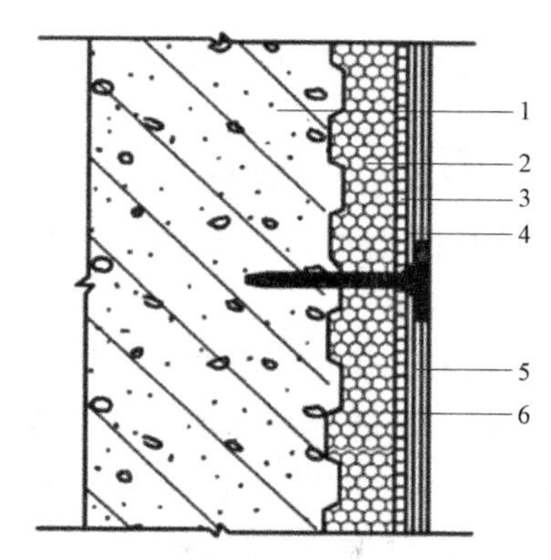

1—基层墙体；2—聚苯板；3—胶粉聚苯颗粒找平层；4—抗裂砂浆复合耐碱网布；
5—弹性底涂、柔性腻子；6—外墙涂料

图 7.6 大模内置无网聚苯板复合 ZL 胶粉聚苯颗粒浆料外保温系统

3）大模内置无网聚苯板复合 ZL 胶粉聚苯颗粒面砖饰面外保温系统

大模内置无网聚苯板复合 ZL 胶粉聚苯颗粒面砖饰面外保温系统参见图 7.3。施工程序为：以前工序同“①”→拆除大模板→抹 ZL 胶粉聚苯颗粒浆料抹第一遍厚聚合物抗裂砂浆→ϕ0.9 mm 热镀锌钢丝网用塑料锚栓与基层墙体固定→抹第二遍聚合物抗裂砂浆→专用粘结砂浆粘贴面砖。

2. 施工准备及材料配制

（1）施工所用的主要工具及设备同 7.1.3 节中第 2 条“施工准备及材料配制”。

（2）聚苯板宽度宜为 1 200 mm，高度宜为建筑物高度，即与大模板同高；大小面互相垂直，对角误差为±1.6 mm，聚苯板单面开矩形（燕尾）槽，聚苯板两侧边裁成企口。

（3）外墙体钢筋安装绑扎完毕，预验合格，水电等专业预埋预留完成，预验合格。

（4）墙体大模板位置、控制线及控制各大角垂直线均设置完毕并预验合格。

（5）用于控制钢筋保护层水泥砂浆垫块已按要求绑扎完毕（每平方米保温板面不得少于 3 块）。

（6）聚苯板已开好单面矩形（燕尾）槽，并在内外表面喷涂界面砂浆；大模板对拉螺栓穿孔，聚苯板锚栓穿孔。

（7）加工好浇筑混凝土和振捣时，保护聚苯板所用的门形镀锌铁皮保护套，高度视实际情况而定，宽度为保温板厚+大模板厚，材料为镀锌铁皮。

3. 施工操作要求

（1）根据弹好的墨线安装保温板，保温板凹槽面朝里，平面朝外，先安装阴阳角保温构件，再安装大面积保温板。安装时，板缝不能留在门窗四角，并应分块进行标记。

（2）安装前，保温板两侧企口处均匀涂刷胶粘剂，保证将保温板竖缝之间相互粘结在一起。

（3）在安装好的保温板面上弹线，标出锚栓位置，用电烙铁或其他工具在锚栓定位处穿孔，然后在孔内塞入胀管，其尾部与墙体钢筋绑扎，以固定保温板。

（4）用 100 mm 宽、10 mm 厚保温板，满涂胶粘剂填补门窗洞口两边齿槽缝隙的凹槽处，以免在浇筑混凝土时在该处跑浆。冬期施工时，保温板上可不开洞口，待全部保温板安装完毕后，再切割出洞口。

（5）安装钢制大模板，应在保温板外侧根部采取可靠的定位措施，以防模板压损保温板。大模板就位后，穿螺栓紧固校正，连接必须严密、牢固，以防出现错台或漏浆现象。

（6）浇筑混凝土前，在保温板和大模板上部扣上“门”形镀锌铁皮保护套，将保温板和大模板一同扣住。大模板吊环处，可在保护套上侧开口将吊环放在开口内。

（7）浇筑混凝土应确保混凝土振捣密实。门窗洞口处浇灌混凝土时，沿洞口两边同时下料，使两侧浇灌高度大体一致。严禁振捣棒紧靠保温板。

（8）拆除模板后，及时修整墙面混凝土边角和板面余浆。

（9）穿墙套管拆除后，以干硬性砂浆堵塞孔洞。保温板孔洞部位须用 ZL 胶粉聚苯颗粒浆料堵塞，并深入墙内大于 50 mm。

（10）抹面层聚合物抗裂砂浆前，清理保温层面层污物，板面、门窗洞口保温板如有缺损，采用 ZL 胶粉聚苯颗粒浆料或聚苯板修补，不平之处应打磨。

（11）抹聚合物抗裂砂浆标准网和加强网的铺设，门窗洞口的处理，玻纤网翻包，沉降缝、抗震缝、伸缩缝、分格缝的处理，装饰线条的安装以及柔性防水腻子和涂料施工皆与装饰工程施工相同。

（12）采用大模内置无网聚苯板复合 ZL 胶粉聚苯颗粒浆料外保温系统（涂料饰面和面砖饰面）拆除大模板前皆与“（1）～（11）”相同，拆除大模板后，对于涂料饰面，增加抹 20 mm 胶粉聚苯颗粒浆料保温找平层；对于面砖饰面，应先用塑料锚栓固定设热镀锌钢丝网，再抹 20 mm 胶粉聚苯颗粒保温浆料找平层，其余施工方法皆与“（7）～（11）”规定相同。

7.1.5 外墙保温砂浆施工

1. 外墙保温砂浆材料组成

外墙保温砂浆是将无机保温砂浆、弹性腻子（粗灰腻子、细灰腻子）与保温涂料（含抗碱防水底漆）或与面砖和勾缝剂按照一定的方式复合在一起，设置于建筑物墙体表面。对建筑物起保温隔热、装饰和保护作用的体系称“无机保温隔热系统”。保温砂浆由下列材料组成。

（1）无机空心体：为中空的球体或不规则体，里面封闭不流动的空气或氮气，形成阻断热传导的物质。

（2）对流阻断体：填充无机空心体之间的孔隙，防止其间的空气出现对流，提高隔热效果。

（3）少量硅酸盐：提高无机保温砂浆层硬度。

（4）无机粘结剂：改善无机保温砂浆层和基层的粘结效果，提高无机保温砂浆层本身的强度。

（5）助剂：改善无机保温砂浆的贮存性能、施工性能、保水性能等。

2. 基层墙体准备

（1）施工前，清除墙面浮灰、油污、隔离剂及墙角杂物，保证施工作业面干净，混凝土墙面上因有不同的隔离剂，需做适当的界面处理。其他墙面只要剔除突出墙面大于 10 mm 的异物保证干净即可，无须特殊处理。

（2）基层墙面、外墙四角、洞口等处的表面平整度及垂直度应满足有关施工验收规范的要求。

（3）按垂直、水平方向在墙角、阳台栏板等处弹好厚度控制线。

（4）按厚度控制线，用膨胀玻化微珠保温防火砂浆做标准厚度灰饼、冲筋，间隔适度。

3. 施工工艺

1）工艺流程

面饰涂料工艺流程：基层墙面清理（混凝土墙面界面处理）→测量垂直度、套方、弹控制线→做灰饼、冲筋→抹保温砂浆→弹分格线、开分格槽、嵌贴滴水槽→抹抗裂砂浆→刮柔性耐水腻子→面层装饰涂料。

面饰瓷砖工艺流程：基层墙面清理（混凝土墙面界面处理）→测量垂直度、套方、弹控制线→做灰饼、冲筋→抹保温砂浆→铺设低碳镀锌钢丝网→打锚固钉固定在主体墙体上→抹聚合物罩面砂浆→用专用瓷砖粘结砂浆黏贴瓷砖→瓷砖勾缝处理。

2）作业条件

结构工程全部完工，并经有关部门验收合格；门窗框与墙体联结处的缝隙按规范规定嵌塞；施工墙面的灰尘、污垢和油渍清理干净；脚手架搭设完成并验收合格；横竖杆与墙面、墙角的间距保证满足保温层厚度和施工要求；施工环境温度不低于 5 ℃，严禁雨天施工。

4. 施工方法

（1）当窗框安装完毕后，将窗框四周分层填塞密实，保温层包裹窗框尺寸控制在 10 mm。

（2）在清理干净的墙面上，用配好的保温料浆压抹第一层（厚度不低于 10 mm），使料浆均匀密实并将墙面覆盖，待稍干燥后，按设计要求抹至规定厚度，并用大杠搓平，门窗、洞口的垂直度平整度均达到规范质量要求后，再在表面收平压实。

（3）抹灰厚度大于 25 mm 时，可分两次抹涂。待第一次抹浆硬化后（24 h）进行第二次抹浆，抹涂方法与普通砂浆相同。

（4）对于外饰涂料的墙体，待保温砂浆硬化后，在其表面涂刮抗裂砂浆罩面，涂刮厚度为 1～2 mm，使其具有良好的防渗抗裂性能。同时对后续装饰工程形成很好的界面层，增强装饰装修效果。

（5）对于外贴瓷砖的墙体，待保温砂浆硬化后，在其表面涂刮上 3 mm 的聚合物抹面抗裂砂浆，铺设低碳镀锌钢丝网，打上锚固钉，固定在主体墙壁上，再涂刮上 2 mm 的聚合物抗裂砂浆，待其干燥后，用专用的瓷砖粘结砂浆粘贴瓷砖。

（6）首层外保温的阳角，用专用金属护角或网格布护角处理。其余各层阴角、阳角以及门窗洞口角各部用玻纤网格布搭接增强，网格布翻包尺寸 150～200 mm。

（7）设计要求用色带来体现立面效果时，在保温砂浆施工完毕后，弹出色带控制线，用壁纸刀开出设定的凹槽，深度约为 10 mm，处理时应做工精细，保证色带内表面和侧面平整和光滑。聚合物抹面抗裂砂浆施工时，色带和大面同时进行，色带部位用专用小型工具，作出阴阳角，并保证平整和顺直。

（8）根据设计要求弹出滴水槽控制线，然后用壁纸刀沿控制线划开设定的凹槽，用聚合物抹面抗裂砂浆填满凹槽，并与聚合物抹面抗裂砂浆粘结牢固，然后清理出抗裂砂浆，确保粘结牢固。滴水槽的位置应处于同一水平面上，并距窗口外边缘距离相等。

（9）保温砂浆属于柔性涂层，严禁在其表面进行刚性涂层施工。其外装饰可按照设计要求施工。

（10）涂料装饰、贴瓷砖、干挂石材等，与其配套使用的涂料必须是弹性涂料和柔性耐水腻子、专用面砖粘结砂浆等，以保证工程质量和施工效果。

7.2 门窗节能施工

7.2.1 木门窗安装

1. 材料性能要求和施工工具

（1）门窗的规格、型号、数量、选材等级、含水率及制作质量必须符合设计要求，有出厂合格证。外用窗的传热系数应符合节能设计要求。

（2）门窗五金及其配件的种类、规格、型号必须符合设计要求，有产品合格证书。

（3）门窗玻璃、密封胶、油漆、防腐剂等应符合设计选用要求，有产品合格证书。

施工工具包括：电锯、电刨、手电钻等机具，螺钉旋具、斧、刨、锯、锤子及放线、检测工具等工具。

2. 作业条件

（1）进入施工现场的木门窗应经检查验收合格。

（2）门窗框靠墙、靠地的一面应涂刷防腐涂料，然后通风干燥。

（3）木门窗应分类水平码放在仓库内的垫木上，底层门窗距离地面应不小于 200 mm。每层门窗框或扇之间应垫木板条，以便通风。若在敞棚堆放，底层门窗距离地面不小于 400 mm，并采取措施防止日晒雨淋。

（4）预装门窗框，应分别在楼、地面基层标高和墙砌到窗台标高时安装；后装的门窗框应在门窗洞口处按设计要求埋设预埋件或防腐木砖，在主体结构验收合格后安装。

（5）门窗扇的安装应在饰面完成后进行。

（6）安装前，检查门窗框、扇有无翘扭、窜角、劈裂、榫槽间松散等缺陷，如有则进行修理。

3. 施工工艺

木门窗安装工艺流程如下：安装定位→安装门窗框→安装门窗扇→安装贴脸板、筒子板、窗台板、窗帘盒→安装五金、配件。

1）安装定位

门窗框安装前，应按施工图要求，分别在楼、地面基层上和窗下墙上弹出门窗安装定位线。门窗框的安装必须符合设计图纸要求的型号和门窗扇的开启方向。

2）安装门窗框

① 预装的门窗框。立起的门窗框按规格型号要求做临时支撑固定，待墙体砌过两层木砖后，可拆除临时支撑并矫正门窗框垂直度。

② 后装的门窗框。在主体结构验收合格后进行，安装前应检查门窗洞口的尺寸、标高和防腐木砖的位置。

③ 对等标高的同排门窗，应按设计要求拉通线检查门窗标高；外墙窗应吊线坠或用经纬仪从上向下校核窗框位置，使门窗的上下、左右在同一条直线上。对上下、左右不符线的结构边角应进行处理。用垂直检测尺校正门窗框的正、侧面垂直度，用水平尺校正冒头的水平度。

④ 靠内墙皮安装的门窗框应凸出墙面，凸出的厚度应等于抹灰层或装饰面层的厚度。

⑤ 用砸扁钉帽的铁钉将门窗框钉牢在防腐木砖上，钉帽要冲入木门窗框内1～2 mm，每块防腐木砖要钉两处以上。

3）安装门窗扇

① 量出樘口净尺寸，考虑留缝宽度，定出扇高、扇宽尺寸，先定中间缝的中线，再画边线，并保证梃宽一致。四边画线后刨直。

② 修刨时，先锯掉余头，略修下边。双扇先作打叠高低缝，以开启方向的右扇压左扇。

③ 若门窗扇高、宽尺寸过小，可在下边或装合页一边用胶和铁钉绑钉刨光木条。钉帽砸扁，钉入木条内1～2 mm。锯掉余头刨平。

④ 平开扇的底边，中悬扇的上下边，上悬扇的下边，下悬扇的上边应刨成1 mm的斜面。

⑤ 试装门窗扇时，先用木楔塞在门窗扇的下边，然后检查缝隙，并注意窗楞和玻璃芯子平直对齐。合格后画出铰链的位置线，剔槽装铰链。

4）安装贴脸板、筒子板、窗台板和窗帘盒

按图纸做好贴脸板，在墙面粉刷完毕后量出横板长度，两头锯成45°，贴紧框子冒头钉牢，再量竖板，并钉牢在门窗两侧框上。要求横平竖直，接角密合，搭盖在墙上宽度不少于20 mm。筒子板钉在墙上预埋的防腐木砖上，钉法同贴脸板。窗台板应按设计要求制作，并钉在窗台口预埋木砖上。窗帘盒两端伸出洞口长度应相等，在同一房间内标高应一致，并保持水平。

5）安装五金、配件

① 铰链安装均应在门窗扇上试装合适后，画线剔槽。先安扇上后安框上。铰链距门窗扇上下端的距离为扇高、梃高的1/10，且避开上下冒头。门窗扇往框上安装时，应先拧入一个螺钉，然后关上门窗扇检查缝隙是否合适，口与扇是否平整，无误后方可将全部螺钉拧入拧紧。门窗扇安好后必须开关灵活。

② 安装地弹簧时，必须使两轴套在同一直线上，并与扇底面垂直。从轴中心挂垂线，定出底轴中心，安好底座，并用混凝土固定底座外壳，待混凝土强度达到C10以上，再安装门扇。

③ 装窗插销时，先固定插销底板，再关窗打插销压痕，凿孔，打入插销。门插销应位于门内拉手下边。

④ 风钩应装在窗框下冒头与窗扇下冒头夹角处，使窗扇开启后约成90°，并使上下各层窗扇开启后整齐一致。

⑤ 门锁距地面高900～1 000 mm，并错开中冒头与立梃的结合处。

⑥ 门窗拉手应在扇上框前装设，位置在门窗扇中线以下。窗拉手距地面1.5～1.6 m，门拉手距地面0.8～1.0 m。

⑦ 安装五金时，必须用木螺钉固定，不得用铁钉代替。固定木螺钉时，先用锤打入全长的1/3，再用螺钉旋具拧入，严禁全部打入。

7.2.2 铝合金门窗安装

1. 材料性能要求和施工工具

（1）门窗的品种、规格、型号、尺寸应符合设计要求，并有出厂合格证。外用窗的传热系数应符合节能设计要求。

（2）门窗的五金及配件的种类、型号、规格应符合设计要求，并应有产品合格证。

（3）门窗的玻璃、密封胶、密封条、嵌缝材料、防锈漆、连接铁脚、连接铁板等应符合设计选用要求，并应有产品合格证。

（4）门窗的外观、外形尺寸、装配质量、力学性能应符合设计要求和国家现行标准的有关规定。门窗表面不应有影响外观质量的缺陷。

施工工具包括电焊机、电锤、电钻、射钉枪、切割机等机具，螺钉旋具、锤子、扳手、钳子及放线、检测工具等工具。

2. 作业条件

（1）进入施工现场的门窗应经检查验收合格。

（2）运到现场的门窗应分型号、规格竖直排放在仓库内的专用木架上。樘与樘之间用软质材料隔开，防止相互磨损，压坏玻璃及五金配件。露天存放时应用苫布覆盖。

（3）主体结构已施工完毕，并经有关部门验收合格或墙面已粉刷完毕。

（4）主体结构施工时，门窗洞口四周的预埋铁件的位置、数量是否符合图纸要求，如有问题应及时处理。

（5）拆开包装，检查门窗的外观质量、表面平整度及规格、型号、尺寸、开启方向是否符合设计要求及国家现行标准的有关规定。检查门窗框扇角梃有无变形，玻璃、零件是否损坏，如有破损，应及时更换或修复后方可安装。门窗保护膜若发现有破损的，应补粘后再安装。

（6）准备好安装脚手架或梯子，并做好安全防护。

3. 施工工艺

铝合金门窗安装工艺流程如下：施工前检查→门窗框外表面防腐处理→安装门窗→嵌缝密封→安装门窗扇、门窗玻璃→安装五金、配件→清洗保护。

（1）施工前检查。对等标高的同排门窗，应按设计要求拉通线检查门窗标高；外墙窗应吊线坠或用经纬仪从上向下校核窗框位置，使门窗的上下、左右在同一条直线上。对上下、左右不符线的结构边角应进行处理。根据建筑物墙面粉刷材料确定门窗洞口比门窗框尺寸大 30～60 mm。

（2）门窗框外表面防腐处理。应按设计要求或粘贴塑料薄膜进行保护，以免水泥砂浆直接与铝合金门窗表面接触，产生电化学反应，腐蚀铝合金门窗。连接铁件、锚固板等安装用金属零件应优先选用不锈钢件，否则必须进行防腐处理，以免产生电化学反应，腐蚀铝合金门窗。

（3）安装门窗。安装时，需做到以下几点。

① 根据设计要求，将门、窗框立于墙的中心线部位或内侧，使窗、门框表面与饰面层相适应。按照门窗安装的水平、垂直控制线，对已就位立樘的门窗进行调整、支垫，符合要求后，再将镀锌锚板固定在门窗洞口内。

② 铝合金门窗框上的锚固板与墙体的固定方法可采用射钉固定法、燕尾铁脚固定法及膨胀螺钉固定法等。当墙体上预埋有铁件时，可把铝合金门窗框上的铁脚直接与墙体上的预埋铁件焊牢。锚固板的间距应不大于 500 mm。

③ 带型窗、大型窗的拼接处，如需增设组合杆件（型钢或型铝）加固，则其上、下部要与预埋钢板焊接，预埋件可按每 1 000 mm 间距在洞口内均匀设置。

④ 严禁在铝合金门、窗上连接地线进行焊接工作。当固定铁码与洞口预埋件焊接时，门、窗框上要盖上橡胶石棉布，防止焊接时烧伤门窗。

（4）嵌缝密封。铝合金门窗安装固定后，应进行验收。验收合格后，及时按设计要求处理门窗框与墙体间的缝隙。若设计没有要求时，可采用矿棉条或玻璃棉毡条分层填塞，缝隙表面留 5～8 mm 深的槽口，填嵌密封材料。在施工中不得损坏门窗上面的保护膜。如表面沾上水泥砂浆，应随时擦净，以免腐蚀铝合金，影响外表美观。全部竣工后，剥去门、窗上的保护膜，如有油污、脏物，可用醋酸乙酯擦洗（操作时应注意防火）。

（5）安装门窗扇、门窗玻璃。安装工作应在室内外装修基本完成后进行，并做到以下几点。

① 推拉门窗扇的安装。先将外扇插入上滑道的外槽内，自然下落于对应的下滑道的外滑道内，再用同样的方法安装内扇。应注意推拉门窗扇必须有防脱落措施，扇与框的搭接量应符合设计要求。可调导向轮应在门窗扇安装之后调整，调节门、窗扇在滑道上的高度，并使门、窗扇与边框间平行。

② 平开门窗扇的安装。先把合页按要求位置固定在铝合金门窗框上，然后将门窗扇嵌入框内临时固定，调整合适后，再将门窗扇固定在合页上，必须保证上、下两个转动部分在同一个轴线上。

③ 地弹簧门扇的安装。先将地弹簧的顶轴安装于门框顶部，挂垂线确定地弹簧的安装位置，安好地弹簧，并浇筑混凝土使其固定。待混凝土达到设计强度后，调节上门顶轴

将门扇装上，最后调整门扇间隙及门扇开启速度。

④ 固定玻璃的安装。如压线朝外，应在压线上打密封胶后压入固定。

（6）安装五金、配件。五金配件的安装应正确无误，保证能正常开启，同时保证水密性、气密性。

（7）清洗保护。铝合金门窗交工前，应将型材表面的塑料胶纸撕掉，如果塑料胶纸在型材表面留有胶痕，宜用香蕉水清洗干净。可用水或浓度为1%～5%、pH7.3～pH9.5的中性洗涤剂充分清洗铝合金门、窗框扇，再用布擦干。不宜用酸性或碱性制剂清洗，也不能用钢刷刷洗。玻璃应用清水擦洗干净；对浮灰或其他杂物，要全部清除干净。

7.2.3 塑料门窗安装

1. 材料性能要求和施工工具

（1）门窗的品种、规格、型号、尺寸应符合设计要求，并有出厂合格证。外用窗的传热系数应符合节能设计要求。

（2）门窗的五金及配件的种类、型号、规格应符合设计要求，并应有产品合格证。

（3）塑料门窗的玻璃、密封胶、嵌缝材料等应符合设计选用要求，并应有产品合格证。

（4）塑料门窗的外观、装配质量、力学性能应符合设计要求和国家现行标准的有关规定。塑料门窗中的竖框、中横框或拼樘等主要受力杆件中的增强型钢，应在产品说明书中注明规格、尺寸。门窗表面不应有影响外观质量的缺陷。

施工工具包括：电锤、电钻、射钉枪等机具，螺钉旋具、锤子、扳手及放线、检测工具等工具。

2. 作业条件

（1）进入施工现场的塑料门窗应经检查验收合格。

（2）运到现场的塑料门窗应分型号、规格竖直排放在仓库内的专用木架上。远离热源1 m以上，环境温度低于50 ℃。露天存放时应用苫布覆盖。

（3）主体结构已施工完毕，并经有关部门验收合格或墙面已粉刷完毕。

（4）当门窗用预埋木砖与墙体连接时，墙体中应按设计要求埋置防腐木砖。加气混凝土墙应预埋粘胶圆木。

（5）安装组合窗的洞口，应在拼樘料的对应位置设预埋件或预留洞。

（6）安装前，检查门窗框、扇有无变形、劈裂等缺陷，如有，则进行修理或更换。

（7）安装塑料门窗时的环境温度宜不低于5 ℃。

（8）准备好安装脚手架或梯子，并做好安全防护。

3. 施工工艺

塑料门窗安装工艺流程如下：洞口检查→安装门窗框→嵌缝密封→安装门窗扇→安装玻璃→安装五金、配件→清洗保护。下面对其中的关键施工工艺进行简要介绍。

（1）洞口检查。对等标高的同排门窗，应按设计要求拉通线检查门窗标高；外墙窗应吊线锤或用经纬仪从上向下校核窗框位置，使门窗的上下、左右在同一条直线上。对上下、左右不符线的结构边角应进行处理。注意门窗洞口比门窗框尺寸大 30～60 mm。

（2）安装门窗框。安装时做好以下几个要点。

① 将塑料门窗按设计要求的型号、规格搬到相应的洞口旁竖放。当塑料门窗在 0 ℃以下环境中存放时，安装前应在室温下放置 24 h。当有保护膜脱落时，应补贴保护膜。在门窗框上画中线。

② 如果玻璃已装在门窗框上，应卸下玻璃，并做好标记。

③ 塑料门窗框与墙体的连接固定点间距应不大于 600 mm，连接固定点距框角应不大于 150 mm。在连接固定点位置，用 3.5 mm 钻头在塑料门窗框的背面钻安装孔，并用 M4×20 mm 自攻螺钉将固定片拧固在框背面的燕尾槽内。

④ 根据设计要求的位置和门窗开启方向，确定门窗框的安装。首先，将塑料门窗框放入洞口内，使其上下框中线与洞口中线对齐，无下框平开门应使两边框的下脚低于地面标高线 30 mm，带下框的平开门或推拉门应使下框低于地面标高线 10 mm；然后，将上框的一个固定片固定在墙体上，并调整门框的水平度、垂直度和直角度，用木楔临时固定。

⑤ 门窗框与墙体固定时，先固定上框，后固定边框。门窗框固定方法符合表 7.1 要求。

表7.1　门窗框固定方法

项目	方　法
混凝土墙洞口	应采用射钉或塑料膨胀螺钉固定
砖墙洞口	采用塑料膨胀螺钉或水泥钉固定，但不得固定在砖缝上
加气混凝土墙洞口	采用木螺钉将固定片固定在胶粘圆木上
设有预埋铁件的洞口	采用焊接方法固定，也可先在预埋件上按紧固件打基孔，然后用紧固件固定
设有防腐木砖的墙面	采用木螺钉把固定片固定在防腐木砖上
窗下框与墙体的固定	将固定片直接伸入墙体预留孔内，用砂浆填实

⑥ 安装门连窗或组合窗时，门与窗采用拼樘料拼接、拼樘料与洞口的连接方法如下：拼樘料与混凝土过梁或柱子连接时，应将拼樘料内增强型钢与梁或柱上的预埋铁件焊接牢固；拼樘料与砖墙连接时，先将拼樘两端插入预留洞中，然后用 C20 细石混凝土浇灌固定。

⑦ 应将门窗框或两窗框与拼樘料卡接，并用紧固件双向扣紧，其间距不大于 600 mm；紧固件端头及拼樘料与窗框之间缝隙用嵌缝油膏密封处理。

（3）嵌缝密封。塑料门窗上的连接件与墙体固定后，卸下木楔，清除墙面和边框上的浮灰，即可进行门窗框与墙体间的缝隙处理，并应符合以下要求。

① 在门窗框与墙体之间的缝隙内嵌塞 PE 高发泡条、矿棉毡或其他软填料，外表面留出 10 mm 左右的空槽。

② 在软填料内外两侧的空槽内注入嵌缝膏密封。

③ 注嵌缝膏时墙体需干净、干燥，注胶时室内外的周边均需注满、打匀，注嵌缝膏后应保持 24 h 不得见水。

（4）安装门窗扇。安装时做好以下几个要点。

① 平开门窗。先剔好框上的铰链槽，再将门窗扇装入框中，调整扇与框的配合位置，并用铰链将其固定，然后复查开关是否灵活自如。

② 推拉门窗。由于推拉门窗扇与框不连接，因此对可拆卸的推拉扇，先安装好玻璃后再安装门窗扇。

③ 对出厂时框扇就连在一起的平开塑料门窗，则可将其直接安装，再检查开闭是否灵活自如。如发现问题，则进行必要的调整。

（5）安装玻璃。安装时，注意避免玻璃与玻璃槽的直接接触。采用玻璃压条装入框内的固定玻璃。玻璃四周（每边 2 个）垫上合适规格的垫块，固定边框上垫块的材料选用聚氯乙烯胶。将密封且不变形、不脱落的中隔条嵌入双层玻璃的玻璃夹层四周。为了进一步保证质量，需要保持玻璃槽及玻璃内表面干燥与清洁。

（6）安装五金、配件。安装时做好以下几个要点。

① 安装五金配件时，先在框、扇杆件上钻出略小于螺钉直径的孔眼，然后用配套的自攻螺钉拧入，严禁将螺钉用锤直接打入。

② 安装门窗铰链时，固定铰链的螺钉至少穿过塑料型材的两层中空腔壁，或与衬筋连接。

③ 在安装平开塑料门窗时，剔凿铰链槽不可过深，不允许将框边剔透。

④ 平开塑料门窗安装五金时，给开启扇留一定的吊高，正常情况是门扇吊高 2 mm，窗扇吊高 1.2 mm。

⑤ 安装门锁时，先将整体门扇插入门框铰链中，再按门锁说明书的要求装配门锁。

⑥ 塑料门窗的所有五金配件均应安装牢固，位置端正，使用灵活。

（7）清洗保护。在门窗安装完后，立即撕掉门窗表面上的保护膜，并用清水清洗干净，避免留下大量的胶膜在门窗上，后续很难清洗干净。

7.2.4 门窗玻璃安装

1. 材料性能要求和施工工具

（1）玻璃的品种、规格、质量标准要符合设计及规范要求。

（2）腻子（油灰）应柔软，有拉力、支撑力，为灰白色的塑性膏状物，且具有塑性、不泛油、不黏手的特征，在常温下 20 个昼夜内硬化。

（3）其他材料：玻璃钉、钢丝卡子、油绳、橡皮垫、木压条、红丹、铅油、煤油等应满足设计及规范要求。

施工工具包括工作台、玻璃刀、尺板、钢卷尺、木折尺、方尺、手钳、扁铲、批灰刀、锤子、棉纱或破布、毛笔、工具袋和安全带等。

2. 作业条件

（1）门窗安装完，初验合格，并在涂刷最后一道涂装前安装玻璃。

（2）玻璃安装前，按照设计要求的尺寸及结合实测尺寸，预先集中裁制，并按不同规格和安装顺序码放在安全地方待用。

（3）对于加工后进场的半成品玻璃，提前核实来料的尺寸（上下余量 3 mm，宽窄余量 4 mm），边缘不得有斜曲或缺角等情况，并进行试安装。如有问题，应做再加工处理或更换。

（4）使用熟桐油等天然干性油自行配制的油灰，可直接使用；如用其他油料配制的油灰，必须经过检验合格后方可使用。

（5）温度应在 0 ℃以上施工。如果玻璃从过冷或过热的环境中运入施工地点，等待玻璃温度与室内温度相近后再安装；如条件允许，将预先裁割好的玻璃提前运入施工地点。外墙铝合金框扇玻璃不宜冬期安装。

3. 施工工艺

门窗玻璃安装工艺流程如下：裁割玻璃→清理裁口→安装玻璃→清理。

（1）裁割玻璃。应根据所需安装的玻璃尺寸，结合玻璃规格统筹裁割。

（2）清理裁口。玻璃安装前，应清理裁口。先在玻璃底面与裁口之间，沿裁口的全长均匀涂抹 1～3 mm 厚的底油灰，接着把玻璃推铺平整、压实，然后收净底油灰。

（3）安装玻璃。先安外门窗，后安内门窗。具体安装要点如下。

① 木门窗玻璃推平、压实后，四边分别钉上钉子，钉子间距 100～150 mm，每边不少于 2 个钉子，钉完后用手轻敲玻璃，响声坚实，说明玻璃安装平实，否则应取下玻璃，重新铺实底油灰后再推压挤平，然后用油灰填实，将灰边压光压平，并不得将玻璃压得过紧。

② 钢门窗安装玻璃，应用钢丝卡固定，钢丝卡间距不得大于 200 mm，每边不得少于 2 个，并用油灰填实抹光；如果采用橡皮垫，先将橡皮垫嵌入裁口内，并用压条和螺钉固定。

③ 安装斜天窗的玻璃，如设计没有要求时，采用夹丝玻璃，并从顺水方向盖叠安装。盖叠搭接长度视天窗的坡度而定，当坡度≥1/4 时，不小于 30 mm；坡度＜1/4 时，不小于 50 mm，盖叠处应用钢丝卡固定，并在缝隙中用密封膏嵌填密实；如果用平板或浮法玻璃时，在玻璃下面加设一层镀锌铅丝网。

④ 门窗安装彩色玻璃和压花玻璃，应按照设计图案仔细裁割，拼缝必须吻合，不允许出现错位松动和斜曲等缺陷。

⑤ 安装窗中玻璃，按开启方向确定定位垫块位置，定位垫块宽度大于玻璃的厚度，长度宜不小于 25 mm，并符合设计要求。

⑥ 铝合金框扇玻璃安装时，玻璃就位后，其边缘不得与框扇及其连接件相接触，所留间隙应符合有关标准规定。所用材料不得影响流水孔；密封膏封贴缝口，封贴的宽度及深度应符合设计要求，必须密实、平整、光洁。

（4）玻璃安装后，应进行清理，将油灰、钉子、钢丝卡及木压条等随即清理干净，关好门窗。

7.3 屋面节能施工

7.3.1 倒置式屋面施工

1. 概述

这种屋面保温形式是外保温屋面形式的一个倒置，它是把保温层作为防水层的上部，防水层用在保温层和楼板的界面上，保温层上部的保护层有良好的透水性和透气性。节能屋面构造一般由保护层、隔离层、保温层、结合层、防水层、找平层、找坡层及结构层组成，结构找坡则不需要设置找坡层。平屋顶排水坡度增大到 2%，但不超过 3%，其构造如图 7.7 所示。

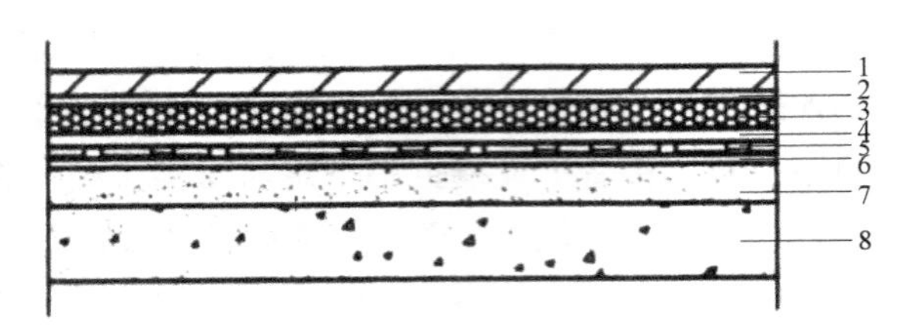

1—保护层；2—隔离层；3—保温层；4—结合层；5—防水层；6 找平层；7—找坡层；8—结构层

图 7.7 倒置式屋面构造

2. 材料准备

倒置式屋面可以采用表观密度小、导热系数低、吸水率低、比热容较高和具有一定强度的聚苯乙烯泡沫塑料、硬质聚氨酯泡沫塑料或泡沫玻璃等轻质材料，并采用耐水性、耐霉性和耐腐蚀性能优良的防水卷材、防水涂料等柔防水材料做防水层，不得采用以植物纤维和含有植物纤维类材料为胎体的卷材做防水层。

3. 施工方法

1）防水层施工

防水层应根据不同的防水材料，采用相应的施工方法与施工工艺。防水层应有一定厚度，具有足够的耐穿刺性、耐霉性和适当延伸性能，具有满足施工要求的强度。

2）保温层施工

倒置式屋面的保温层必须采用低吸水率（＜6%）的保温材料。下雨和 5 级风以上不得铺设松散保温层。穿过结构的管根部位，应用细石混凝土填塞密实。

（1）屋面松散材料保温层工程施工。

松散材料主要有工业炉渣、膨胀蛭石及膨胀珍珠岩。施工方法如下。

① 进行基层清理，确保基层干净、干燥。

② 铺设保温层。松散材料保温层应分层铺设，并适当压实。每层铺设厚度宜不超过 150 mm。为了准确控制铺设的厚度，可在屋面上每隔 1 m 摆放保温层厚度的木条作为厚度

标准。压实后不得直接在保温层上行车或堆放重物。保温层应设置分格缝，并符合设计要求和施工规范的规定。

③ 抹找平层。铺抹找平层时，可在松散保温层上铺一层塑料薄膜等隔水物，以阻止砂浆中水分被吸收而降低保温性能。抹砂浆找平层时应防止挤压保温层，以免造成松散保温层铺设厚度不均匀。

④ 进行细部处理。工作内容包括：排气管和构筑物穿过保温层的管壁周边和构筑物的四周，应预留排气口；女儿墙根部与保温层之间应设温度缝，宽以 15～20 mm 为宜，并应贯通到结构层。

（2）板状材料保温层施工。

板状材料保温层常用材料主要有挤压聚苯乙烯泡沫塑料板、水泥膨胀蛭石板、沥青膨胀珍珠岩板、沥青膨胀蛭石板、水泥膨胀珍珠岩板、硬质聚氨酯泡沫塑料、加气混凝土板、泡沫玻璃。施工方法如下。

① 清理基层，保证铺设板状保温材料的基层平整、干燥和干净。

② 铺设保温层。有铺砌法和粘贴法两种。采用铺砌法铺设时，板状保温隔热材料应紧靠在需保温的基层表面上，并铺平垫稳；分层铺设的板块，上下层接缝应相互错开，板间缝隙应用同类材料嵌填密实。采用粘贴法铺砌板状保温材料时，应黏严、铺平。采用玛蹄脂及其他胶结材料粘贴时，在板状保温材料相互之间及与基层之间，应满涂胶结材料，以便相互粘牢。采用水泥砂浆粘贴板状保温材料时，板缝间宜用保温灰浆填实并勾缝；保温层施工并验收合格后，应立即进行找平层施工。

③ 进行细部处理。具体包括：屋面保温层在檐口、天沟处，宜延伸到外坡外侧，或按设计要求施工。排气管和构筑物穿过保温层的管壁周边与构筑物的四周，应预留排气口；穿过结构的管根部位，应用细石混凝土填塞密实，以使管子固定。女儿墙根部与保温层间应设置温度缝，缝宽以 15～20 mm 为宜，并应贯通到结构基层。用沥青胶结材料铺贴的板状材料，气温不低于−10 ℃；用水泥砂浆铺贴的板状材料，气温不低于 5 ℃，否则应采取保温措施。

（3）屋面整体保温层施工。

主要材料有沥青膨胀珍珠岩保温材料、聚氨酯现场发泡喷涂材料、泡沫混凝土。施工方法如下。

① 沥青膨胀珍珠岩保温施工。

- 清理基层。基层表面应干净、干燥，没有杂物、油污、灰尘等。
- 拌和。沥青膨胀珍珠岩配合比（质量比）为 1∶0.7～1∶0.8。拌和时，先将膨胀珍珠岩散料倒入锅内加热并不断翻动，预热温度宜为 100～120 ℃，然后倒入已熬好的沥青中拌和均匀。在熬制过程中，加热温度应不高于 240 ℃，使用温度宜不低于 190 ℃。此外，沥青与膨胀珍珠岩宜用机械拌和，以色泽均匀一致、无沥青团为宜。
- 铺设保温层。铺设时，采取“分仓”施工，每仓宽度为 700～900 mm，可采用木板分隔，控制宽度和厚度。根据试验确定保温层的虚铺厚度和压实厚度，一般虚铺厚度为设计厚度的 130 mm（不包括找平层），铺后用木拍板拍实抹平至设计厚度。压实程度应一致，且表面平整。

- 沥青膨胀珍珠岩压实抹平并验收后，应及时施工找平层。

② 喷涂聚氨酯硬泡体保温层施工。

喷涂聚氨酯硬泡体保温层基本构造如图 7.8 所示。

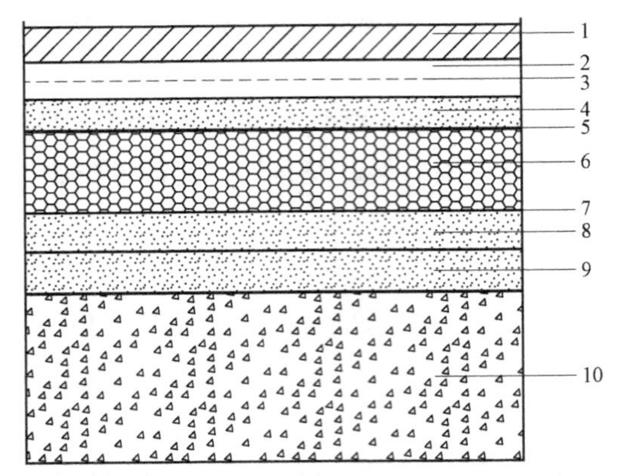

1—保护层；2—防水层；3—抗裂砂浆复合耐碱网格布；4—砂浆找平层；5—聚氨酯界面砂浆；
6—无溶剂聚氨酯硬泡保温层；7—聚氨酯防潮底漆；8—砂浆找平层；9—找坡层；10—结构层

图 7.8 喷涂聚氨酯硬泡体保温层基本构造

- 清理基层。将基层表面的浮灰、油污、杂物等清理干净。
- 铺设保温层。首先，配置好材料。根据保温层设计厚度，聚氨酯硬泡体保温层可采用专用聚氨酯硬泡体喷涂设备进现场连续喷涂施工。在喷涂前配制好聚氨酯硬泡体保温材料，配合比应准确。两组分液体原料（多元醇和异氰酸酯）与发泡剂按设计配比准确计量。投料顺序不得有误，混合均匀，热反应充分，输送管路不得渗漏。然后，喷涂一块 500 mm×500 mm 同厚度的试块，以备材料的性能检测。最后，进行喷涂。施工气温应在 15～35 ℃，风速不超过 5 m/s，相对湿度小于 85%，以免影响聚氨酯硬泡体的质量。根据保温层的厚度，一个施工作业面可分几遍喷涂完成，当日的施工作业面必须当日连续喷涂施工完毕。喷涂时，喷枪运行应均匀，使发泡后的表面平整，在完全发泡前避免上人踩踏。
- 保护层施工。聚氨酯硬泡体防水保温层表面应设置一层防紫外线照射的保护层，保护层可选用耐紫外线的保护涂料或聚合物水泥保护层。当采用聚合物水泥保护层时，可将聚合物水泥剂涂在保温层表面，要求分三次刷涂，厚度在 5 mm 左右。
- 屋面保护层施工。施工分为上人屋面和非上人屋面。

上人屋面施工时，可采用混凝土块体材料做保护层。施工时应用水泥砂浆坐浆铺砌，要求铺砌平整，接缝横平竖直，用水泥砂浆嵌填密实。块体保护层还应留设分格缝，分格缝的纵横间距宜不大于 10 m，分格缝的宽度宜为 20 mm，并用密封材料封闭严实；也可在保温层上铺设聚酯无纺布或干铺油毡后，直接浇筑厚度不小于 40 mm，并配制双向钢筋网片的细石混凝土作保护层。保护层应留设分格缝，其纵横间距宜不大于 6 m，分格缝的宽度宜为 20 mm，缝内用密封材料嵌填密实。

非上人屋面施工时，如采用卵石或砂砾做保护层，应铺设一层纤维织物，块材保护层可干铺或坐浆铺砌。铺压前，应在保温层表面铺设一层不低于 250 g/m 的聚酯纤维无纺布做保护隔离层，无纺布之间的搭接宽度宜不小于 100 mm。铺压卵石时，严防水落口被堵塞，使其排水畅通；也可采用平铺预制混凝土块材的方法进行压置处理，但块材的厚度宜不小于 30 mm，且应有一定的强度。保护层材料的重量应能满足当地最大风力时，保温层不被掀起及保温层在屋面发生积水状态下不浮起的要求。

- 细部构造处理。天沟、檐沟、泛水部位的保温层难以全面覆盖防水层，在这些部位的防水层应选择耐老化性能优的材料。对水落口、伸出屋面的管道根及天沟、檐沟等节点部位，应采用卷材与涂料、密封材料等复合材料，形成黏结牢固、封闭严密的复合防水构造。

7.3.2　架空通风隔热屋面施工

1. 概述

架空隔热屋面应在通风较好的平屋面建筑上采用，夏季风量小的地区和通风差的建筑上适用效果不好，尤其在高女儿墙情况下不宜采用，应采取其他隔热措施。寒冷地区也不宜采用。架空屋面的坡度宜不大于 5%。

架空通风隔热层设于屋面防水层上，架空层内的空气可以自由流通，架空通风层通常用砖、瓦、混凝土等材料及制品制作。架空隔热屋面构造如图 7.9 所示。

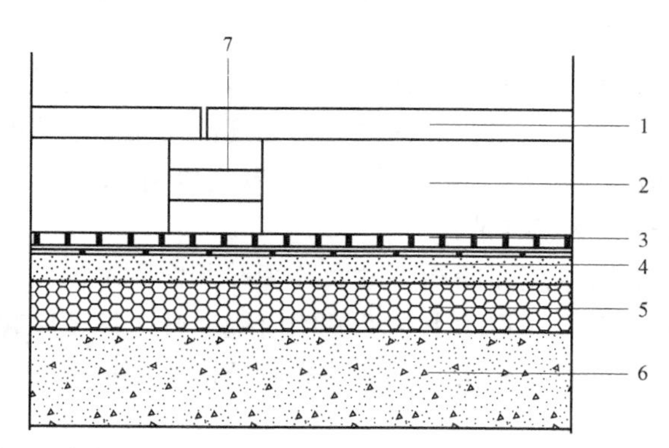

1—架空板；2—架空层；3—防水层；4 —找平层；5 —保温层；6—结构层；7 —支座

图 7.9　架空隔热屋面构造

2. 施工方法

（1）基层清理。将屋面的杂物、灰浆清理干净，施工时避免损伤防水层。

（2）弹线分格。根据设计和规范要求进行弹线分格，做好隔热板的平面布置。要注意以下几点：① 进风口宜设于炎热季节最大频率风向的正压区，出风口宜设在负压区；② 当屋面宽度大于 10 m 时，应设通风屋脊；③ 隔热板应按设计要求设置分格缝，若设计无要求，可依照防水保护层的分格或以不大于 12 m 为原则进行分格；④ 架空隔热板与山墙间应留出 250 mm 以上的距离；⑤ 施工时避免损坏已完工的防水层。

（3）砌筑砖墩。屋面防水层如无刚性保护层，则在砖墩下增铺一层卷材或油毡，以大于砖墩周边 150 mm 左右为宜。砌筑砖墩应按砌体施工规范要求，灰缝饱满、平整，砌筑高度一般为 100～300 mm，按设计规定施工。

（4）坐砌隔热板、坐浆须饱满。横向拉线，纵向用靠尺控制好板缝的顺直、板面的坡度和平整，并且随砌随清理所生成的灰渣。

（5）养护、隔热板坐浆完毕，需进行 1～2 d 的湿养护，待砂浆强度达到上人要求时，可进行隔热勾缝。

（6）表面勾缝。隔热板表面缝隙宜用 1∶2 水泥砂浆填塞。勾缝水泥砂浆要调好稠度，随勾缝随拌料。勾缝要填实、塞满，勾缝砂浆表面要反复压光。勾缝要对缝进行湿养护 1～2 d。

7.3.3 蓄水隔热屋面

1. 概述

蓄水屋顶是在屋面上蓄一层水来提高屋顶的隔热能力。屋面防水等级为Ⅰ级、Ⅱ级以及在寒冷地区地震地区和振动较大的地区不宜采用蓄水屋面。此外，为保证屋面蓄水深度的均匀，蓄水层面的坡度宜不大于 0.5%。

2. 施工方法

1）结构层施工

（1）屋面结构层为装配式钢筋混凝土面板时，其板缝应以强度等级不小于 C20 细石混凝土嵌填，细石混凝土中宜掺膨胀剂。接缝必须以优质密封材料嵌封严密，充水试验无渗漏，再在其上施工找平层和防水层。

（2）蓄水区的划分。蓄水屋面应划分为蓄水区间，用混凝土做成分仓壁，壁上留过水孔，使各蓄水区的水层连通，但在变形缝的两侧应设计成互不连通的蓄水区。当蓄水屋面的长度超过 40 m 时，应做 1 道横向伸缩缝。分仓壁也可用 M10 水泥砂浆砌筑砖墙，顶部设置直径 6 mm 或 8 mm 的钢筋砖带。

（3）女儿墙与泛水。蓄水屋面四周可做女儿墙并兼作蓄水池的仓壁。在女儿墙上将屋面防水层延伸到墙面形成泛水，将防水层沿檐墙内壁上升，高度应超过水面 100 mm。

（4）由于混凝土转角处不易密实，必须拍成斜角，也可抹成圆弧形，并填设如油膏之类的嵌缝材料。

（5）溢水孔与泄水孔。在蓄水池外壁上均匀布置若干溢水孔，通常每开间约设 1 个，以使多余的雨水溢出屋面。在池壁根部设泄水孔，每开间约设 1 个。泄水孔和溢水孔均应与排水檐沟或水落管连通。

（6）应先预留屋面的所有孔洞，不得后凿。所设置的给水管、排水管、溢水管等在防水层施工前安装好，并用油膏等防水材料妥善嵌填接缝，不得在防水层施工后再在其上凿孔打洞。防水层完工后，再将排水管与水落管连接，然后加防水处理。

2）防水层施工

（1）蓄水屋面的防水层，宜采用刚柔结合的防水方案，柔性防水层应是耐腐蚀、耐霉烂而穿刺好的涂料或卷材，最佳方案是涂膜防水层和卷材防水层复合，然后在防水层上浇钢筋细石混凝土。刚性防水层的分格缝与蓄水分区相结合，分格间距一般不大于 10 m，细石混凝土的分格缝应填密封材料。分格缝嵌填密封材料后，上面应做砂浆保护层埋置保护。

（2）蓄水屋面采用柔性防水层复合时，先施工柔性防水层，再做隔离层，然后浇筑细混凝土防水层。柔性防水层施工完成后，进行蓄水检验无渗漏，才能继续下一道工序。

（3）蓄水屋面的细石混凝土原材料和配比应符合屋面刚性防水层的要求，宜掺加膨胀剂、减水剂和密实剂，以减少混凝土的收缩。每分格区内的混凝土应一次浇完，不得留设施工缝。

（4）防水混凝土必须机械搅拌、机械振捣，随捣随抹，抹压时不得洒水、撒干水泥或加水泥浆。混凝土收水后进行二次压光，及时养护，如放水养护应结合蓄水，不得使之干涸。

7.3.4　无土种植隔热屋面

1. 概述

无土种植具有自重轻、屋面温差小、有利于防水防渗的特点，被广泛使用。它是采用蛭石、水渣、泥炭土、膨胀珍珠岩粉料或者木屑代替土壤，重量减轻，隔热性能提高，且对屋面构造没有特殊要求，仅需在檐口和走道板处防止蛭石等材料在雨水外溢时被冲走，种植屋面坡度宜不大于3%。

2. 施工方法

1）防水层施工

在结构层上做找平层，找平层宜采用 1∶3 水泥砂浆，其厚度根据屋面基层种类，找平层应坚实平整。找平层宜留设分格缝，缝宽为20 mm，并嵌填密封材料，分格缝最大间距为6 m。

种植屋面的防水层，宜采用刚柔结合的防水方案，柔性防水层应是耐腐蚀、耐霉烂而穿刺好的涂料或卷材，最佳方案应是涂膜防水层和卷材防水层复合，然后在防水层上浇钢筋细石混凝土。

2）保护层施工

当种植屋面采用柔性防水材料时，必须在其表面设置细石混凝土保护层，以抵抗植物根系的穿刺和种植工具对它的损坏。细石混凝土保护层的具体施工如下。

（1）把屋面防水层上的垃圾、杂物及灰尘清理干净。

（2）分格缝留置按设计或不大于6 m或“一间一分格”进行分格，用上口宽为30 mm、下口宽为20 mm的木板或泡沫板作为分格板。

（3）钢筋网铺设。按设计要求配置钢筋网片。

（4）细石混凝土施工。按设计配合比拌和好细石混凝土，按先远后近、先高后低的原则进行施工。按分格板高度，摊开抹平，用平板振动器十字交叉来回振实、抹平，并进行第二次压浆抹光。

（5）分格缝嵌油膏。分格缝嵌油膏应于混凝土浇水养护完毕用水冲洗干净且达到干燥（含水率不大于6%）时进行，所有纵横分格缝相互贯通，缺边损角要补好。灌嵌油膏部分的混凝土表面应均匀涂刷冷底子油。

3）挡墙及人行通道

砖砌挡墙，挡墙墙身高度要比种植介质面高100 mm。距挡墙底部高100 mm处按设计或标准图集留设泄水孔。采用预制槽型板作为分区挡墙和走道板。四周挡墙下的泄水孔不得堵塞，应能保证排除积水，满足房屋建筑的使用功能。

4）种植介质设置

种植区内放置种植介质。根据设计要求的厚度，放置种植介质。施工对介质材料等应均匀堆放，不得损坏防水层。种植介质表面要求平整且低于四周挡墙 100 mm。

7.4 楼地面节能施工

7.4.1 楼地面保温隔热层施工技术

1. 适用范围与基本构造

适用于建筑工程中建筑地面工程（含室外散水、明沟、踏步、台阶和坡道等附属工程）中的填充层的施工。

楼地面起到保温隔热作用的填充层的构造做法，其构造简图见图 7.10。

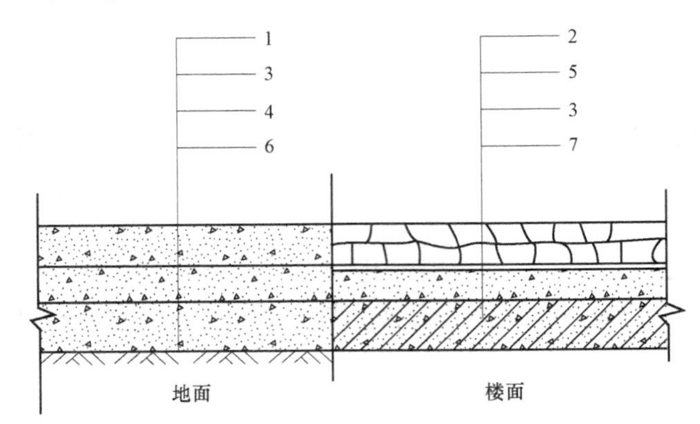

1—松散填充层；2—板块填充层；3—找平层；4—垫层；5—隔离层；6—基层（素土夯实）；7—楼层结构层

图 7.10 填充层构造简图

2. 施工准备

1）技术准备

准备内容包括：审查图纸，制定施工方案，进行技术交底；抄平放线，统一标高、找坡；填充层的配合比应符合设计要求。

2）材料要求

① 填充层采用的松散、板块、整体保温板材材料等，其材料的密度和导热系数、强度等级或配合比均应符合设计要求。填充层材料自重应不大于 9 kN/m^3，其厚度应按设计要求确定。

② 松散材料可采用膨胀蛭石、膨胀珍珠岩、炉渣、水渣等铺设，其中不应含有有机杂质、石块、土块、重矿渣块和未燃尽的煤块等。

③ 整体保温材料可采用质量符合规定的膨胀蛭石、膨胀珍珠岩等松散保温材料，以水泥、沥青为胶结材料或和轻骨料混凝土等拌和铺设。沥青、水泥等应符合设计要求及国家有关标准的规定，水泥的强度等级应不低于 42.5 级。沥青在北方地区宜采用 30 号以上，南方地区应不低于 10 号。轻骨料应符合现行国家标准，所用材料必须有出厂质量证明文件，

并符合国家有关标准的规定。

④ 板状保温材料可采用聚苯乙烯泡沫塑料板、硬质聚氨酯、膨胀蛭石板、加气混凝土板、泡沫混凝土板、泡沫玻璃、矿物棉板、微孔混凝土等，其质量要求应满足规定。

⑤ 每 10 m^3 填充层材料用量见表 7.2。

表7.2　每10 m^3填充层材料用量

材料	单位	干铺珍珠岩	干铺蛭石	干铺炉渣	水泥珍珠岩	水泥蛭石	沥青珍珠岩板	水泥蛭石块
珍珠岩	m^3	10.4			12.55			
蛭石	m^3		10.4			13.06		
炉渣	m^3			11.0				
32.5 级水泥	m^3				14.59	15.10		
沥青珍珠岩板	m^3						10.20	
水泥蛭石块	m^3							10.20

3）机具准备

机具准备有搅拌机、水准仪、抹子、木杠、靠尺、筛子、铁锹、沥青锅、沥青桶、墨斗等。

3. 作业条件

（1）施工所需各种材料已按计划进入施工现场。

（2）填充层施工前，其基层质量符合施工规范的规定。

（3）预埋在填充层内的管线，以及管线重叠交叉集中部位的标高，用细石混凝土事先稳固。

（4）填充层的材料采用干铺板状保温材料时，其环境温度不低于−20 ℃。

（5）采用掺有水泥的拌和料或采用沥青胶结料铺设填充层时，其环境温度不低于 5 ℃。

（6）五级以上的风天、雨天及雪天，不宜进行填充层施工。

4. 施工工艺流程与操作要点

1）松散保温材料铺设填充层的工艺流程

清理基层表面—抄平、弹线—管根、地漏局部处理及预埋件管线—分层铺设散状保温材料、压实—质量检查验收。

① 检查材料的质量，其表观密度、导热系数、粒径应符合规定。如粒径不符合要求可进行过筛，使其符合要求。

② 清理基层表面，弹出标高线。

③ 地漏、管根局部用砂浆或细石混凝土处理好，暗敷管线安装完毕。

④ 松散材料铺设前，间距 800～1 000 mm 预埋木龙骨（防腐处理）、半砖厚的矮隔断或抹水泥砂浆矮隔断一条，高度符合填充层的设计厚度要求，控制填充层的厚度。

⑤ 虚铺厚度宜不大于 150 mm，根据其设计厚度确定需要铺设的层数，并根据试验确定每层的虚铺厚度和压实程度，分层铺设保温材料，每层均应铺平压实，压实采用压滚和

木夯，填充层表面应平整。

2）整体保温材料铺设填充层的工艺流程

清理基层表面—抄平、弹线—管根、地漏局部处理及管线安装—按配合比拌制材料—分层铺设、压实—检查验收。

① 所用材料质量应符合设计要求，水泥、沥青等胶结材料应符合国家有关标准的规定。

② 按设计要求的配合比拌制整体保温材料。水泥、沥青、膨胀珍珠岩、膨胀蛭石采用人工搅拌，避免颗粒破碎。当水泥为胶结料时，将水泥制成水泥浆后，边拨边搅。当以热沥青为胶结料时，沥青加热温度不高于 240 ℃，使用温度不低于 190 ℃。膨胀珍珠岩、膨胀蛭石的预热温度宜为 100～120 ℃，拌和时色泽一致，无沥青团。

③ 铺设时应分层压实，其虚铺厚度与压实程度通过试验确定，表面应平整。

3）板状保温材料铺设填充层的工艺流程

清理基层表面—抄平、弹线—管根、地漏局部处理及管线安装—干铺或粘贴板状保温材料—分层铺设、压实—检查验收。

① 所用材料应符合设计要求并符合规定，水泥、沥青等胶结料应符合国家有关标准的规定。

② 板状保温材料应分层错缝铺贴，每层应采用同一厚度的板块，厚度应符合设计要求。

③ 板状保温材料不应破碎、缺棱掉角，铺设时遇有缺棱掉角、破碎不齐的，应锯平拼接使用。

④ 干铺板状保温材料时，应紧靠基层表面，铺平、垫稳，分层铺设时，上下接缝应互相错开。

⑤ 用沥青粘贴板状保温材料时，边刷、边贴、边压实，务必使沥青饱满，防止板块翘曲。

⑥ 用水泥砂浆粘贴板状保温材料时，板间缝隙应用保温砂浆填实并勾缝。保温灰浆配合比一般为 1∶1∶10（水泥∶石灰膏∶同类保温材料碎粒，体积比）。

⑦ 板状保温材料应铺设牢固，表面平整。

7.4.2 低温热水地板辐射采暖技术

1. 系统原理

地板辐射采暖系统是采用低温热水形式供热，以不高于 60 ℃的热水作为热媒，将加热管铺设于地板中，热水在管内循环流动，加热地板，通过地面以辐射和对流的传热方式向室内供热。该系统具有舒适、卫生、节能、不影响室内观感和不占用室内使用面积及空间，并可以分室调节温度，便于用户计量等优点。

为提高地板辐射采暖技术的热效率，不宜将热管铺设在有木搁栅的空气间层中，地板面层也不宜采用有木搁栅的木地板。合理而有效的构造做法是将热管埋设在导热系数较大的密实材料中，面层材料宜直接铺设在埋有热管的基层上。不能直接采用低温（水媒）地板辐射采暖技术在夏天通入冷水降温，必须有完善的通风除湿技术配合，并严格控制地面温度使其高于室内空气露点温度，否则会形成地面大面积结露。

常见低温热水地板辐射采暖系统构造形式（楼面构造、与土相邻的地面构造），如图 7.11 和图 7.12 所示。

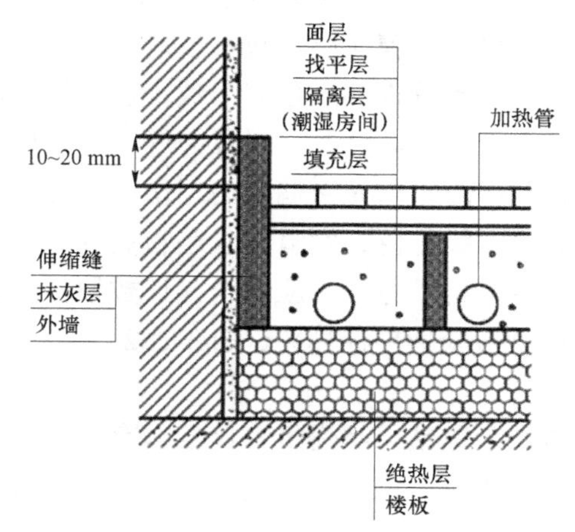

1—面层；2—找平层；3—隔离层（潮湿房间）；4—填充层

图 7.11　楼面构造示意图

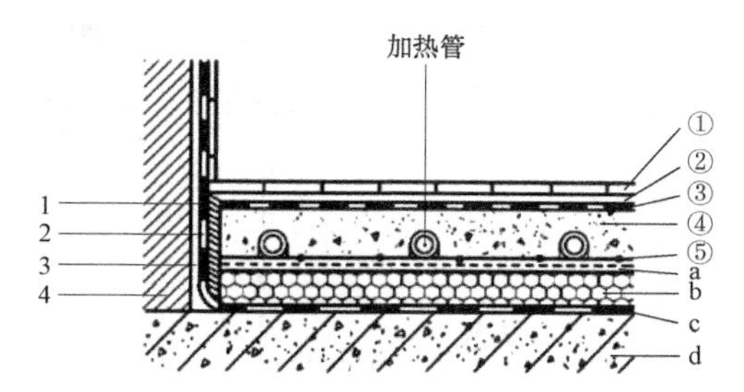

1—边界保温带；2—防潮层；3—抹灰层；4—外墙；①—地面装饰层；②干硬性水泥砂浆；③—防水层；④—现浇层；5—钢丝网；a—保护层（铝箔）；b—绝热层；c—防潮层；d—接触土壤或室外空气的地板

图 7.12　与土相邻的地面构造示意图

2. 施工准备

1）技术准备

根据施工方案确定的施工方法和技术交底要求，做好施工准备工作；核对管道坐标、标高、排列是否正确合理；按照设计图纸，画出房间部位、管道分路、管径、甩口施工草图。

2）材料要求

（1）管材。与其他供暖系统共用同一集中热源水系统，且其他供暖系统采用钢制散热器等易腐蚀构件时，聚丁烯管、交联聚乙烯管和无规共聚聚丙烯管宜有阻氧层，以防止渗入氧而加速对系统的氧化腐蚀；管材的外径、最小壁厚及允许偏差，应符合相关标准要求；管材以盘管方式供货，长度不得小于 100 m/盘。

（2）管件。管件与螺纹连接部分配件的本体材料，应为锻造黄铜。使用 PP-R 管作为加热管时，与 PP-R 管直接接触的连接件表面应镀镍；管件的外观应完整、无缺损、无变形、无开裂；管件的物理力学性能应符合相关标准要求；管件的螺纹应完整，如有断丝和缺丝，不得大于螺纹全丝扣数的 10%。

（3）绝热板材。绝热板材宜采用聚苯乙烯泡沫塑料，其物理性能应符合下列要求：密度不小于 20 kg/m³；导热系数不大于 0.05 W/（m • K）；压缩应力不小于 100 kPa；吸水率不大于 4%；氧指数不小于 32（当采用其他绝热材料时，除密度外的其他物理性能应满足上述要求）。为增强绝热板材的整体强度，并便于安装和固定加热管，对绝热板材表面可分别做如下处理：敷有真空镀铝聚酯薄膜面层，敷有玻璃布基铝箔面层，铺设低碳钢丝网。

（4）材料的外观质量。管材和管件的颜色应一致，色泽均匀，无分解变色；管材的内外表面应光滑、清洁，不允许有分层、针孔、裂纹、气泡、起皮、痕纹和夹杂，但允许有轻微的、局部的、不使外径和壁厚超出允许偏差的划伤、凹坑、压入物和斑点等缺陷。轻微的矫直和车削痕迹、细划痕、氧化色、发暗、水迹和油迹，可不作报废处理。

（5）材料检验。材料的抽样检验方法，应符合《计数抽样检验程序　第 1 部分：按接收质量限（AQL）检索的逐批检验抽样计划》（GB/T 2828.1—2012）的规定。

3）机具准备

机具有试压泵、电焊机、手电钻、热烙机等；工具有管道安装成套工具、切割刀、钢锯、水平尺、钢卷尺、角尺、线板、线坠、铅笔、橡皮、酒精等。

3. 作业条件

（1）土建地面已施工完，各种基准线测放完毕。

（2）敷设管道的防水层、防潮层、绝热层已完成，并已清理干净。

（3）施工环境温度低于 5 ℃时不宜施工。必须冬季施工时，应采取相应的技术措施。

4. 施工工艺流程及操作要点

施工工艺流程见图 7.13。

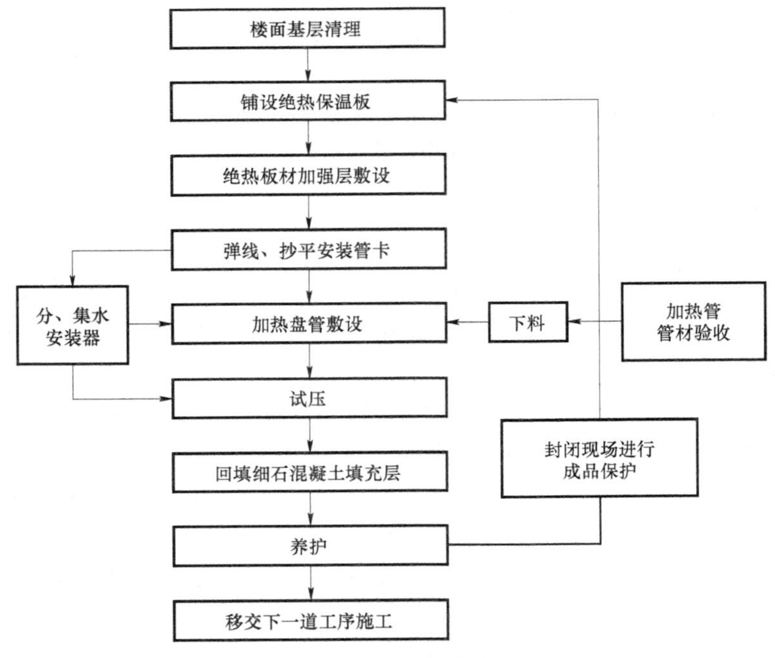

图 7.13　施工工艺流程图

下面将对其中的关键工艺进行简要介绍。

（1）楼面基层清理。凡采用地板辐射采暖的工程在楼地面施工时，必须严格控制表面的平整度，仔细压抹，其平整度允许误差应符合混凝土或砂浆地面要求。在保温板铺设前应清除楼地面上的垃圾、浮灰、附着物，特别是油漆、涂料、油污等有机物必须清除干净。

（2）铺设绝热板保温板。房间周围边墙、柱的交接处应设绝热板保温带，其高度要高于细石混凝土回填层；绝热板应清洁、无破损，在楼地面铺设平整、搭接严密；绝热板拼接紧凑，间隙为 10 mm，错缝铺设，板接缝处全部用胶带粘接，胶带宽度为 40 mm；房间面积过大时，以 6 000 mm×6 000 mm 为方格留伸缩缝，缝宽 10 mm。伸缩缝处，用厚 10 mm 的绝热板立放，高度与细石混凝土层平齐。结构剖面图如图 7.14 所示。

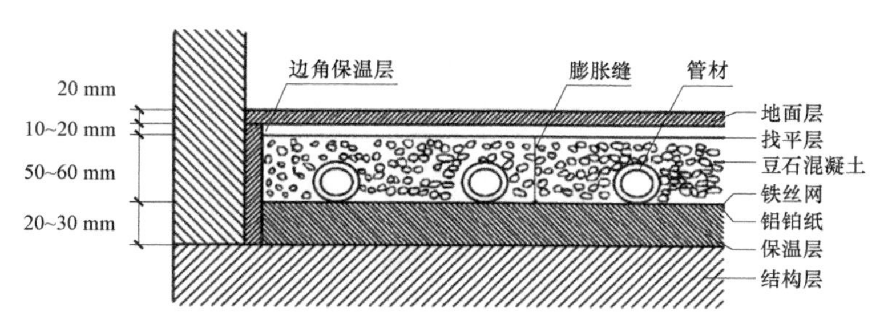

图 7.14　结构剖面图

（3）绝热板材加强层敷设（以低碳钢丝网为例）。钢丝网规格为方格不大于 200 mm，在采暖房间满布，拼接处应绑扎连接；钢丝网在伸缩缝处不能断开，敷设应平整，无锐刺及翘起的边角。

（4）加热盘管敷设。加热盘管在钢丝网上面敷设，管长应根据工程上各回路长度酌情定尺寸，一个回路尽可能用一盘整管，应最大限度地减小材料损耗，填充层内不许有接头；按设计图纸要求，事先将管的轴线位置用墨线弹在绝热板上，抄标高、设置管卡，按管的弯曲半径不小于 10*D*（*D* 指管外径）计算管的下料长度，其尺寸偏差控制在±5%以内。必须用专用剪刀切割，管口应垂直于断面处的管轴线。严禁用电、气焊、手工锯等工具分割加热管；按测出的轴线及标高垫好管卡，用尼龙扎带将加热管绑扎在绝热板加强层钢丝网上，或者用固定管卡将加热管直接固定在敷有复合面层的绝热板上。同一通路的加热管应保持水平，确保管顶平整度为±5 mm；加热管固定点的间距，弯头处间距不大于 300 mm，直线段间距不大于 600 mm；在过门、过伸缩缝、过沉降缝时，应加装套管，套管长度不小于 150 mm。套管比盘管大两号，内填保温边角余料。

（5）分、集水器安装。分、集水器安装可在加热管敷设前进行，也可在敷设管道回填细石混凝土后与阀门、水表一起安装。安装必须平直、牢固，在细石混凝土回填前安装需做水压试验。当水平安装时，一般宜将分水器安装在上，集水器安装在下，中心距为 200 mm，且集水器中心距地面不小于 300 mm；当垂直安装时，分、集水器下端距地面应不小于 150 mm。加热管始末端出地面至连接配件的管段，应设置在硬质套管内。加热管与分、集水器分路阀门的连接，应采用专用卡套式连接件或插接式连接件。

（6）回填细石混凝土填充层。在加热管系统试压合格后方能进行细石混凝土层回填施工。细石混凝土层回填施工应遵循土建工程施工规定，优化配合比设计，选出强度符合要求、施工性能良好、体积收缩稳定性好的配合比。建议强度等级应不小于 C15，卵石粒径宜不大于 12 mm，并宜掺入适量防止龟裂的添加剂；浇筑细石混凝土前，必须将敷设完管道后的工作面上的杂物、灰渣清除干净（宜用小型空压机清理）。在过门、过沉降缝处、过分格缝部位宜嵌双玻璃条分格（玻璃条用 3 mm 玻璃裁划，比细石混凝土面低 1～2 mm），其安装方法同水磨石嵌条；细石混凝土在盘管加压（工作压力或试验压力不小于 0.4 MPa）状态下浇筑，回填层凝固后方可泄压，填充时应轻轻捣固，浇筑时不得在盘管上行走、踩踏，不得有尖锐物件损伤盘管和保温层，要防止盘管上浮，应小心下料、拍实、找平；细石混凝土接近初凝时，应在表面进行二次拍实、压抹，以防止顺管轴线出现塑性沉缩裂缝。表面压抹后应保湿养护 14 d 以上。

第 8 章 建筑用能系统节能施工

8.1 采暖节能工程施工

8.1.1 太阳能热水系统工程施工工艺

1. 自然循环系统管道安装

（1）应尽量缩短上、下循环管道的长度和弯头数量。

（2）在整个管路上不宜设置阀门。

（3）为了防止出现气阻和滞流，循环管路（包括上下集管）安装应设置不小于 1%的向上坡度，以便于管路排气。在管路的最高点，应设置通气管或自动排气阀，以便及时排除管道中的气体。

（4）管道应安装牢固、可靠，管道支点设置的最大安装距离见表 8.1 中的要求。

表8.1 管道支点设置的最大安装距离

管道公称内径/mm	最大安装距离/m	
	保温管	不保温管
15	1.5	2.5
20	2.0	3.0
25	2.0	3.5
32	2.5	4.0
40	3.0	4.5
50	3.0	5.0

（5）管道支架应固定牢固，并具有足够的强度。为保证立管的稳定牢靠，层高在 2.5 m 以内应设 1 个支架。

（6）当管道的直线距离较长时，为了适应管道热胀冷缩的变形，应当按设计的要求安装伸缩节。

（7）为便于管道的排渣和维修，循环管路系统最低点应加设泄水阀；为便于系统的温度控制，每组集热器出口应加设温度计。

2. 强制循环系统管道安装

强制循环系统只要求集热器能够承受系统内部的压力，其面积可大可小。这种系统的集热器布局多采用混连方式，对于管路连接和集热器连接要求比较高，其基本原则为：在集热器一端加装调节闸阀，用于调节两组集热器的流量，使它们的流量达到一致。

强制循环对水泵的扬程和汽量也有一定要求，即水泵的扬程要大于系统阻力，一般以大于系统阻力 1.5～2.0 倍为佳。扬程过大会造成集热器连接难度增大，运行中易发生集热器连接管脱开现象。水泵流量确定以一天 8 h 内水箱和集热器阵列、管道容水量之和的 1.5 倍为准，流量过大则水泵启动比较频繁。

定温放水系统实际上是将强制循环系统从储水箱下循环管断开所形成的系统。这种系统所要求的条件与定温强制循环基本一致，但如果水源压力大，可不用水泵而改用电磁阀控制。无论采用何种运行方式的太阳能热水系统，同系统集热器安装的倾角都要一样。固定式太阳能集热器的倾角选取，以正午时太阳光垂直入射集热板为宜。全年使用的集热器，倾角一般取当地纬度角，可使全年获得最大的集热量。通常夏天产热水量大，冬天产热水量少，冬天环境温度较低，为使冬天获得最大集热量，可取倾角比当地纬度角大 5°～10°。

3. 太阳能热水系统水箱安装

在进行太阳能热水器系统施工时，施工人员首先要根据施工图纸勘查现场，了解屋面荷重、承重墙分布状况，然后确定水箱的安装位置。水箱支架常采用等边角钢或槽钢，水箱较大时可用工字钢，支架材料在焊接拼装前应先校直。支架安装要点为立柱垂直于水平面，平面一定要水平。每根立柱用线锤测量后才能就位于承重墙上。支架安装工艺重点是焊接，整个焊接过程属于现场施工，施工期间要保证其结构稳定不变形，避免损坏屋顶防水层。水箱所用的材料需要代用时，遵循“以强代弱、以大代小”的原则。

水箱支架安装就位后，便可对水箱进行现场拼焊，水箱焊接的质量将影响整个系统的使用寿命。水箱是焊接操作技术含量要求较高的部件，应由经过专业考试合格并取得证书的工人完成。水箱焊接采用双面焊，严格按图纸要求开设开孔位置。为增强水箱的稳定性，水箱内配置拉筋。

水箱焊接完成后，将其安装在支架上，屋顶施工现场一般没有起重设备，必须由人力使其就位，此时注意人身安全和周围设备的安全。水箱就位后，对水箱和支架进行防腐处理，一般采取除锈后刷油漆的方法。防腐处理后，进行灌水试验，检验是否有渗漏现象，并检查支架的承重强度是否满足。

4. 太阳能热水系统管道安装

太阳能热水系统的管道施工，是太阳能热水器系统工程施工中一大工序。管道施工应在集热器支架就位后进行，安装集热器支架是为了便于管道施工就位。首先，在工厂将集热器三角支架加工成如图 8.1 所示的形状，然后在施工现场将一个个三角支架根据图纸要求组焊成桁架，集热器安装在桁架上，管道安装则以桁架为基准，所以桁架的就位必须准确。由于太阳能热水系统的集热器和管道都要求有一定的坡度，所以在集热器桁架安装时也应当做到这一点。

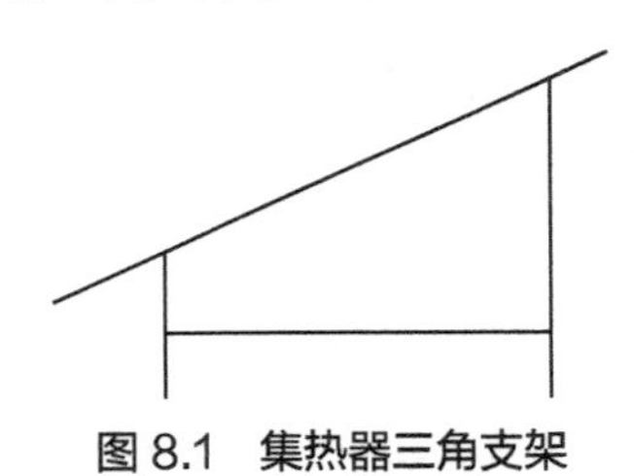

图 8.1　集热器三角支架

管道安装应依据太阳能热水系统图进行，由于部件误差和结构误差，因此管道施工可以有一定的灵活性。管道的下料是安装管道第一要点，要确保管路系统不出现“反坡”，下料长度与两对接口的位置互相吻合。

在管道正式安装前，必须认真检查管内有无杂物，并将管道校直。安装时，尽量避免上、下曲折，否则容易发生气堵现象。如果受条件限制确实上、下曲折，应在上、下曲折最高点安装排气阀。

管路安装坡度严格按设计要求施工，或保证有 0.3%～0.5%的坡度。为了便于维修和更换阀门、水泵等，在管路附近安装活接或法兰。为了保持管路的坡度和支撑管路的重量，必须设置管路支架，具体设置在各类泵、阀门、转弯处和一定距离间。管路支架制作首先确定支架的标高，以保证管路所需的坡度。在确定支架间距时，应考虑管件、管道中的水和保温材料的重量。

5. 太阳能热水系统集热器的安装

在支架和管道安装完毕并经检查合格后，可将集热器轻放在支架上，切勿拖拉集热器。为使集热器不受温度影响，应选择在早晨或晚上进行，尤其是在炎热的夏季，应用帆布等物遮挡阳光，避免集热器形成空晒。因为集热器空晒后温度可达到 200 ℃以上，盖板玻璃或真空管容易爆裂。

集热器就位后，立即通水，做好防风处理，可用绑扎、勾钉或压板将集热器与支架牢固地连在一起。集热器安装的要点是保证上、下管口对接的同轴度，集热器与集热器之间的连接必须注意这一点。集热器安装的允许偏差应小于 2 mm，不能出现如图 8.2 所示的不同轴线现象，以保证从第一个集热器的上下管口到最末一块的上下管口轴向的直线性，从而保证系统的正常运行。

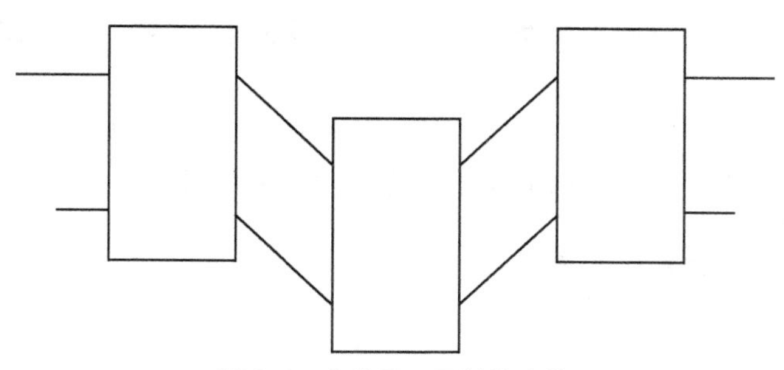

图 8.2　集热器不同轴线安装

6. 太阳能热水系统保温施工

太阳能热水系统保温是提高系统热效率的重要措施，尤其对全年使用的热水系统特别重要。

1）系统保温材料的选用原则

（1）热导率低，绝热性能高。

（2）密度小，一般不高于 400 kg/m^3。

（3）吸湿性很小，对系统影响低。

（4）容易成形，便于施工安装。

2）太阳能热水系统保温材料

在建筑节能工程所用的保温材料种类、形状很多，用于太阳能热水系统中的主要有以下几种。

（1）瓦状保温材料。这类保温材料主要由泡沫混凝土、石棉硅藻土、聚苯乙烯等制成，其安装方法如图 8.3 所示。用金属丝将外圆绑扎牢固，金属丝头要将其按倒，不妨碍下道工序的施工。

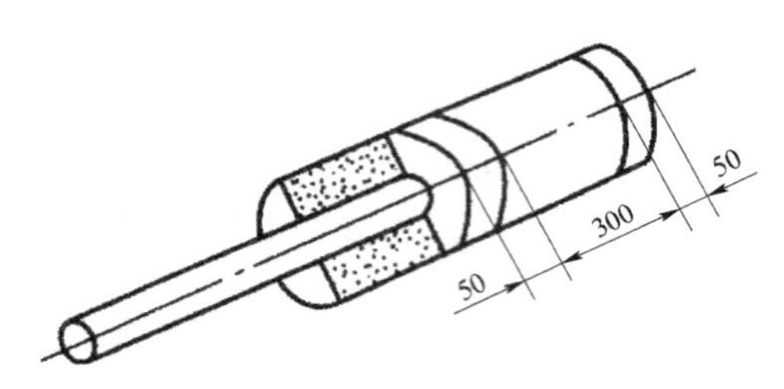

图 8.3 瓦状保温材料

（2）毡状保温材料。这类保温材料常用的有聚氯毡、玻璃棉毡和矿渣棉毡等。在使用之前，将材料裁剪成条块状，一般搭接宽度在 50 mm 左右，搭接必须从管道低端向高端缠绕，再用金属丝将其绑扎在管道上，绑丝的间距与瓦状保温材料相同。

对于平壁贮水箱的保温，保温材料宜采用聚苯乙烯泡沫板。其施工方法为：将比保温板厚度稍长的螺栓焊接在箱体上，螺栓的纵横向间距均为 500 mm，把裁剪好的保温板插在螺栓上，然后套上螺母，此时不要拧紧螺母，在加设保护层后再拧紧。

为了防止保温层受到内力或外力的作用而损坏，严重影响其使用寿命，在保温层外面应加设保护层。保护层一般用玻璃纤维布或涂塑布等。其施工方法为：将材料裁剪成幅宽 120 mm 左右，先将其卷成卷状，在绕管道缠绕时将其拉紧，一边卷，一边平整，不能出现褶皱和翻边现象，搭接宽度以幅宽的 1/2 为准，实际上形成双层。末端绑牢，避免松动或脱落。

对于平壁水箱的保护层，宜采用镀锌板、铝板或玻璃钢板等。其施工方法为：取下先固定保温板的螺栓，按设计位置插上保护层后，再拧紧螺栓。

8.1.2 管道节能工程施工工艺

1. 安装准备

认真检查每组散热器的出厂中文质量合格证、注册商标、规格、数量、安装方式、出厂日期、工作压力、试验压力等参数。每组散热器的规格、数量及安装方式应符合设计要求。

2. 散热器组对

在正式组对前，将散热器内的杂质、污垢以及对口处的浮锈清除干净，并根据不同的热源分别选好衬垫，其规格、数量应符合设计要求。最后按照设计要求的片数进行散热器组对，试扣选出合格的对丝、丝堵和补心。散热器组对应平直紧密，组对后平直度应符合规定。

3. 散热器单组水试验

为确保散热器安装后能正常运行，按设计要求进行散热器单组水试验，试验压力为工作压力的1.5倍，但不得小于0.6 MPa。试验时间为2～3 min，压力不降且不渗不漏为合格。

4. 散热器安装

（1）散热器支架、托架安装位置应准确，埋设牢固。支架、托架数量应符合设计或产品说明书要求。

（2）散热器背面与装饰后的墙内表面安装距离，应符合设计或产品说明书要求，如设计未注明，应为30 mm。

（3）散热器底部与地面安装距离应符合设计要求，若设计未注明，则应大于或等于100 mm。

（4）与散热器连接的支管上安装可拆卸件，是否安装乙字管视具体情况确定。

（5）注意散热器与支管的连接方式以及散热器的安装形式对散热器的影响。

（6）散热器外表面应刷非金属涂料。

8.1.3　散热器节能工程施工工艺

1. 铜管铝片对流散热器施工

1）开箱检查和清点

在散热器正式组装与安装前，开箱检查和清点是一项非常重要的准备工作，有利于确保顺利施工，保障工程质量。开箱检查和清点主要包括以下工作。

（1）检查箱号、箱数及其外包装的完好情况，以便发现问题及时纠正。

（2）检查散热器的名称、型号、规格、标号、彩色编码和数量是否符合设计及规范的要求。

（3）检查和清点散热器选用附件的名称、型号、规格、标号、彩色编码和数量是否符合安装要求与设计规定，检查时按照装箱清单和技术文件进行。

（4）检查所用设备和附件表面是否有缺陷和损伤，以便对轻微损伤进行维修，对安装和使用有影响的进行更换。

（5）对于开箱检查和清点的情况和其他有关问题均做好记录，以便作为工程验收的依据。

2）量测、排尺与定位

（1）根据设计图中的散热器平面位置，用精度较高的钢卷尺或钢板板尺，分别对散热器及其选用配件端帽、阀箱、区域阀箱、内角、外角、内角后板、跨接组件、连接套板和临墙镶条进行实地量测，将所量测的实际长度尺寸标注在事先画好的连接草图上。

（2）在安装散热器及其选用配件的各房间施工现场，用相同的尺子排版和量测，在上述各件之间留出间隙，一般每2 m的散热器留出3 mm的间隙。

（3）在各个量点上用角尺和水平尺向墙体上作垂线，在有散热器的方位上，从地面向上返，量出散热器连接管进出口中心标高，并与墙上的垂线相交，各交点连线的水平线则为散热器的安装基准线。

3）散热器及其选用配件试排列组合

（1）对应选择配件，做到对号入座。按照设计要求，将不同型号、不同规格尺寸、不同彩色散热器，选择与其相对应的配件，分别用小推车运送到各个房间的安装地点。各种型号的散热器所选配件的型号与长度或者是角度的顶宽各不相同，不可弄错。

（2）试排列组合。依据已定位的安装基准线，将已搭配好的选用配件和散热器，按照表 8.2 中所列的散热器附件作用及安装位置，进行试排列组合就位。

表8.2　散热器附件作用及安装位置

序号	附件名称	安装位置及作用
1	端帽	安装在散热器端部靠门口处，起封闭作用
2	临墙端帽	安装在房间的隔墙处，起封闭作用
3	内角	安装在内墙角拐角处，起内拐角连接作用
4	外角	安装在外墙角拐角处，起外拐角连接作用
5	内角后板	安装在内角内部作装饰用
6	跨接组件	安装在两组分开布置的散热器中间起跨接作用
7	连接套板	分别套接顶板、前板和气流调节板，装饰相连的外屋接缝
8	临墙镶条	安装在散热器的左、右端靠墙处或用作一件跨接件，弥补过大的间隙
9	阀箱	安装在散热器端部或通管处和管道阀门处
10	区域阀箱	安装在管道上阀件处

4）散热器及其选用部件安装与成型

（1）将散热器及其选配部件的前壳板，用手打开锁扣取下放在一旁，顺序不得出现混乱，以便安装完复原；再从散热器结构中把铜管串铝翅片散热部件从支架上取下，安放在干净的垫物上，轻拿轻放，不得碰撞，防止变形和损伤。

（2）把散热器的背板，特别是相连的两组或三组等散热器的背板找正后，用冲击电钻或手电钻、专用螺钉将背板固定在墙上，也可采用膨胀螺栓、螺垫、螺母固定。

（3）将铜管串铝翅片散热部件重新安置在支架上，把相邻两组散热器中散热部件的铜管对好缝，对缝的间隙应符合规定。如果无相邻散热器，则在间隔的两散热器中间，按间隔尺寸量尺下料，截断铜管后两端进行对缝。

（4）铜管切断可以采用锯床、砂轮切割机、手工钢锯等方法，切割时选用细齿的锯条。管子需要加工坡口时，可采用锉刀或角向砂轮机等工具，但不可用氧–乙炔焰切割坡口。在操作过程中，需要夹持铜管时，夹持管子两侧必须用木板衬垫，避免夹伤铜管；需要局部调直铜管时，只能用木锤轻轻敲击；需要将铜管弯曲时，由于散热器的管径小于 100 mm，只能采用冷弯机进行冷弯。

（5）散热器部件的铜管之间应进行对接焊接，一般可采用氧–乙炔焊，也称为“气焊”。气焊中又可采用焊丝气焊，也可采用钎焊气焊（即氧–乙炔气体火焰钎焊）。根据现场情况，有时也用氩弧焊。采用焊丝气焊对接时，焊前应仔细检查和清理焊丝表面及焊口连接处，用钢丝刷或细砂纸打磨，露出金属光泽即可。在正式焊接之前，一般以 400 ～500 ℃温度预热，采用平焊，单道焊接。采用钎焊气焊时，采用铜磷钎料，钎焊紫铜时不需用熔剂。钎料中的磷可以还原氧化铜起熔剂作用，钎料中的银会改善钎料润湿功能，提高接口的强度和塑性，从而获得优良的钎焊缝。

（6）待以上工序完成并经检查合格后，把铜管连接完的散热器的前壳板就位，并将板锁扣好恢复原位。

（7）散热器全部连接完成后，陆续安装好选配部件的前壳板，将锁扣恢复原状，然后用连接套板和临墙镶条进行找缝修饰。

5）散热器铜管与室内立支管连接

铜管铝片散热器和其选用的配件全部安装完，在进行铜管铝片对流散热器的立支管连接时，如果支管全部为铜管，可根据设计要求焊接连接。如果供水回水干管和立支管均为钢管，可在散热器的进出口铜管上先安装一头内丝的专用接头，接头的一端没有螺纹丝扣，另一头则加工有内螺纹丝扣。无螺纹的一端直接和散热器的送水、回水的铜管扣焊接，在螺纹的一头则和立支管用螺纹连接。

2. 铝制柱翼型耐蚀散热器施工

1）托钩（或挂板）安装

托钩（或挂板）的安装是一项非常重要的工作，不仅关系到散热器的位置是否准确，而且关系到散热器安装是否牢固、安全。在安装过程中主要包括定位、钻眼和固定。

（1）定位。

① 首先根据设计图纸中供暖系统散热器的具体位置和尺寸，找出房间散热器所安装位置上的窗口或墙面，用量尺取窗口或墙面的 1/2，在其中点处吊线坠，弹出散热器安装的垂直中心线，这是散热器安装的基本依据。

② 根据设计要求的散热器型号和规格，查散热器的进、回水接管的中心距（300～3 000 mm），查图纸得安装高度。在弹出的散热器安装垂直中心线上，自室内地面标高线向上量出散热器距地面标高尺寸（100～250 mm）得出交点 *A*，从 *A* 点向上量取散热器总高减去与同侧进出口中心距差值后的数得出 *B* 点。

③ 过 *A* 点和 *B* 点两交点水平线，将水平线的两端用钎子固定。此上、下两条水平线即为托钩安装定位水平线。

④ 按照铝制柱翼型散热器不同的型号和规格，选定托钩的类型和数量，并检查其质量是否合格，然后把购买进场或自制的托钩（带膨胀螺栓），在上下两条拉直的水平线上，分别确定出上下托钩的位置。

（2）钻眼。

用冲击钻或手电钻按照在墙上标注的“+”字记号进行钻眼，孔一直打至带有膨胀螺栓的深度值。

（3）固定。

把上、下托钩（或挂板）的膨胀螺栓拧入孔眼内将托钩（或挂板）固定。在安装托钩（或挂板）时，托钩的钩位应在水平拉线上，必须左右找齐。安装好的钩（或挂板）垂直于墙面，用水平尺和线坠吊直、找正后，可以将其固定牢固。

2）铝制柱翼型（中空）耐蚀散热器的安装

用人力将散热器挂托在已固定的托钩或挂板上，安装后的散热器应垂直于地面，平行于墙面，散热器的背部距墙面净距为 50 mm。经吊线坠、水平尺找平，散热器应与托钩或挂板紧密接触，平稳地安装在其上面。

3）铝制柱翼型（中空）耐蚀散热器进口处的连接

铝制柱翼型（中空）耐蚀散热器的进出口处，铝制螺纹均不得用钢管直接连接。专业生产厂家配有专用接头，在散热器的进出口处均配制专用阀门，在上面的一端口配备专用丝堵，在下面的另一端口配有专用疏通孔的丝堵及密封垫。铝制柱翼型耐蚀散热器的组成如图 8.4 所示。

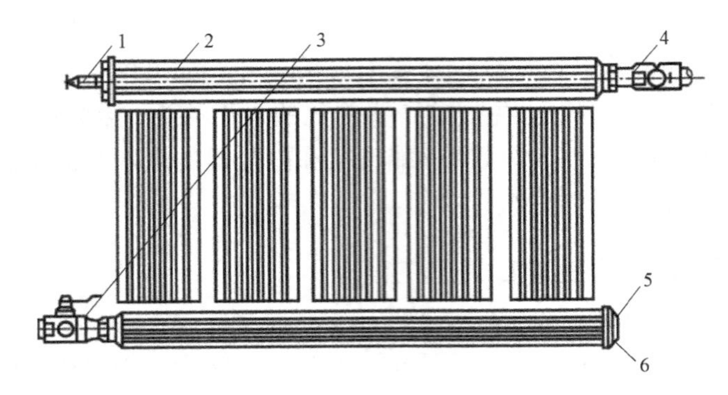

1—放气丝堵；2—散热器；3—出水阀门；4—进水阀门；5—疏通孔丝堵；6—密封垫

图 8.4 铝制柱翼型耐蚀散热器的组成

3. 钢制板式及钢制扁管型散热器施工

1）定位与栽托钩

钢制板式和钢制扁管型散热器多为挂式安装，散热器出厂时，在散热器的背面设有挂钩与安装在墙上的托架相挂靠。

在进行散热器定位和栽托钩时，应注意以下几个方面。

（1）根据进场的钢制板式或钢制扁管型散热器背面所设置的挂钩位置、数量、相距尺寸，绘制出定位草图。把每一组散热器经实际量尺后所得的数值，逐一标注在定位草图上，然后与钢制板式散热器技术参数或钢制扁管型散热器技术参数对照。

（2）量测出窗户口的中点，然后吊线坠，找出散热器的安装垂直中心线，再用弯尺和水平尺将此垂直中心线引到墙上，并画出线迹标记。

（3）如果设计中无明确规定，可从地面标高线向上返 150～200 mm，与散热器垂直中心线相交得出交点，此点为散热器距地面的标高尺寸。

（4）根据定位绘制的草图，从墙上排尺，可以拉出上、下托钩位置的两条水平线，用水平线量尺在托钩位上画出“+”字标记。为防止出现错误，可从头再复查一遍。

（5）按照“+”字标记的托架位置，用电动钻或凿子、手锤打出栽托架的孔洞，再按施工工艺操作，将散热器的托架栽好。

（6）钢制板式或钢制扁管型散热器的托架，往往根据产品的不同要求和施工现场具体情况，也可以采用膨胀螺栓或射钉枪先将托架固定在墙上。

（7）待托架安装完毕，经检查其位置、数量符合要求，并达到设计要求的强度后，方可安装散热器。

2）钢制板式或钢制扁管型散热器的安装

（1）在安装前，按照设计图上各个房间所规定的散热器型号、规格、数量等，重新核对实物，以便及早发现问题并纠正。然后将各种规格、型号的散热器对号入座地运到安装位置。

（2）散热器在就位安装时，先褪下包装薄膜，但不得撕破表面薄膜，然后将散热器挂在托架上，并查看散热器的安装是否准确。

（3）散热器安装就位后，连接好立管、支管与散热器，再用原包装薄膜将散热器表面重新包装保护好，直至交工验收时再拆除。

8.1.4　低温热水地面辐射供暖系统节能工程施工工艺

1. 辐射采暖地面施工一般规定

（1）地板辐射采暖的安装施工，施工前应具备下列条件：① 设计图纸及其他技术文件齐全，并经施工工程师确认；② 施工方案或施工组织设计得到批准，并已进行技术交底；③ 施工力量和机具等准备齐全，能够保证正常施工的需要；④ 施工现场、施工用水和用电、材料储放场地等临时设施，能满足施工的需要；⑤ 地板辐射采暖的安装工程，环境温度不低于 5 ℃；⑥ 房屋装修方地面开槽布管线和其他需要破坏地面的工作全部结束；⑦ 地板辐射采暖敷设区域所有灰尘、杂物清理干净。

（2）管道敷设安装施工必须严格按设计图纸进行，变更设计时，必须具备专业工程师的确认文件。

（3）地板辐射采暖工程施工前，应了解建筑物的结构，熟悉设计图纸、施工方案及其他工种配合措施。安装人员应熟悉管材的一般性能，掌握基本操作要点，严禁盲目施工。

（4）加热管安装前，应仔细检查材料的外观和接头的配合公差，并清除管道和管件内外的污垢和杂物。

（5）安装过程中，应防止涂料、沥青或其他化学溶剂污染塑料管道。

（6）管道系统安装间断或完毕的敞口处，应随时封堵。

2. 低温辐射采暖工程施工工艺

1）辐射采暖地面绝热层的铺设

绝热层应铺设在经过仔细找平的平整基层上，基层面应平整、干燥、无杂物；墙面根部应平直且无积灰，地面无积水现象。直接与土壤接触或有潮湿气体侵入的地面，在铺设绝热层之前应先铺一层防潮层。铺设后的绝热层应符合设计要求，表面平整、搭接严密。

当铺设有真空镀铝聚酯薄膜或夹筋铝箔贴面的热反射层时，除固定加热管的塑料卡钉穿越外，不得有其他的破损。

2）低温热水系统加热管的安装

（1）加热管应按设计图纸标定的管间距和走向进行放线并配管。加热管保持平直，管间距的安装误差小于 10 mm。在敷设加热管之前，对照施工图纸核定加热管的选型、管径、壁厚，并检查加热管的外观质量，管内不得有杂质。加热管安装间断或完毕后，敞口处应随时封堵。

（2）加热管的布管形式有多种，常见的有单回路、双回路和多回路等。

（3）同一通路的加热管应保持水平，加热管安装时，防止管道扭曲；弯曲管道时，圆弧的顶部应加以限制，并用管卡固定，不得出现“死折”；塑料及铝塑复合管的弯曲半径宜不小于 6 倍管外径，铜管的弯曲半径宜不小于 5 倍管外径。埋设于填充层内的加热管不应有接头。

（4）切割加热管应采用专用工具，切口处平整、光滑，不得有毛刺，管口垂直于管轴线。

（5）加热管弯头的两端应设置固定卡；加热管固定点的间距和直管段固定点间距宜为0.5～0.7 m，弯曲管段固定点间距宜为0.2～0.3 m。

（6）加热管应加以固定，可以分别采用以下的固定方式：用固定卡子将加热管直接固定在热绝缘层上，或用扎带将加热管绑扎在铺设于热绝缘层上的钢丝网上，或卡在铺设于热绝缘层上的专用管架上。

（7）加热管出地面至分水器、集水器连接处，弯管部分不宜露出地面装饰层。加热管出地面至分水器、集水器下部球阀接口之间的明装管段，外部应加装塑料套管，套管应高出装饰面150～200 mm。

（8）加热管与分水器、集水器连接应采用卡套式、卡压式挤压夹紧连接；连接件材料宜为铜质；铜质连接件与PP-R或PP-B直接接触的表面必须镀镍。

（9）分水器、集水器宜在开始铺设加热管之前安装。采用水平安装时，宜将分水器安装在上，集水器安装在下，中心距宜为200 mm，集水器中心距地面应不小于300 mm。

（10）伸缩缝的设置应符合下列规定：① 在与内外墙、柱等垂直构件交接处应留不间断的伸缩缝，伸缩缝填充材料采用搭接方式连接，搭接宽度不小于 100 mm；伸缩缝填充材料与墙、柱有可靠的固定措施，与地面绝热层连接紧密，伸缩缝的宽度不小于10 mm。伸缩缝的填充材料宜采用高发泡聚乙烯泡沫塑料；② 当地面面积超过30m^{2}或边长超过6 m时，应按小于或等于 6 m 间距设置伸缩缝，伸缩缝的宽度不小于 8 mm。伸缩缝的填充材料宜采用高发泡聚乙烯泡沫塑料或内满填弹性膨胀膏；③ 伸缩缝应从绝热层的上边缘做到填充层的上边缘。

3）辐射采暖地面发热电缆安装

（1）发热电缆应按照施工图纸标定的电缆间距和走向敷设，发热电缆保持平直，电缆间距和安装误差应小于或等于10 mm。在敷设前，应对照施工图纸核定发热电缆的型号，并检查电缆的外观质量。

（2）发热电缆在出厂后不允许剪裁和拼接，有外伤或破损的，严禁用于工程中。

（3）发热电缆的弯曲半径应不小于生产企业规定的限值，且不得小于6倍的电缆直径。

（4）发热电缆下铺设钢丝网或金属固定带，不得被压入绝热材料中。

（5）发热电缆用扎带固定在钢丝网上，或直接用金属固定带固定。

（6）发热电缆安装完毕后，检测发热电缆的标称电阻和绝缘电阻，并做好记录。

4）辐射采暖地面填充层的施工

（1）混凝土填充层施工应具备的条件：发热电缆经电阻检测和绝缘性能检测合格；所有伸缩缝已安装完毕；加热管安装完毕且水压试验合格、加热管处于有压状态下；温控器的安装盒、发热电缆冷线穿管已经布置完毕；通过隐蔽工程验收。

（2）混凝土材料的配比，采用水泥：砂：豆石质量比为1：2：3的比例，水泥强度等级要求大于或等于32.5 MPa，砂子采用洁净的中砂，豆石粒径不大于12 mm。

（3）混凝土填充层的厚度不低于4 cm，并保证厚度均匀。在混凝土填充层施工中，保证加热管内的水压大于或等于0.6 MPa；严禁使用机械振捣设备；施工人员应穿软底鞋，采用平头铁锨。

（4）填充层的养护周期不小于 48 h；当环境温度低于 5 ℃时，养护周期应不小于 72 h，混凝土填充层浇捣和养护过程中系统应保持不小于 0.4 MPa 的压力。

（5）在填充层浇捣养护期满后，方可进行地面层施工。地面层及其找平层施工时，不得剔凿填充层或向填充层填入任何物件。

（6）填充层施工完毕后，应检测发热电缆的标称电阻和绝缘电阻，验收并做好记录。

5）辐射采暖地面的试压

浇捣混凝土填充层之前和混凝土填充层养护期满后，应分别进行系统水压试验。冬季进行水压试验时，应采取可靠的防冻措施，或进行气压试验。

系统的水压试验应符合下列规定：① 试验压力应为不小于系统静压加 0.3 MPa，但不得小于 0.6 MPa；② 水压试验前，对试压管道和构件采取固定和保护措施。

水压试验的步骤如下：① 经分水器缓慢注水，同时将管道内气体彻底排除干净；② 管道充满水后，按设计要求检查水密性；③ 水压试验宜采用手动试压泵缓慢加压，升压时间不得小于 15 min；④ 升压至规定试验压力后，停止加压，稳压 30 min，观察接头部位是否有漏水现象；⑤ 稳压 30 min 后，补压至规定或试验压力值，10 min 内压力降不大于 0.02 MPa 为合格。

6）辐射采暖地面饰面层的施工

在面层施工前，填充层应达到面层施工需要的干燥度。面层施工除符合土建施工设计图纸的各项要求外，还应符合下列规定：① 必须在填充层达到设计要求的强度后方可施工；② 施工时，不得剔、凿、割、钻和钉填充层，也不得向填充层内楔入任何物件；③ 石材、面砖在内外墙、柱等垂直构件的交接处，留 10 mm 宽的伸缩缝；木地板铺设时，留大于或等于 14 mm 的伸缩缝。伸缩缝应从填充层的上边缘做到高出装饰层上表面 10～20 mm，装饰层铺设完毕后，裁去多余部分。

当以木地板作为面层时，木材必须经过干燥处理，且应在填充层和找平层完全干燥后才能铺设地板；当以瓷砖、大理石、花岗岩作为面层时，伸缩缝宜采用干贴的施工方法。

8.2 通风与空调节能工程施工

8.2.1 风管系统的安装工艺

1. 风管安装一般要求

（1）在风管内不得敷设电线、电缆以及输送有毒、易燃、易爆的气体或液体的管道。

（2）风管与配件可拆卸的接口，不得设置在墙和楼板内。

（3）风管采用水平安装时，水平度允许偏差不大于 3 mm/m，总偏差不大于 20 mm/m；采用垂直安装时，垂直度的允许偏差不大于 2 mm/m，总偏差不大于 20 mm/m。

（4）输送产生凝结水或含有蒸汽的潮湿空气的通风管，按设计要求的坡度安装。通风底部不宜设置纵向接触。如有接缝，应进行密封处理。

（5）安装输送含有易燃、易爆介质气体的系统和安装在易燃、易爆介质环境内的通风系统，必须有良好的接地装置，并尽量减少接口。输送易燃、易爆介质气体的风管，通过生活房间或其他辅助生产房间必须严密，并且不得设置接口。

（6）风管穿出屋面应设防雨罩。防雨罩设置在建筑结构预制的井圈外侧，使雨水不能沿壁面渗漏到屋内；穿出屋面超过 1.5 m 的立管宜设拉索固定。拉索不得固定在风管的法兰上，严禁拉在避雷针上。

（7）钢制套管的内径尺寸以能穿过风管的法兰及保温层为准，其壁厚不小于 2 mm。套管应牢固地预埋在墙体和楼板（或地板）内。

2. 风管安装要点

1）风管的吊装与就位

（1）安装前，进一步检查安装好的支架、吊架或托架的位置是否正确、是否牢固可靠。根据施工方案中确定的吊装方法（整体吊装或单节吊装），按照先干管后支管的安装程序吊装。同时，根据现场的具体情况，在梁、柱的节点上挂好滑车，穿上起重绳索，牢固捆绑风管。

（2）塑料风管、玻璃钢风管或复合材料风管等，需要整体吊装时，为防止损伤风管和便于吊装，绳索不得直接捆绑在风管上，应用长木板托住风管底部，四周用软性材料作为垫层，待捆绑牢靠后，方可起吊。

（3）开始起吊时，先缓慢拉紧绳索，当风管离地 200～300 mm 时，停止起吊，检查滑车受力点和所绑扎的绳索、绳扣是否牢固，风管的重心是否正确。检查没问题后，继续起吊到安装高度，把风管放置在支、吊架上，风管稳固后，方可解开绳扣。

（4）水平安装的风管，可以用吊架的调节螺栓或在支架上用调整垫块的方法调整水平。风管安装就位后，用拉线、水平尺和吊线等方法检查风管安装是否达到横平竖直。

（5）对于不便悬挂滑车或固定位置有所限制，不能进行整体或组合吊装的，可将风管分节用绳索拉到脚手架上，再抬到支架上对正法兰逐节安装。

（6）风管地沟敷设时，在地沟内分段连接。当地沟内不便操作时，可在沟边连接，然后用绳索绑好风管，用人力缓慢将风管放到支架上。风管甩出地面或在穿楼层时甩头的长度应不小于 200 mm。敞口处应封堵。风管穿过基础时，再浇灌基础前下好预埋套管，套管应牢固地固定在钢筋骨架上。

（7）不锈钢与碳素钢支架间垫以非金属垫片；铝板风管支架、抱箍应镀锌处理；硬聚氯乙烯风管穿墙或楼板应设套管，当长度大于 20 m 时应设伸缩节；玻璃钢类风管不得有破裂、脱落及分层，安装后不得扭曲；空气净化空调系统风管安装应严格按程序进行，不得颠倒。

（8）在安装风管、静压箱及其部件前，内壁必须擦拭干净，做到无油污和浮尘，封堵临时端口；当安装在或穿过围护结构时，接缝处应密封，保持清洁和严密。

2）柔性短管的安装

柔性短管是用来将风管与通风机、空调机、静压箱等相连的部件，防止设备产生的噪声通过风管传入房间，同时起到伸缩和减振的作用。

制作柔性短管所用的材料，一般采用帆布或人造革。如果需要防潮，则在帆布短管表面涂刷帆布漆，不得涂刷涂料，以防止帆布失去弹性和伸缩性，起不到减振的作用。输送腐蚀性气体的柔性短管，选用耐酸橡胶板或厚度为 0.8～1 mm 的软聚氯乙烯塑料板制作。柔性短管应松紧适当，不得有扭曲现象，以防止积尘。长度一般在 15～150 mm。

对洁净空调系统的柔性短管的连接要求做到严密不漏、防止积尘。所以在安装时，一般常用人造革、涂胶帆布、软橡胶板等。柔性短管在接缝时注意严密，以免漏风，还要注意光面朝里。

3）铝板风管的安装

铝板风管法兰的连接应采用镀锌螺栓，并在法兰两侧垫以镀锌垫圈，以防止铝法兰被螺栓刺伤。铝板风管的支架、抱箍应镀锌或按设计要求进行防腐处理。

铝板风管采用角型法兰，翻边连接，并用铝铆钉固定。采用的角钢法兰用料规格应符合规定，并根据设计要求进行防腐处理。

4）非金属风管安装

下面主要根据塑料风管的机械性能和使用条件，介绍安装注意要点。

（1）由于塑料风管一般较重，加上塑料风管受温度和老化的影响，所以支架间距一般为 2～3 m，并且多数以吊架为主。聚氯乙烯风管的支架如表 8.3 所示。

表8.3　聚氯乙烯风管的支架

矩形风管的长边或圆形风管的直径/mm	承托角钢规格/mm	吊环螺栓直径/mm	支架最大间距/m
≤500	30×30×4	8	3.0
510～1 000	40×40×5	8	3.0
1 010～1 500	50×50×6	10	3.0
1 510～2 000	50×50×6	10	2.0
2 010～3 000	60×60×7	10	2.0

（2）硬聚氯乙烯管质脆且易变形，因此支架、吊架、托架与风管的接触面应较大。在接触面处垫入厚度为 3～5 mm 的塑料垫片，使其黏贴在固定的支架上。同时，硬聚氯乙烯的线膨胀系数较大，因此支架抱箍不能将风管固定过紧，应留有一定的间隙，以便于风管伸缩。硬聚氯乙烯塑料风管与热力管道或发热设备应有一定的距离，以防止风管受热而发生过大的变形。

（3）硬聚氯乙烯塑料风管上所用的金属附件，如支架、螺栓和套管等，应根据防腐要求涂刷适宜的防腐材料。

（4）风管的法兰垫料应采用 3～6 mm 厚的耐酸橡胶板或软聚氯乙烯板。螺栓可用镀锌螺栓或增强尼龙螺栓。在螺栓与法兰接触处，加垫圈增加其接触面，并防止螺孔因螺栓的拉力而受损。

（5）排除会产生凝结水气体的水平塑料风管，应设 1%～1.5%的坡度，以便顺利排除产生的凝结水。

（6）塑料风管穿墙或穿楼板时，应设金属套管保护。钢套管的壁厚不小于 2 mm，如果套管截面大，其用料厚度也应增大。预埋时，钢套管外表面不应刷漆，但应除净油污和锈蚀。套管外配有肋板，以便牢固地固定在墙体和楼板上。穿墙套管如图 8.5 所示。

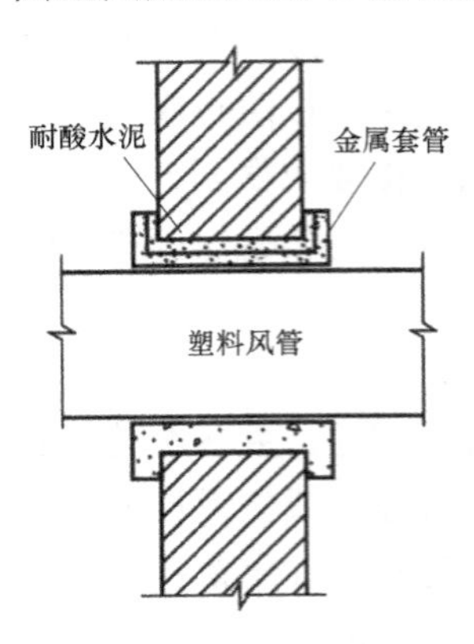

图 8.5 穿墙套管

（7）套管和风管之间应留有 5～10 mm 的间隙，或者以能穿过风管法兰为度，使塑料风管可以自由沿轴向移动。套管端应与墙面齐平，预埋在楼板中的套管，要高出楼面 20 mm。

（8）塑料风管在穿过屋面时，应在土建施工中设置保护圈，以防止雨水渗入，并防止风管受到冲击。塑料风管穿出屋面时，在 1 m 处应加拉索，拉索的数量不得少于 3 根。

（9）在硬聚氯乙烯风管与法兰连接处，应加焊三角支撑。

（10）室外风管受自然环境影响严重，其壁厚宜适当增加，外表面涂刷两道铝粉漆或白油漆，减缓太阳辐射对塑料的老化。

（11）支管的重量不得由干管承担。在干管上要接较长的支管时，支管上必须设置支架、吊架和托架，以免干管承受支管的重量而造成破裂。

5）风管连接的密封工艺

风管连接的密封材料应满足系统功能的技术条件，对风管的材质无不良影响，并且有良好的气密性。

风管法兰垫料的使用应符合下列规定：① 垫料不宜太薄，厚度宜为 3～5 mm；② 输送温度低于 70 ℃的空气，法兰垫料可采用橡胶板、闭孔海绵橡胶板、密封胶带或其他闭孔弹性材料；③ 防、排烟系统或输送温度高于 70 ℃的空气或烟气，垫料应采用耐热橡胶板或不燃的耐热、防火材料。

密封垫料应减少拼接，其接头连接应采用梯形或榫形方式。

非金属风管采用 PVC 或铝合金插条法兰连接，应对四角和漏风缝隙进行密封处理。

8.2.2 空调水系统节能工程施工工艺

（1）空调工程水系统的设备与附属设备、管道、管配件及阀门的规格、型号、材质、数量及连接形式应符合设计要求。

（2）空调工程水管道的安装要求如下。

① 管道隐蔽前，必须经监理工程师验收并认可签字。

② 在安装管道和管件前，将其内、外壁的污物和锈蚀清除干净。当管道安装间断时，应及时封闭敞开的管口。

③ 对于管道弯制弯管的弯曲半径，热弯不小于管道外径的 3.5 倍，冷弯不小于管道外

径的4倍。焊接弯管不小于管道外径的1.5倍，冲压弯管不小于管道外径的1倍。弯管的最大外径与最小外径的差不大于管道外径的8%，管壁减薄率不大于15%。焊接钢管、镀锌钢管不得采用热煨弯。

④ 冷凝水排水管的坡度，应符合设计文件的要求。当设计无特殊要求时，坡度宜不小于8‰。软管连接的长度宜不大于150 mm。

⑤ 在设备全部安装完毕后进行管道与设备的连接，与水泵、制冷机组的接管必须为柔性接口。柔性短管不得强行对口连接，与其连接的管道应设置独立支架。

⑥ 冷热水及冷却水系统应在系统冲洗、排污合格，再循环运行2 h以上，且水质正常后，才能与制冷机组、空调设备相贯通。可通过目测确定冲洗是否合格，以排出口的水色和透明度与入水口相比一样即可。

⑦ 空调水系统的冷热水管道与支、吊架之间设置绝热衬垫，一般采用承压强度能满足管道重量的不燃、难燃硬质绝热材料衬垫或经防腐处理的木衬垫，其厚度应不小于绝热层厚度，宽度大于支、吊架支承面的宽度。衬垫的表面应平整，衬垫与绝热材料之间填实无空隙。固定在建筑结构上的管道支、吊架不得影响结构的安全。

⑧ 管道穿越墙体或楼板处设置钢制套管，管道接口不得置于套管内，钢制套管与墙体饰面或楼板底部平齐，上部高出楼层地面20～50 mm，并不得将套管作为管道的支撑。保温管道与套管四周间隙应选用不燃绝热材料填塞紧密。

（3）当空调水系统的管道采用建筑用硬聚氯乙烯、聚丙烯、聚丁烯和交联聚乙烯等有机材料管道时，其连接方法应符合设计和产品的技术要求。

（4）金属管道的焊接应符合下列要求：① 管道焊接材料的品种、规格、性能符合设计要求；② 管道对接焊口的组对和坡口形式等符合规定；③ 对口的平直度为1/100，全长不大于10 mm；④ 管道的固定焊口远离设备，且不与设备接口中心线相重合；⑤ 管道对接焊缝与支、吊架的距离大于50 mm；⑥ 管道的焊缝表面干净，外观质量良好；⑦ 焊缝质量不得低于《现场设备、工业管道焊接工程施工规范》（GB 50236—2011）中第11.3.3条的规定。

（5）管道连接可用螺纹或者法兰。① 用螺纹连接的管道，螺纹应清洁、规整，断丝或缺丝不大于螺纹全扣数的10%。接口处根部外露螺纹为2～3扣，无外露填料。镀锌管道的镀锌层应注意保护，对局部的破损处应进行防腐处理。② 用法兰连接的管道，法兰面与管道中心线垂直，并达到同心。法兰对接平行，其偏差不大于其外径的1.5‰，且不得大于2 mm。连接螺丝长度一致，螺母在同侧、均匀拧紧。螺栓紧固后不低于螺母平面。法兰的衬垫规格、品种与厚度符合设计的要求。

（6）补偿器的补偿量和安装位置必须符合设计及产品技术文件的要求，并根据设计计算的补偿量进行预拉伸或预压缩。设有补偿器（膨胀节）的管道应设置固定支架，其结构形式和固定位置应符合设计要求，并在补偿器的预拉伸（或预压缩）前固定；导向支架的设置应符合所安装产品技术文件的要求。

（7）空调机组回水管上的电动两通调节阀、风机盘管机组回水管上的电动两通调节阀、空调冷热水系统中的水力平衡阀、冷（热）量计量装置等自动阀门与仪表的安装应符合下列规定：规格、数量符合设计要求；方向正确；位置便于操作和观察。

（8）阀门、自动排气装置、除污器（水过滤器）等管道件的安装应符合设计要求，并符合下列规定。

① 在安装阀门前，必须检查外观，阀门的铭牌符合《工业阀门标志》（GB/T 12220—2015）的规定。对于工作压力大于 1.0 MPa 及在主干管上起到切断作用的阀门，应进行强度和严密性试验，合格后方可使用。安装电动、气动等自动控制阀门前应进行单体调试，包括开启、关闭等动作试验。

② 阀门安装的位置、进出口方向正确，便于操作；连接紧固，启闭灵活；成排阀门的排列整齐美观，在同一平面上允许偏差为 3 mm；安装在保温管道上的各类手动阀门，其手柄均不得向下。

③ 闭式系统管路应在系统最高处及所有可能积聚空气的高点设置自动排气装置，在管路最低点设置排水管及排水阀。

④ 冷冻水和冷却水的除污器（水过滤器）安装在进机组前的管道上，方向正确且便于清污；与管道连接牢固、严密，安装位置应便于滤网的拆装和清洗。过滤器滤网的材质、规格和包扎方法应符合设计要求。

（9）空调水系统的水泵规格、型号、技术参数应符合设计要求和产品性能指标。水泵正常连续试运行的时间不少于 2 h。水泵及附属设备的安装应符合下列要求。

① 水泵的平面位置和标高符合设计要求，允许偏差为±10 mm，安装的地脚螺栓垂直、拧紧，且与设备底座接触紧密。

② 水泵及附属设备的安装用的垫铁组位置正确、平稳、接触紧密，每组不超过 3 块。

③ 整体安装的水泵，纵向水平偏差不大于 0.1%，横向水平偏差不大于 0.2%；解体安装的水泵，纵、横向水平偏差均不大于 0.05%；水泵与电机采用联轴器连接时，联轴器两轴芯的允许偏差，轴向倾斜不大于 0.2%，径向位移不大于 0.05 mm；小型整体安装的管道水泵没有明显的偏差。

④ 当设备有减振要求时，水泵应配设减振设施。减振器与水泵及水泵基础连接牢固、平稳、接触紧密。当设备转速大于 1 200 r/min 时，宜用弹性材料垫块或橡胶减振器；当设备转速小于 1 200 r/min 时，宜用弹簧减振器。

（10）水箱、集水器、分水器、储冷罐等设备的满水试验或水压试验必须符合设计要求。储冷罐内壁防腐涂层的材质、涂抹质量、涂层厚度必须符合设计或产品技术文件要求，储冷罐与底座必须进行绝热处理。安装上述设备时，支架或底座的尺寸、位置应符合设计要求；设备与支架或底座接触紧密，安装平正、牢固，平面位置允许偏差为±15 mm，标高允许偏差为±5 mm，垂直度允许偏差为 1‰；膨胀水箱安装的位置及接管的连接符合设计文件的要求。

（11）风机盘管机组及其他空调设备与管道的连接，宜采用弹性接管或软接管（金属或非金属软管），其耐压值应大于 1.5 倍的工作压力。软管的连接应牢固，不应有强扭和瘪管。

（12）冷却塔的规格、型号、技术参数必须符合设计要求。对含有易燃材料冷却塔的安装，必须严格执行施工防火安全的规定。其安装应符合下列要求。

① 基础标高符合设计要求，允许偏差为±20 mm。冷却塔的地脚螺栓与预埋件的连接或固定牢固，各连接部件采用热镀锌或不锈钢螺栓，其紧固力一致、均匀。

② 冷却塔安装应水平，单台冷却塔安装水平度和垂直度的允许偏差均为 2‰。

③ 冷却塔的出水口及喷嘴的方向和位置正确，积水盘严密无渗漏，分水器布水均匀。

带转动布水器的冷却塔，其转动部分灵活，喷水出口按设计或产品要求，方向一致。

④ 冷却塔风机叶片端部与塔体四周的径向间隙均匀，对于可以调整的叶片，角度一致。

⑤ 多台冷却塔并联使用时，使并联管路的阻力平衡，确保水量分配均匀；接水盘应接管连通，使多台冷却塔水位高差不大于 30 mm；直径 100 mm 以上的水管与冷却塔相连时，宜采用防振的软接头，防止水管振动引起冷却塔的振动。

（13）制冷机组（包括压缩式冷水机组、吸收式冷水机组和模块式冷水机组）的安装，应符合下列要求。

① 开箱检查。依据设备清单认真核对冷水机组的名称、产地、型号、规格、技术性能参数、合格证书、设备安装使用说明书、性能检测报告和随机备件。

② 清洗设备。对制冷机组的汽缸、活塞、吸排气阀、曲轴箱和油路清洗干净，过滤或更换润滑油，并测量必要的同轴度和装配间隙。

③ 设备定位找中找正。活塞式制冷机组机身纵横向水平度允许偏差为 0.2‰，螺杆式、离心式和模块式制冷机组机身纵横向水平度允许偏差为 0.1‰，溴化锂吸收式制冷机组机身纵横向水平度允许偏差为 0.5‰，辅助设备的立式垂直度或卧式水平度均为 1%，附设冷凝器和储液器应向集油端倾斜 1%～2%。

④ 对组装式制冷机组和现场充注制冷剂的机组，必须进行吹污、气密性试验、真空试验和充注制冷剂检漏试验，其技术数据应符合产品技术文件和国家相关标准的规定。

（14）管道系统安装完毕、外观质量检查合格后，应按设计要求进行水压试验，当设计无规定时应符合下列要求。

① 冷热水、冷却水系统的试验压力，当工作压力小于或等于 1.0 MPa 时，为 1.5 倍的工作压力，但最低不小于 0.6 MPa；当工作压力大于 1.0 MPa 时，为工作压力加 0.5 MPa。

② 对于大型或高层建筑垂直位差较大的冷（热）媒水、冷却水管道系统，采用分区、分层试压和系统试压相结合的方法。一般建筑可采用系统试压的方法。

③ 分区、分层试压。对于相对独立的局部区域的管道进行试压，在试验压力下，稳压时间 10 min，压力不得下降，再将系统压力降至工作压力，在 60 min 内压力不得下降，外观检查无渗漏为试压合格。

④ 系统试压。在各分区管道与系统主、干管全部连通后，对整个系统的管道进行系统试压。试验压力以最低点的压力为准，但最低点的压力不得超过管道与组成件的承受压力。压力试验升至试验压力后，稳压 10 min，压力下降不得大于 0.02 MPa，再将系统压力降至工作压力，外观检查无渗漏为试压合格。

⑤ 各类耐压塑料管的强度试验压力为 1.5 倍工作压力，严密工作压力为 1.15 倍的设计工作压力。

⑥ 凝结水系统采用充水试验，应以不渗漏为合格。

8.2.3　通风空调设备节能工程施工工艺

1. 风机盘管机组安装

风机盘管机组由机组箱体、风机、电动机、盘管、空气过滤器等组成。为了保证风机盘管机组正常运转，使空调房间的温度达到设计要求，与风机盘管机组配套的部件必须齐备。配套的部件有室温调节器、电动调节阀、水过滤器及柔性接头等。风机盘管机组的部件组成如表 8.4 所列。

表8.4　风机盘管机组的部件组成

类别	部件名称	具体说明
基本部件	机组箱体	机组箱体采用轻型钢骨架和薄钢板制成，其吸风和出风格栅制成固定式或可调式。围护面层可以拆卸，便于设备进行检修；明装机组箱体造型比较美观，表面油漆色调与建筑装饰比较协调
	风机	机组内装有两台风机。风机有双进风前向多叶式离心风机和活贯流式风机，其平衡性较好，是一种低噪声的风机
	电动机	采用单相电容调速低噪声电机，电机设有高、中、低 3 档转速，以便改变风机的风量大小
	盘管	盘管多采用钢管铝串片，夏季通以冷冻水，对空气进行冷却减湿处理，冬季通以热水，用来加热空气，为收集凝结水还设有凝水盘
	空气过滤器	空气过滤器在机组回风吸入口处，过滤器用未过滤室内的回风。空气过滤器一般为抽屉式，可在不拆开机组的情况下，进行更换或清洗
配套部件	室温调节器	室温调节器又称为恒温器，它与电动调节阀和风机盘管配套使用 室温调节器有电子式和机械式两种，是由电子感温元件或双金属感温元件检测室内温度，通过电触点控制电动调节阀的通或断，变换风机盘管的送风温度，达到空调房间温度自动调节的目的
	电动调节阀	与风机盘管配套用的电动调节阀，有二通和三通调节阀，它根据冷冻水系统的具体情况来选择 当冷冻水系统设有压差旁通调节阀时，可选用二通调节阀；当冷冻水系统无压差旁通调节阀时，为保证系统在变流量的情况下仍能定水量运转，应选用三通调节阀
	水过滤器	水过滤器安装在风机盘管冷冻水或热水管道的入口处，其作用是清除管道中的机械杂质，以保护风机盘管免受堵塞
	柔性接头	柔性接头用于管道与风机盘管的连接处，以消除由于硬连接而出现的漏水现象，同时可防止在连接过程中损坏风机盘管等弊病 目前常用的柔性接头有两种形式：一种是特制的橡胶柔性接头，接头的两端各设一个活接头，一端与管道连接，另一端与风机盘管连接；另一种是退火的紫铜管，两端用扩管器扩成喇叭口形，再用锁母拧紧

风机盘管的安装方法在《风机盘管机组》（GB/T 19232—2019）中有具体的要求。在安装过程中还应注意以下事项。

（1）风机盘管在就位前，应按照设计要求的形式、型号及接管方向复核，确认无误后才能正式安装。

（2）对于各类暗装的风机盘管，在安装过程中应与室内装饰工作密切配合，防止在施工中损坏已装饰的墙面或顶棚。

（3）与风机盘管连接的冷冻水或热水管，采用接上水和回水的连接位置安装（即下送上回方式），以提高空气处理的热工性能。

（4）凝结水管路的坡度应坡向排水管，防止反坡造成凝结水盘内的水外溢。

2. 通风机的安装

1）通风机的开箱检查

在风机开箱检查时，首先应根据设计图纸核对名称、型号、机号、传动方式、旋转方向和风口位置。通风机符合设计要求后，应对通风机进行下列检查。

（1）根据设备装箱单，核对叶轮、机壳和其他部位（如地脚螺栓孔中心距，进风口、排风口法兰孔径和方位及中心距、轴的中心标高等）的主要尺寸是否符合设计要求。

（2）叶轮的旋转方向应符合设备技术文件规定。

（3）进风口、排风口应有盖板严密遮盖，防止尘土和杂物进入。

（4）检查通风机外露部分各加工面的防锈情况，以及转子是否发生明显的变形或严重锈蚀、碰伤等。如果有以上情况，应会同有关单位研究处理。

（5）检查通风机叶轮和进气短管的间隙，用手盘动叶轮，旋转时叶轮不应和进气短管相碰。一般叶轮的平衡在出厂时都经过严格校正，在安装时可不检查。

2）通风机的搬运和吊装

通风机应按照设计图纸的要求，安装在混凝土基础上、通风机平台上或墙、柱的支架上。由于通风机连同电动机质量较大，所以在平台上或较高的基础上安装时，可用滑轮或倒链吊装。在通风机的搬运和吊装中应注意如下事项。

（1）整体安装的风机，绳索不能捆绑在转子和机壳或轴承盖的吊环上，应固定在风机轴承箱的两个受力环上或电机的受力环上以及机壳侧面的法兰网孔上。

（2）与机壳边接触的绳索，在棱角处应垫上软物，防止绳索受力磨损切割绳索或损伤机壳表面。特别是现场组装的风机，绳索捆绑不能损伤机件表面、转子、轴颈和轴衬等处。

（3）输送特殊介质的通风机转子和机壳内涂敷的保护层，应严加保护，不得出现损坏。

3）离心式通风机的安装

（1）离心式通风机本体的安装。安装的风机本体要求其叶轮旋转后，每次都不停留在原来位置上，并不得碰撞机壳。离心式通风机在装配时，机壳进风斗（即吸气短管）的中心线与叶轮中心线应在一条直线上，并且机壳与叶轮的轴向间隙符合设备技术文件的规定。

（2）离心式通风机中电动机的安装。首先应找正找平，并以装好的通风机为准。当用三角皮带传动时，电动机可在滑轨上调整，滑轨的位置应保证风机和电动机的两轴中心线相互平行，并水平固定在基础上。滑轨的方向不能装反，安装在室外的排风机应装设防雨罩。

（3）离心式通风机三角皮带轮找正。用三角皮带轮传动的通风机，在安装电动机时，要对电动机上的皮带轮进行找正，以保证电动机和通风机的轴线相互平行，使两个皮带轮的中心线相重合，三角皮带被拉紧。皮带轮找正后的允许偏差必须符合规定。三角皮带传动的通风机和电动机轴的中心线间距和皮带的规格应符合设计要求。

（4）离心式通风机联轴器的安装。联轴器连接通风机与电动机时，两轴中心线应在同一直线上，其轴向倾斜允许偏差为 0.2‰，径向位移的允许偏差为 0.05 mm。对联轴器找正的目的是消除通风机主轴中心线与电动机传动轴中心线的不同心度及不平行度，否则将会引起通风机的较大振动、电动机和轴承产生过热等现象。

（5）离心式通风机的进出口接管。离心式通风机进口和出口处的动压较大，动压值越大，局部的阻力也越大，因此，进出口接管的做法对通风机效率的影响非常明显。在进行离心式通风机的进出口接管时，应注意以下几个方面。

① 通风机出口应顺通风机叶片转向接出弯管。在现场条件允许的情况下，还应保证通风机出口至弯管的距离最好为风机出口长边的1.5～2.5倍。

② 在实际工程中，通风机进口接管口常因各种具体情况或现场条件的限制，有时采取一种不良的接口，从而造成涡流区，增加了压力损失。可在弯管内增设导风叶片以改善涡流区。

③ 离心式通风机的进风口或进风管路直接通往大气时，应加装保护网或采取其他安全措施。

④ 离心式通风机的进风管、出风管等应有单独的支撑，并与基础或其他建筑结构连接牢固；风管与风机连接时，法兰面不得硬拉，机壳不应承受其他机体的重量，以防止机壳被压而发生变形。

4）轴流式通风机的安装

轴流式通风机工作时，动力机驱动叶轮在圆筒形机壳内旋转，气体从集流器进入，通过叶轮获得能量，提高压力和速度，然后沿轴向排出。轴流式通风机具有结构简单、低噪声、安装简便、防腐性能良好、静压及效率高、运转平稳、机械振动小等特点。

轴流式通风机在安装过程中应注意以下几个方面。

（1）轴流式通风机在墙体上安装。在墙体上安装时，支架的位置和标高应符合设计图纸的要求。支架用水平尺找平，支架的螺栓孔要与通风机底座的螺孔一致，底座下应垫3～5 mm厚的橡胶圈，以避免通风机与支架刚性接触。

（2）轴流式通风机在墙洞或风管内安装。墙体的厚度应不小于240 mm。在土建工程施工时，及时配合留好孔洞，并预埋好挡板的固定件和轴流通风机支座的预埋件。

（3）轴流式通风机在钢窗上安装。在需要安装轴流式通风机的钢窗上，首先应用厚度为2 mm的钢板封闭窗口，钢板在安装前打好与通风机框架上相同的螺孔，并开好与通风机直径相同的洞。洞内安装通风机，洞外装铝质活络百叶格。通风机关闭时，叶片向下挡住室外气流进入室内；通风机开启时，叶片被通风机吹起，排出气流。当对通风机有遮光要求时，在洞内可安装带有遮光百叶的排风口。

（4）大型轴流式通风机组装叶轮与机壳的间隙应均匀分布，并符合设计文件中的要求。

3. 组合式空调机组安装

组合式空调机组是由各种空气处理功能段组装而成的空气处理设备，这种空调机组主要适用于阻力大于100 Pa的空调系统。机组空气处理功能段主要包括空气混合、均流、过滤、冷却、一次和二次加热、去湿、加湿、送风机、回风机、喷水、消声、热回收等单元体。

组合式空调机组的安装，主要包括压缩冷凝机组、空气调节器、风管内电加热器等，还要对机组漏风量进行测试。《组合式空调机组》（GB/T 14294—2008）中，对组合式空调机组的安装有明确的规定，应当严格执行。对各功能段的组装，也应符合设计规定的顺序和要求。

1）压缩冷凝机组安装

压缩冷凝机组应安装在混凝土基础上，混凝土基础的强度、表面平整度、安装位置、标高、预留孔洞及预埋件等均应符合设计要求。在吊装设备时，应用衬垫垫好设备，避免设备磨损和变形；在绑扎时，主要承力点应高于设备重心，防止在起吊时产生倾斜；还应防止机组底座产生扭曲和变形。吊索的转折处与设备接触部位，应使用软质材料进行衬垫，避免设备、管路、仪表、附件等受损和损坏表面油漆。

设备就位后，进行找平找正。机身纵向和横向的水平度偏差应不大于 0.2‰，测量部位应在立轴外露部分或其他基准面上；对于公共底座的压缩冷凝机组，可在主机结构选择适当的位置作为基准面。

压缩冷凝机组与空气调节器管路的连接：压缩机吸入管可用紫铜管或无缝钢管，与空气调节器引出端的法兰连接。如果采用焊接，则不得有裂缝、砂眼等渗漏现象。压缩冷凝机组的出液管可用紫铜管，与空气调节器上的蒸发膨胀阀连接，连接前应将紫铜管螺母用扩管器制成喇叭形接口，管内干燥洁净，不得有任何漏气现象。

2）空气调节器的安装

组合式空调机组的空气调节器的安装，与整体式空调机组基本相同，可以参照整体式空调机组的方法安装。

3）风管电加热器安装

当采用 1 台空调器来控制两个恒温车间时，一般除主风管安装电加热器外，在控制恒温房间的支管上还需要安装电加热器，这种电加热器称为“微调加热器”或“收敛加热器”，它是受恒温房间的干球温度控制的。干球温度是指暴露于空气中又不受太阳直接照射的干球温度表上所读取的数值。

电加热器安装后，在其电加热器前后 800 mm 范围内的风管隔热层采用石棉板、岩棉等不燃材料，防止由于系统在运转出现不正常情况下致使过热而引起燃烧。

4）机组漏风量的测试

对现场组装的空调机组应进行漏风量测试，其漏风量的标准如下。

① 当空调机组的静压为 700 Pa 时，漏风率不大于 1%。

② 用于空气净化系统的机组，静压应为 1 000 Pa，当室内洁净度小于 1 000 级时，漏风率不大于 2%。

③ 当室内洁净度大于或等于 1 000 级时，漏风率不大于 1%。

4. 整体式空调机组安装

整体式空调机组是将制冷压缩冷凝机组、蒸发器、通风机、加热器、加湿器、空气过滤器等装置，全部组装在一个箱体内。

整体式空调机组采用直接蒸发式表面冷却器和电极加热器。电极加热器安装在箱体内或送风管内。制冷量的调节是根据空调房间的温度和湿度变化，分别控制制冷压缩机的运行缸数，或者用电磁阀控制蒸发制冷剂的流入量。空气加热除采用电加热或蒸汽、热水加热器外，有的空调机组还具有调节换向阀，使制冷系统转变为热泵运转，达到空气加热的目的。

1）安装准备

整体式空调机组安装前，应认真熟悉施工图纸、设备说明书及有关的技术文件。根据设备装箱单会同建设单位，检查制冷设备零件、部件、附属材料及专用工具的规格、数量，并做好记录。

2）整体式空调机组安装步骤

（1）整体式空调机组安装时，可直接安放在混凝土的基座上，根据要求也可在基座上垫上橡胶板，以减少机组运转时的振动。

（2）整体式空调机组安装的坐标位置应正确，并对机组进行仔细的找平找正。

（3）按照设计或设备说明书要求的流程，连接水冷式机组冷凝器的冷却水管。

（4）机组的电气装置及自动调节仪表的接线，参照电气、自控平面敷设电管、穿线，并参照设备技术文件接线。

5. 分体式空调机组安装

分体式空调机组是把空调器分成室内机组和室外机组两部分，把噪声较大的轴流风扇、压缩机及冷凝器等安装在室外机组内，把蒸发器、毛细管、控制电器和风机等室内不可缺少部分安装在室内机组中。这种由室内机组和室外机组构成的空调机组为分体式空调机组。

分体式空调器的类型比较多，它们的结构不相同，安装方法也不尽相同，其一般安装要求主要包括以下方面。

（1）室内外机组的安装位置要适当，必要时，安装人员与用户一起勘查现场，选择最适宜的位置。室内外机组均要安装在无日光照射、远离热源的地方。

（2）保证室内外机组的周围具有足够的空间，以保证气流通畅和便于检修。

（3）室内机组既要考虑安装方便，又要兼顾美化环境，还要使气流合理，保证通风良好。

（4）在不影响以上各项要求的基础上，安装位置要选在管路短、高差小，且易于操作检修的地方。

（5）室外机组位置不在地面或楼顶平面而需要悬挂在墙壁上时，应制作牢固可靠的支架。

（6）室外机组的出风口不应对准强风吹送的方向，也不应在前面有障碍物造成气流短路。

（7）安装中所用的标准备件、工具、材料，应准备齐全，符合要求。

（8）现场安装操作应按技术要求进行，动作准确、迅速，管路的连接要保证接头清洁和密封良好，电气线路要保证连接无误。安装完毕要多次进行检漏和线路复查，确认无误后，方可通电试运转。

（9）制冷剂管路超过原机管路长度时，按需要加设延长管，并按规定补充制冷剂。

（10）管路连接完毕后，将系统内的空气排净。

6. 新风空调器的安装

新风系统是空调的三大空气循环系统之一，主要作用是实现房间空气和室外空气之间的流通、换气，还有净化空气的作用。新风空调器与普通空调器相比，结构比较简单，主要由空气过滤器、冷热交换器和风机等组成。

常用的新风机组空调器有吊顶式、卧式和立式三种，在民用建筑工程中常用吊顶式新风机组。此处主要介绍吊顶式新风机组的安装要点。

（1）在安装前，学习生产厂家所提供的产品样本及安装说明书，详细了解其结构特点和安装要点，并合理选择吊杆的直径大小，以确保吊挂的安全。同时，由于吊顶式新风机组安装于楼板上，应确认楼板混凝土的强度等级是否合格，承重能力是否满足安装新风机组的要求。

（2）确定吊装方案。如果机组风量和重量均不太大，机组的振动又较小，一般吊杆顶部可采用膨胀螺栓与屋顶连接，吊杆底部采用螺扣加装橡胶减振垫与吊装孔连接的方法。如果是大风量吊装式新风机组，由于其重量较大，安装应采用可靠的保证措施。

（3）合理考虑新风机组运行的振动，必要时，采取适当的减振措施。一般新风机组空调器内部的送风机与箱体底架之间已加装了减振装置。如果是小规格的机组，可直接将吊杆与机组吊装孔采用螺扣加垫圈连接，如果进行试运转机组本身振动较大，则考虑加装减振装置，或在吊装孔下部粘贴橡胶垫，使吊杆与机组之间减振，或在吊杆中间加装减振弹簧。

（4）安装时，应特别注意机组的进出风方向、进出水方向和过滤嘴的抽出方向是否正确，避免出现失误。还应保护好进出水管、冷凝水管的连接螺纹，缠好密封材料，防止在管路连接处漏水；保护好机组凝结水盘的保温材料，不要使凝结水盘有任何裸露情况。

（5）吊顶式新风机组安装完毕后，检查送风机运转的平衡性和风机运转方向，同时冷热交换器应无渗漏，还应进行必要的调节，以保持机组的水平。

（6）在连接吊顶式新风机组的冷凝水管时，其坡度必须符合设计要求，以使冷凝水顺利地排出。

（7）吊顶式新风机组的送风口与送风管道连接时，应采用帆布软管连接形式。

（8）吊顶式新风机组安装完毕进行通水试压时，应通过冷热交换器上部的放气阀将空气排除干净，以保证系统压力和水系统的通畅。

7. 空气处理室及洁净室安装

1）空气处理机组的安装

空气处理室是一种用于调节室内空气温湿度和洁净度的设备。主要有满足热湿处理要求用的空气加热器、空气冷却器、空气加湿器，净化空气用的空气过滤器，调节新风、回风用的混风箱以及降低通风机噪声用的消声器。空气处理机组均设有通风机。根据全年空气调节的要求，机组可配置与冷热源相连接的自动调节系统。在安装空气处理机组时，应符合以下要求。

（1）在安装前，认真核对空气处理机组的型号、规格、方向和技术参数，应符合设计要求。

（2）安装现场组装的组合式空调处理机组必须进行漏风量检验，漏风量应符合现行国家规定。

（3）机组各功能段的组装应符合设计规定的顺序和要求，各功能段之间应连接严密，整体平直。

（4）机组与回水管的连接正确，机组下部冷凝水排放管的水封高度符合设计要求。

（5）机组内空气过滤器（网）和空气交换器翅片清洁、完好。

（6）机组应清扫干净，机组箱体内没有杂物、垃圾和积尘。

2）消声器的安装

消声器是阻止声音传播而允许气流通过的一种器件，是消除空气动力性噪声的重要措施。消声器是安装在空气动力设备（如鼓风机、空压机）的气流通道上或进、排气系统中降低噪声的装置。消声器能够阻挡声波的传播，允许气流通过，是控制噪声的有效工具。在安装时，应符合以下要求。

（1）消声器、消声弯管应单独设置支吊架，不得由风管支撑，其支吊架的设置应位置正确、牢固可靠。

（2）消声器支吊架的横托板穿吊杆的螺孔距离，应比消声器宽 40～50 mm。为了便于调节标高，可在吊杆的端部套 50～80 mm 的丝扣，以便进行找平、找正。

（3）消声器的安装方向必须正确，不允许把方向接反，与风管或管件的法兰连接应严密、牢固。

（4）当通风、空调系统有恒温和恒湿要求时，消声器的外壳应进行保温处理。

（5）消声器等安装就位后，可用拉线或吊线尺量的方法检查，修整位置不正、扭曲、接口不齐等不符合要求的部位。

3）除尘器的安装

除尘器是把粉尘等杂物从空气中分离出来的设备。除尘器的性能用可处理的气体量、气体通过除尘器时的阻力损失和除尘效率来表达。在安装时，应符合以下要求。

（1）除尘器整体安装吊装时，将其直接放置在基础上，用垫铁找平、找正，垫铁一般放在地脚螺栓的内侧，斜垫铁须成对使用。

（2）除尘器的进口和出口方向应符合设计要求；安装连接各部法兰时，密封填料加在螺栓的内侧，以保证其密封方便。人孔盖及检查门应压紧，不得漏气。

（3）除尘器的排尘装置、卸料装置、排泥装置应安装严密，并便于以后操作和维修。各种阀门必须开启灵活、关闭严密。传动机构转动自如，动作稳定可靠。

（4）除尘器的活动或转动部件的动作灵活、可靠，符合设计要求。

4）洁净层流罩的安装

洁净层流罩是一种可提供局部洁净环境的空气净化单元，可灵活地安装在需要高洁净度的工艺点上方，洁净层流罩可以单个使用，也可多个组合成带状洁净区域。它主要由箱体、风机、初效空气过滤器、阻尼层、灯具等组成，外壳进行喷塑处理。洁净层流罩既可悬挂，又可地面支撑，结构紧凑，使用方便。在安装时，应符合以下要求。

（1）洁净层流罩安装高度和位置应符合设计要求，设立单独的吊杆，并有防止晃动的固定措施，以保持洁净层流罩稳固。

（2）安装在洁净室的洁净层流罩，与顶板相连的四周必须设有密封及隔振措施，以保证洁净室的严密性。

（3）洁净层流罩安装的水平度允许偏差为1‰，高度的允许偏差为±1 mm。

5）装配式洁净室的安装

洁净室是指将一定空间范围内的空气中的微粒子、有害空气、细菌等污染物排除，并将室内的温度、洁净度、室内压力、气流速度与气流分布、噪声振动及照明、静电控制在某一需求范围内，而所给予特别设计的房间。在安装时，应符合以下要求。

（1）地面铺设。垂直单向流的洁净室地面，宜采用格栅铝合金活动地板；水平单向流和乱流的洁净室地面，宜采用塑料贴面活动地板或现场铺设塑料地板。塑料地面一般选用抗静电的聚氯乙烯卷材。

（2）板壁安装。在安装之前，严格在地面弹线并校准尺寸，安装中如出现较大误差，应对板件单体进行调整或更换，防止累积误差出现不能闭合的现象。按照划出的底马槽线将贴密封条的底马槽装好，使马槽接缝与板壁接缝错开。板壁先从转角处开始安装，板壁两边企口处各贴一层厚度为2 mm的闭孔海绵橡胶板，第一块L形板壁的两边各装1个底卡子并放入马槽，之后每安装一个底卡子均应与相邻板壁企口吻合。当相邻两块板壁的高度一致、垂直平行时，可装顶卡子将相邻两块板壁锁牢。板壁安装好后，将顶马槽和屋角处进行预装，注意保持平直，不使接缝与板壁的接缝错开。板壁组装结束后，宜用2 m托板和直尺检查其垂直度，不垂直度应小于或等于0.2%，否则应调整。

（3）顶板安装。在部件L形板与骨架、L形板与顶马槽、十字形板与骨架等连接处均应设密封条，以保证顶板的密封性。

8. 制冷机组的安装

制冷机组包括压缩机、蒸发器、冷凝器、节流装置和控制系统。制冷机组分为多种型号，在空调系统中主要有活塞式制冷机组、离心式制冷机组、吸收式制冷机组、螺杆式制冷机组和冷却塔等。

1）活塞式制冷机组的安装

冷水机组中以活塞式压缩机为主机的为活塞式制冷机组。活塞式制冷机组的压缩机、蒸发器、冷凝器和节流机构等设备都组装在一起，安装在一个机座上，其连接管路已在制造厂完成了装配，因此用户只需在现场连接电气线路及外接水管（包括冷却水管路和冷冻水管路），并进行必要的管道保温，即可投入运转。在活塞式制冷机组的安装中应注意以下方面。

（1）采用整体安装的活塞式制冷机，其机身的纵向和横向水平度允许偏差为0.2‰。

（2）用油封的活塞式制冷机，如在技术文件规定的期限内外观完整、机体无损伤和锈蚀等现象，可以仅拆卸缸盖、活塞、汽缸内壁、吸排气阀、曲轴箱等并清洗干净，油系统一定要畅通；同时检查紧固件是否牢固，并更换曲轴箱的润滑油。如在技术文件规定期限外，或机体有损伤和锈蚀等现象时，必须全面检查，并按设备技术文件的规定拆洗装配。

（3）充入保护气体的机组在技术文件规定的期限内，在外观完整和氮封压力无变化的情况下，可不清洗内部，仅擦洗外表，如需清洗，严禁混入水汽。

（4）制冷机的辅助设备，在单体安装前必须进行吹污处理，保持内壁的清洁，安装位置应正确，各管口畅通。

（5）活塞式压缩机中的储液器及洗涤式油氨分离器的进液，均应低于冷凝器的出液口。

（6）直接膨胀式冷却器，表面应保持清洁、完整，安装时空气与制冷剂应呈逆向流动。冷凝器四周的缝隙应堵严，冷凝水排除畅通。

（7）卧式及组合式冷凝器、储液器在室外露天布置时，设有遮阳与防冻措施。

2）离心式制冷机组的安装

离心式制冷机的构造和工作原理与离心式鼓风机极为相似。但它的工作原理与活塞式压缩机有根本的区别，它不是利用汽缸容积减小的方式提高气体的压力，而是依靠动能的变化提高。离心式压缩机具有带叶片的工作轮，当工作轮转动时，叶片带动气体运动或者使气体得到动能，然后使部分动能转化为压力能，从而提高气体的压力。这种压缩机由于工作时不断地将制冷剂蒸汽吸入，又不断地沿半径方向被甩出去，所以称为“离心式压缩机”。以离心式制冷压缩机为主机的冷水机组，称为“离心式制冷机组”。在离心式制冷机组的安装中应注意以下方面。

（1）离心式制冷机组安装前，机组的内压应符合设备技术文件规定的压力。

（2）离心式制冷机组应在与压缩机底面平行的其他平面上找正找平，其纵向和横向不水平度均不大于 0.1‰。

（3）离心式制冷压缩机应在主轴上找正纵向水平，其不水平度不超过 0.03‰；在机壳中分面上找平横向水平，其不水平度均不大于 0.1‰。

（4）安装离心式制冷压缩机的基础底板应平整，底座安装应设置隔振器，所有隔振器的压缩量应均匀一致。

3）吸收式制冷机组的安装

液体蒸发法是常见的一种机械制冷方式，利用低沸点的液体吸收环境介质的热量而蒸发，达到使环境介质降温的目的，这种低沸点的液体称为“制冷剂”；在吸收式制冷方式中，除了制取冷量的制冷剂外，还有吸收、解析制冷剂的“吸收剂”，二者组成工质对。在发生器中工质对被加热介质加热，解析出制冷剂蒸汽。制冷剂蒸汽在冷凝器中被冷却凝结成液体，然后降压进入蒸发器吸热蒸发，产生制冷效应。蒸发产生的制冷剂蒸汽进入吸收器，被来自发生器的工质所吸收，再由溶液泵加压送入发生器，如此循环不息制取冷量。

目前应用广泛的是以水为制冷剂、溴化锂溶液为吸收剂，以制取 5 ℃以上冷水为目的的溴化锂吸收式冷水机组。在溴化锂吸收式制冷机组的安装中应注意以下方面。

（1）在安装热交换器时，使装有放液阀的一端比另一端低约 20～30 mm，以保证排放溶液时顺利排尽。

（2）溴化锂吸收式制冷系统中的蒸汽管和冷介质水管应进行隔热保温处理，保温层厚度和材料应符合设计要求。

（3）溴化锂吸收式制冷系统安装后，应认真清洗设备内部，将清洁的水加入设备内，开动发生器泵、吸收器泵和蒸发器泵，反复循环多次，并观察水的颜色直至设备内部清洁为止。

4）螺杆式制冷机组的安装

以各种形式的螺杆式压缩机为主机的冷水机组为螺杆式冷水机组。它是由螺杆式制冷压缩机、冷凝器、蒸发器、节流装置、油泵、电气控制箱以及其他控制元件等组成的组装式制冷系统。螺杆式冷水机组具有结构紧凑、运转平稳、操作简便、冷量无级调节、体积小、重量轻及占地面积小等优点。在螺杆式制冷机组的安装中应注意对其基础进行仔细找平，其纵向和横向的不水平度应小于或等于 1‰了，同时，螺杆式制冷压缩机在接管前，应清洗吸气和排气管道；根据实际情况对管道进行必要的支撑。连接时，不要使机组变形，否则会影响电机和螺杆式制冷压缩机的对中。

9. 附属设备的安装

通风与空调系统附属设备的安装，主要包括冷凝器的安装和蒸发器的安装。

1）*冷凝器的安装*

冷凝器是指冷却经制冷压缩机压缩后的高温制冷剂蒸汽并使之液化的热交换器。在安装时应注意以下方面。

（1）在冷凝器就位前，检查设备基础的平面位置、标高、表面平整度、预埋地脚螺栓孔的尺寸是否符合设备和设计要求，并填写“基础验收记录”。

（2）安装前，应进行严密性试验，试验合格后才能安装。基础孔中的杂物应清理干净，在基础上放好纵、横中心线，但应检查冷凝器与储液器基础的相对标高要符合工艺流程的要求。

（3）垂直安装的不铅垂度允许偏差应小于或等于 1‰。但梯子和平台应水平安装，无集油器的不水平度应小于或等于 1‰；集油器在一端的应以 1‰的坡度坡向集油器；集油器在中间时，与水平安装的要求相同。

（4）在吊装时，不允许将索具绑扎在连接管上，而应绑扎在壳体上；按已放好的中心线进行找平找正。

（5）如果设备在两台以上，应统一同时放好纵、横中心线，以确保排列整齐、标高一致。

2）*蒸发器的安装*

蒸发器是制冷四大件中很重要的一个部件，空调蒸发器的作用是利用液态低温制冷剂在低压下易蒸发，转变为蒸气并吸收被冷却介质的热量，达到制冷目的。空调蒸发器常用的有立式蒸发器和卧式蒸发器。

（1）立式蒸发器。

立式蒸发器是制冷剂在管内蒸发，整个蒸发器管组沉浸在盛满冷剂蒸发设备的箱体内，为了保证载冷剂在箱内以一定速度循环，箱内焊有纵向隔板，装有螺旋搅拌器。在安装中应注意以下方面。

① 安装前，对水箱进行渗漏试验，盛满水保持 8～12 h，不出现渗漏为合格。

② 安装时，先将水箱吊装到预先做好的上部垫有绝热层的基础上，再将蒸发器管组放入箱内。蒸发器管组应垂直，并略倾斜于放油端，各管组的间距应相等。

③ 基础绝缘层中应放置与保温材料厚度相同、宽 200 mm 的经防腐处理的木梁。

④ 保温材料与基础间应做防水层。蒸发器管组组装应在气密性试验合格后，即可对水箱进行保温。

（2）卧式蒸发器。

卧式蒸发器按供液方式可分为壳管式蒸发器和干式蒸发器两种。其结构紧凑，液体与传热表面接触好，传热系数高。但是需要充入大量制冷剂，液柱对蒸发温度将会有一定的影响。

卧式蒸发器安装在已浇筑好且干燥后的混凝土基础或钢制支架上，在底脚与支架间垫 50～100 mm 厚的经防腐处理的木块，并保持水平。待制冷系统压力试验及气密性试验合格后，再进行保温。

10. 管道系统的安装

通风与空调管道系统的安装，主要包括制冷管道安装、阀门的安装和仪表的安装。

1）制冷管道安装

（1）制冷系统的液体管安装不应有局部向上凸起的弯曲现象，以避免形成气囊。气体管安装不应有局部向下凹的弯曲现象，以避免形成液囊。

（2）从液体干管引出支管，应从干管底部或侧面接出；从气体干管引出支管，应从干管上部或侧面接出。

（3）管道呈三通连接时，应将支管按制冷剂流向弯成弧形再进行焊接。当支管与干管直径相同且管道内径小于 50 mm 时，应在干管的连接部位换上大一号管径的管段，再按以上规定焊接。

（4）不同管径的管子直线焊接时，应采用同心异径管。

（5）紫铜管连接宜采用承插口或套管式焊接，承插口的扩口深度应大于或等于管径，扩口方向应迎介质流向。紫铜管切口表面应平齐，不得有毛刺、凹凸等质量缺陷。切口平面允许的倾斜偏差为管子直径的 1%。紫铜管煨弯可用热弯或冷弯，椭圆率不大于 8%。

2）阀门的安装

（1）在安装前，检查铅封情况和出厂合格证书，不得随意拆启。

（2）阀门的安装位置、方向、高度应符合设计要求，不得出现反装。

（3）安装带手柄的手动截止阀，手柄不得向下。电磁阀、调节阀、热力膨胀阀、升降式止回阀等，阀头均应向上竖直安装。

（4）热力膨胀阀的感温包应装于蒸发器末端的回气管上，应接触良好、绑扎紧密，用隔热材料密封包扎，其厚度与保温层相同。

（5）安全阀与设备间如果设置关断阀门，在运转中必须处于全开位置，并予铅封。

3）仪表的安装

通风与空调管道系统的所有测量仪表，应按设计要求均采用专用产品，压力测量仪表应用标准压力表进行校正，温度测量仪表应采用标准温度计校正并做好记录。所有仪表应安装在光线良好、便于观察、不妨碍操作检修的地方。压力继电器和温度继电器应安装在不受振动的地方。

8.3 配电与照明节能工程施工

8.3.1 配电系统架空线路导线架设

导线的架设工序主要包括放线、架线、紧线和固定。架设前应认真检查施工准备工作的情况、导线规格和长度等。

1. 导线的放线与架线

在导线架设放线前，首先应勘察沿线情况，清除放线途中可能损伤导线的障碍物，或采取其他的可靠防护措施。对于跨越公路、铁路、一般通信线路和不能停电的电力线路，应在放线前搭好牢固的跨越架，跨越架的宽度稍大于电杆横担的长度，以防止放线时导线掉落，影响导线架设的速度。

导线放线有拖放法和展放法两种。拖放法是将线盘架设在放线架上拖放导线；展放法是将线盘架设在汽车上，行驶中展放导线。放线一般从始端开始，通常以一个耐张段为一个单元进行。可以采取先放线，即把所有导线全部放完，再一根根地将导线架在电杆横担上，也可以采取边放线边架线。放线时，应使导线从线盘上方引出，线盘处要设专人看守，保持放线速度均匀，同时检查导线的质量，发现问题及时处理。

当导线沿着线路展放在电杆旁的地面上后，可由施工人员登上电杆将导线用绳子提到电杆的横担上。在架线中，导线吊上电杆后，应放在事先装好的开口木质滑轮内，防止导线在横担上拖拉磨损，钢导线也可以使用钢滑轮。

2. 导线的紧线与固定

1）导线的紧线

导线的紧线工作一般与弧垂测量和导线固定同时进行。展放导线时，导线的展放长度比档距长度略有增加，平地一般应增加2%，山地增加3%，架设完毕后，立即收紧导线。

（1）紧线。

在做好耐张杆、转角杆和终端杆的拉线后，开始分段紧线。先将导线的一端在绝缘子上固定好，然后在导线的另一端用紧线器紧线。在杆的受力侧装设正式和临时的拉线，用钢丝绳或具有足够强度的钢线拴在横担的两端，以防横担偏斜。待紧完导线并且固定好后，拆除临时拉线。紧线时，耐张段的操作端直接或通过滑轮牵引导线，导线收紧后用紧线器夹住导线。紧线的方法一般有两种：一种是将导线逐根均匀收紧的单线法；另一种是三根或两根导线同时收紧。

（2）测量弧垂。

导线弧垂是指一个档距内导线下垂形成的自然弛度，也称为导线的“弛度”。弧垂是表示导线所受拉力的量，弧垂越小，拉力越大，反之拉力越小。架空导线的弛度要求应符合规定。导线紧固后，弛度误差应不超过设计弛度的±5%，同一档距内各条导线的弛度应一致，水平排列的导线，高低差不大于50 mm。

测量弧垂时，用两个规格相同的弧垂尺（弛度尺），把横尺定位在规定的弧垂数值上，两个操作者把弧垂尺勾在靠近绝缘子的同一根导线上，导线下垂最低点与对方横尺定位点处于同一直线上。弧垂测量从相邻电杆横担上某一侧的一根导线开始，接着测另一侧对应的导线，然后交叉测量第三根和第四根导线，以保证电杆横担受力均匀，不会因导线紧线出现扭斜。

2）导线的固定

导线在绝缘子上通常采用绑扎方法固定。导线固定应牢固、可靠，并符合下列规定。

（1）导线在针式绝缘子上固定时，对于直线杆导线，应安装在针式绝缘子或直立式瓷横担的顶槽内。

（2）水平式瓷横担的导线应安装在端部的边槽上。

（3）对于转角杆，导线应安装在转角外侧针式绝缘子的边槽内。

（4）绑扎铝绞线或钢芯铝绞线时，先在线上包缠两层铝包带，包缠长度露出绑扎处两端各 15 mm，绑扎方式应符合设计要求。

8.3.2 照明灯具的安装

1. 灯具安装的一般要求

照明灯具的安装方式按照设计图样的要求而定。当设计无规定时，一般要求如下。

（1）照明灯具的各种金属构件应进行防腐处理，未进行防腐处理的灯架，必须涂一道樟丹油、两道刷涂料。

（2）灯泡容量在 100 W 以下时，可采用胶质灯口；灯泡容量在 100 W 及以上和防潮封闭型灯具，应采用瓷质灯口。

（3）根据使用情况及灯罩型号不同，灯座可采用卡口或螺口。采用螺口灯时，线路的相线应接螺口灯的中心弹簧片，零线接于螺口部分。采用吊线螺口灯时，应在灯头盒和灯头处分别将相线做出明显标记，以便于区分。

（4）当采用瓷质或塑料自在器吊线灯时，一律采用卡口灯。

（5）软线吊灯的软线两端需换好保险扣，吊链灯的软线应编叉在链环内。

（6）灯具内部配线采用截面积不小于 0.4 mm^2 的导线。灯具的软线两端在接入灯口前均应压扁并焊锡，使软线接线端与接线螺钉接触良好。

（7）室外灯具引入线路时应做防水弯，以免水流入灯具内；灯具内可能积水的，应设置泄水眼。

（8）在危险性较大的场所，灯具的安装高度低于 2.4 m，电源电压在 36 V 以上的灯具金属外壳，必须做好接地、接零保护。照明灯具的接地或接零保护，必须有灯具专用接地螺钉，并加垫圈和弹簧垫圈压紧。

（9）当吊灯灯具的质量超过 3 kg 时，应预埋吊钩或螺栓；软线吊灯的质量不得超过 1 kg，超过的应加设吊链。固定灯具的螺钉或螺栓不得少于 2 个。

（10）当采用梯形木砖固定壁灯时，木砖应进行防腐处理，并随墙体砌筑而砌入，禁止用木楔代替木砖。

（11）吸顶灯具采用木制底台时，在底台与灯具之间铺垫石棉板或石棉布；在木制荧光灯架上装设镇流器时，垫以瓷夹板隔热；木质吊顶内的暗装灯具及发热附件，均应在其周围用石棉板或石棉布做好防火隔热处理。

（12）轻钢龙骨吊顶内部装灯具时，原则上不能使轻钢龙骨荷重，凡灯具质量在 3 kg 以下的，可在主龙骨上安装；灯具质量在 3 kg 以上的，须预埋铁件作固定。

（13）所用的各式灯具和附件等产品，其规格、质量均必须符合要求。

（14）不同安装场所及用途，灯具配线最小截面面积应符合规定。采用钢管作为灯具的吊杆时，钢管的内径一般不小于 10 mm。

（15）每个照明回路的灯和插座总数宜不超过 25 个，且应有 15 A 及以下的熔丝保护。

（16）固定花灯的吊钩，其圆钢直径应不小于灯具吊挂销钉的直径，且不得小于 6 mm。

（17）安装在重要场所和行人较多的场所的大型灯具的玻璃罩，应当有防止其碎裂后向下溅落的防护措施。

2. 白炽灯的施工工艺

白炽灯的安装方法常用于吊灯、壁灯、吸顶灯等普通灯具，也可以安装成多种花灯组。常见白炽灯的安装如图 8.6 所示。

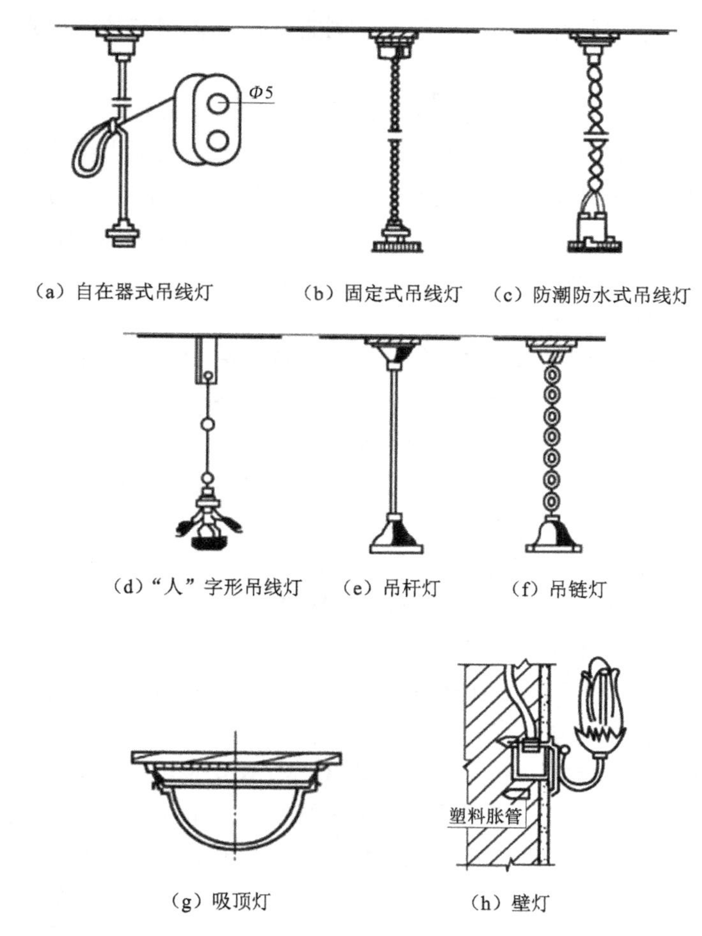

（a）自在器式吊线灯　（b）固定式吊线灯　（c）防潮防水式吊线灯

（d）“人”字形吊线灯　（e）吊杆灯　（f）吊链灯

（g）吸顶灯　（h）壁灯

图 8.6　常见白炽灯安装示意

1）绝缘台的安装

在安装灯具时，有的可以直按固定在建筑物结构上，有的需要安装在绝缘台上。按材质，绝缘台可分为木台和塑料台；按形状，可分为方形、圆形等多种几何形状。在实际工程中应用较多的是圆形塑料绝缘台。

绝缘台的大小、形状与灯具应相配，一般绝缘台外圈尺寸应比灯具的法兰或吊线盒、平灯座的直径大 40 mm，其厚度不小于 20 mm。塑料绝缘台应具有良好的抗老化性、足够的强度，受力后无翘曲变形。如果采用木质绝缘台，应完整、无翘曲变形，油漆完整；用于室外或潮湿环境的木质绝缘台，与建筑物接触面上应刷防腐漆。

绝缘台在建筑物表面的安装固定方法，根据建筑结构形式和照明敷设方式不同而不同。在安装木质绝缘台前，应用电钻钻好穿线孔，塑料绝缘台无须钻孔可直接固定灯具。

绝缘台固定时，采用螺丝或螺栓，不得使用圆钉固定。固定直径 100 mm 及以上绝缘台的螺钉不能少于 2 根；直径在 75 mm 及以下绝缘台时可以用 1 个螺钉或螺栓固定。绝缘台安装完毕后，应紧贴建筑物表面无缝隙，并且安装牢固。塑料绝缘台与塑料接线盒、吊线盒配套使用。

如果绝缘台安装在木梁或木结构楼板上，可以用木螺钉直接固定。在普通砖砌体上安装灯具绝缘台，也可采用预埋梯形木砖的方法固定，以免影响安装的牢固性和可靠性。

2）软线吊灯的安装

软线吊灯由吊线盒、软线和吊式灯座及绝缘台组成。吊线盒应固定在绝缘台中心，用不少于 2 个螺钉固定。吊灯用的软线长度一般不超过 2 m，两端剥露线芯，把线芯拧紧后挂锡。软吊线带自在器的灯具，在吊线展开后，距离地面高度应不小于 0.8 m，并套塑料软管，采用安全灯头。软线吊灯一般采用胶质或塑料吊线盒，在潮湿处则采用瓷质吊线盒。除敞开式灯具外，其他各类灯具灯泡容量在 100 W 及以上者也应采用瓷质灯头。绝缘台规格大小按吊线盒或灯具法兰选取。

软线加工好后即可组装灯具。将吊线盒底与绝缘台固定牢固，电线套上保护用塑料管从绝缘台出线孔穿出，再固定好木台。由于吊线盒接线螺钉不能承受灯具质量，软线在吊线盒内应打保险结，使结扣位于吊线盒和灯座的出线孔处。然后将软线一端与灯座接线柱头连接，另一端与吊线盒邻近的两个接线柱相连接，紧固好灯座螺口以及中心触点的固定螺钉，拧好灯座盖，准备到现场安装。

在暗配管路灯位盒上安装软线吊灯时，把灯位盒内导线由绝缘台穿线孔穿入吊线盒内，分别与底座穿线孔附近的接线柱相连接，把相线接在与灯座中心触点相连的接线柱上，零线接在与灯座螺口触点相连的接线柱上。导线接好后，用木螺钉把绝缘台连同灯具固定在灯位盒的缩口盖上。明敷设线路上安装软线吊灯，在灯具组装时除了无须把吊线盒底与绝缘台固定以外，其他工序与暗配管路灯位盒上安装软线吊灯相同。

当灯具的质量大于 1 kg 时，应采用吊链式或吊管式安装。吊链灯具由上法兰、下法兰、软线和吊式灯座灯罩或灯伞及绝缘台组成。灯具采用吊链式时，灯线宜与吊链编叉在一起，并不使电线受力；采用吊管式时，当采用钢管作灯具吊杆时，其钢管内径一般不小于 10 mm，钢管壁厚不小于 1.5 mm。当吊灯灯具的质量超过 3 kg 时，应预埋吊钩或螺栓固定，花灯吊钩圆钢直径应不小于灯具挂销直径，且不小于 6 mm，大型花灯的固定及悬吊装置，应按灯具质量的 2 倍进行负荷试验。

3）壁灯的安装

室内壁灯的安装高度一般应不低于 2.4 m，住宅壁灯灯具的安装高度不低于 2.2 m，床头灯不低于 1.5 m。壁灯可以安装在墙上或柱子上。安装在墙上时，在砌墙时应预埋木砖，也可采用膨胀螺栓或预埋金属构件；安装在柱子上时，应在柱子上预埋金属构件或抱箍将金属构件固定在柱子上，再将壁灯固定在金属构件上。

如果需要设置绝缘台，应根据壁灯底座的外形选择或制作合适的绝缘台。安装绝缘台时，将灯具的线由绝缘台出线孔引出，在灯位盒内与电源线相连接，将接头处理好后塞入灯位盒内，把绝缘台对正后将其固定，绝缘台应紧贴建筑物的表面，不得出现歪斜，然后将灯具底座用木螺钉直接固定在绝缘台上。

如果灯具底座固定形式是钥匙孔式，则应先在绝缘台适当位置拧好木螺钉，螺钉头部伸出绝缘台长度要适当，以防灯具松动。当灯具底座是插板式固定时，应将底板先固定在绝缘台上，再将灯具底座与底板插接牢固。

4）吊式大型花灯的安装

花灯要根据设计要求和灯具说明书清点各个部件数量后组装，花灯内的接线一般采用单路或双路瓷接头连接。花灯应固定在预埋的吊钩上，制作吊钩圆钢直径应不小于吊挂销钉的直径，且不得小于 6 mm。吊式大型花灯安装示意如图 8.7 所示。

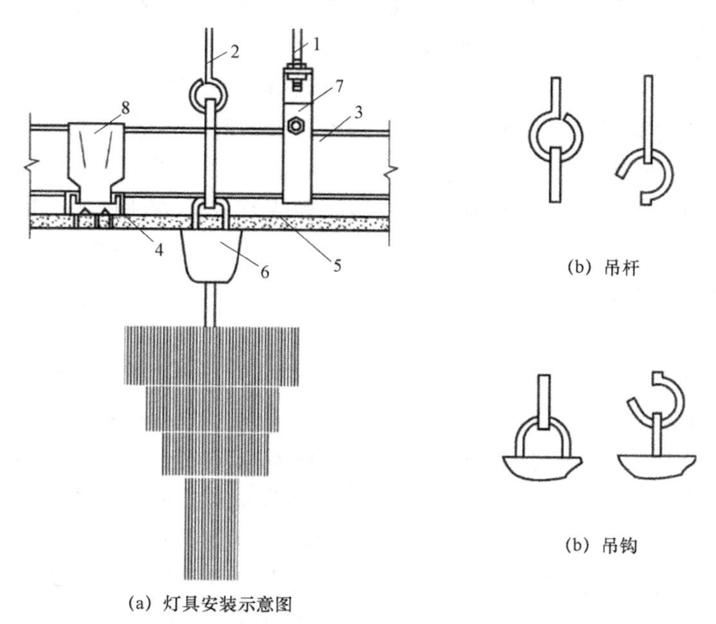

(a) 灯具安装示意图　(b) 吊杆　(b) 吊钩

1—吊杆；2—灯具吊钩；3—大龙骨；4—中龙骨；5—纸面石膏板；6—灯具；
7—大龙骨垂直吊挂件；8—中龙骨垂直吊挂件

图 8.7　吊式大型花灯安装示意

对于吊式大型花灯的固定点和悬吊装置，应确保吊钩能承受超过 1.25 倍灯具质量并做过载试验，以达到安全使用的目的。

将现场内成品灯或半成品灯吊起，将灯具的吊件或吊链与预埋的吊钩连接好，连接好导线并做好绝缘处理，理顺后向上推起灯具上法兰，并将导线接头扣在其内部，使上法兰紧贴顶棚或绝缘台表面，上紧固定螺栓，安装好灯泡、装饰件等。

安装在重要场所的大型灯具，应按设计要求采取防止玻璃罩破碎向下溅落的措施，一般可采用透明尼龙丝保护网，网孔大小根据实际情况确定。

5）吸顶灯的安装

普通吸顶灯是直接安装在室内顶棚上的一种固定式灯具，形状多种多样，灯罩可用乳白色玻璃、喷砂玻璃、彩色玻璃等制成各种形式的封闭体。较小的吸顶灯常用绝缘台组合安装，即先在现场安装绝缘台，再把灯具与绝缘台安装为一体。较大的吸顶灯一般先组装，再到现场安装。

采用嵌入式吸顶灯时，小型嵌入式灯具安装在吊顶的顶板上，大型嵌入式灯具安装时，则采用在混凝土梁、板中伸出支撑铁架、铁件的连接方法。

装有白炽灯泡的吸顶灯具，灯泡不应紧贴灯罩，当灯泡与绝缘台间距小于 5 mm 时，灯泡与绝缘台间应采取隔热措施。

组合式吸顶灯的安装，应特别注意灯具与屋顶安装面连接的可靠性，连接处必须能够承受相当于 4 倍重的悬挂而不变形。

3. 气体放电灯施工工艺

1）荧光灯的安装

荧光灯具的附件有镇流器和辉光启动器，不同规格的镇流器与灯管不能混用，相同功率灯管与镇流器配套使用，才能达到理想的效果。

普通荧光灯一般采用吸顶式、钢管式、吊链式等安装方法。采用吸顶式安装时，镇流器不能放在荧光灯的架子上，否则散热比较困难。安装时，荧光灯架子与天花板之间要留 15 mm 的空隙，以便通风。当采用钢管或吊链安装时，镇流器可放在灯架上。环形荧光吸顶灯一般是成套的，直接拧到平灯座上，可按照白炽灯安装方法进行安装。

组装式吊链荧光灯包括铁皮灯架、辉光启动器、镇流器、灯管管脚、辉光启动器座等，其安装方法与白炽灯相同。

2）高压汞灯的安装

高压汞灯具有光效高、寿命长、省电等特点，主要用于街道、广场、车站、工厂车间、工地、运动场等照明。高压汞灯有两个玻壳，内玻壳是一个石英管，内外管间充有惰性气体，内管中装有少量的汞。管的两端有两个用钍钨丝制成的主电极，电源接通后，引燃电极与附近电极间放电，使管内温度升高，水银逐渐蒸发形成弧光放电，发出强光。同时汞蒸气电离后发出紫外线，激发管内壁涂的荧光物质。引燃电极上串有一个大电阻，当电极间导电后，引燃电极与邻近电极之间就停止放电。电路中镇流器用于限制灯泡电流。自镇流高压汞灯比普通高压汞灯少一个镇流器，代之以自镇流灯丝。

高压汞灯可以在任意位置使用，但在水平点燃时，不仅会严重影响光通量，而且容易自灭。高压汞灯线路的电压应尽量保持稳定，当电压降低 5%时灯泡可能会自行熄灭。因此，必要时，应考虑设置调压装置。另外，高压汞灯工作时外玻壳的温度很高，必须配备散热好的灯具。

4. 高压钠灯的安装

高压钠灯也是一种气体放电光源，主要由灯丝、启动器、镇流器、双金属片热继电器、放电管等组成。灯丝用钨丝绕成螺旋形，发热时发射电子；启动器和镇流器供钠灯启动和镇流用；双金属片热继电器的作用是：在未加热前相当于常闭触点，当灯刚接入电源后形成电流通路，热继电器在电流作用下升温，双金属片断开，在断开瞬间感应出一个高电压，与电源电压一起加在放电管的两端，使氙气电离放电，温度继续升高使得汞和钠相继变成蒸气状态，并放电而放射出强光；放电管是用耐高温半透明材料制成，里面充有氙气、汞和钠。

高压钠灯的主要特点是光效高、寿命长、紫外线辐射少，光线透过雾和蒸气的能力强，但光源显色指数低。高压钠灯主要适用于道路、码头、广场等大面积的照明。

8.3.3 配电设备的安装

配电设备是在电力系统中对高压配电柜、发电机、变压器、电力线路、断路器、低压开关柜、配电箱（盘）、开关箱、控制箱等设备的统称，其中建筑工程中最常用的是配电箱（盘）。配电箱（盘）的安装应符合下列要求。

（1）配电箱（盘）应安装在安全、干燥、容易操作的场所。在安装时，其底口距地面高度一般为1.5 m，明装时底口距地面为1.2 m；明装电度表板底口距地面不得小于1.8 m。在同一建筑物内，同类盘的高度应一致，允许偏差为10 mm。

（2）安装配电箱（盘）所需的木砖及铁件等均应当预埋。挂式配电箱（盘）采用金属膨胀螺栓固定。

（3）铁制配电箱（盘）均应先刷一遍防锈漆，再刷2遍灰油漆。预埋的各种铁件均应刷防锈漆，并做好明显可靠的接地。导线引出面板时，面板线孔应光滑无毛刺，金属面板应装设绝缘保护套。

（4）配电箱（盘）带有器具的铁制盘面和装有器具的门及电器的金属外壳均应有明显可靠的PE保护地线（PE线为黄绿相间的双色线，也可采用编织软裸铜线），但PE保护地线不允许利用箱体或盒体串接。

（5）配电箱（盘）配线应排列整齐，并绑扎成束，在活动部位应固定。盘面引出及引进的导线应留有适当余度，以便于检修。

（6）导线剥削处不应伤线芯或线芯过长，导线压头应牢固可靠，多股导线不应盘圈压接，应加装压线端子（有压线孔者除外）。如必须穿孔用顶丝压接时，多股导线应刷锡后再压接，不得减少导线的股数。

（7）配电箱（盘）的盘面上安装的各种刀闸和自动开关等，当处于断路状态时，刀片可动部分均不应带电（特殊情况除外）。

（8）垂直装设的刀闸及熔断器等电器上端接电源，下端接负荷。横装者左侧（面对盘面）接电源，右侧接负荷。

（9）配电箱（盘）上的电源指示灯，其电源接至总开关的外侧，并装单独熔断器（电源侧）。盘面闸具位置应与支路相对应，其下面应装设卡片框，标明路别及容量。

（10）TN-S低压配电系统中的中性线N应在箱体或盘面上，引入接地干线处做好重复接地；照明电箱（板）内的交流、直流或不同电压等级的电源，应具有明显的标志；照明配电箱（板）不应采用可燃材料制作，在干燥无尘场所采用的木制配电箱（板）应进行阻燃处理；照明配电箱（板）内，应分别设置中性线N和保护地线（PE线）汇流排，中性线N和保护地线应在汇流排上连接，不得绞接，并有编号；磁插式熔断器底座中心明露丝孔应填充绝缘物，以防止对地放电；磁插保险不得裸露金属螺丝，应填满火漆；照明配电箱（板）内装设的螺旋熔断器，其电源线应接在中间触点的端子，负荷线应接在螺纹的端子上。TN-S系统是指电源的一点与大地直接连接，外露导电部分通过与接地的电源中性点的连接而接地，在全系统内中N线和PE线是分开的。故障电流通过PE线来传导。

（11）当PE线所用材质与相线相同时，应按照热稳定要求选择截面。当PE线不是供电电缆或电缆外护层的组成部分时，按照机械强度要求，其截面应不小于下列数值：有机械性保护时为2.5 mm^2，无机械性保护时为4 mm^2。

（12）配电箱（盘）上的母线，其相线应涂上颜色标出，A相应涂黄色，B相应涂绿色，C相应涂红色，中性线N相应涂淡蓝色，保护地线（PE线）应涂黄绿相间双色。

（13）配电箱（盘）上电具、仪表应牢固、平正、整洁、间距均匀、铜端子无松动、启闭灵活、零部件齐全。电具、仪表排列间距要求应符合规定。

（14）照明配电箱（板）应安装牢固、平正，其垂直偏差应不大于3 mm；在安装时，照明配电箱（板）四周应无空隙，其面板四周边缘应紧贴墙面，箱体与建筑物、构筑物的接触部分应涂防腐漆。

（15）固定面板的螺丝，采用镀锌圆帽孔螺丝，其间距不得大于 250 mm，并均匀地对称于四角。

（16）配电箱（盘）的面板较大时应有加强衬铁，当宽度超过 500 mm 时，配电箱门应做成双开门。

（17）立式盘背面距建筑物应不小于 800 mm；基础型钢安装前调直后再埋设固定，其水平误差每米不大于 1 mm，全长的总误差不大于 5 mm；盘面底口距地面不小于 500 mm；铁架明装配电盘距离建筑物应做到便于维修。

（18）立式盘应设在专用房间内或加装栅栏，铁栅栏应做接地。立式盘安装的弹线定位应注意以下事项：根据设计要求找出配电箱（盘）的位置，并按照配电箱（盘）的外形尺寸进行弹线定位。弹线定位的目的是对有预埋木砖或铁件的情况，可以更准确地找出预埋件，或者可以找出金属胀管螺栓的位置。

（19）明装配电箱（盘）。当采用明装配电箱（盘）时，一般可采用以下方式：① 铁架固定配电箱（盘）。将角钢调直，量好尺寸，画好锯口线，锯断煨弯，钻孔位，焊接。煨弯时用方尺找正，再用电（气）焊，将对口缝焊牢，并将埋入端做成燕尾，然后涂刷除锈漆。再按照标高用水泥砂浆将铁架燕尾端埋注牢固，埋入时注意铁架的平直程度和孔间距离，应用线坠和水平尺测量准确后再稳住铁架，待水泥砂浆凝固后方可进行配电箱（盘）的安装；② 用金属膨胀螺栓固定配电箱（盘）。采用金属膨胀螺栓可在混凝土墙或砖墙上固定配电箱（盘）。

（20）配电箱（盘）的加工。配电箱（盘）的盘面可采用厚塑料板、包铁皮的木板或钢板。以采用钢板做盘面为例，将钢板按尺寸用方尺量好，画出切割线后进行切割，切割后用扁锉将棱角锉平。

（21）配电箱（盘）的盘面组装配线。① 实物排列。将配电箱的盘面板放平，再将全部电具、仪表置于板上，进行实物排列；对照设计图及电具、仪表的规格和数量，选择最佳位置使之符合间距的要求，并保证操作维修方便及外形美观；② 加工。电具和仪表位置确定后，用方尺找正，画出水平线，分均孔距；然后撤去电具和仪表，进行钻孔（孔径应与绝缘嘴吻合）；钻孔后除锈，刷防锈漆及灰油漆；③ 固定电具。涂刷的油漆干燥后装上绝缘嘴，并将全部电具、仪表摆平、找正，用螺丝固定牢固；④ 进行电盘配线。根据电具、仪表的规格、容量和位置，选好导线的截面和长度，加以剪断进行组配。盘后导线应排列整齐、绑扎成束。压头时，将导线留出适当余量，削出线芯，逐个压牢。对于多股线需用压线端子。如为立式盘，开孔后应首先固定盘面板，然后再进行配线。

（22）配电箱（盘）的固定。在混凝土墙或砖墙上固定明装配电箱（盘）时，可采用暗配管及暗分线盒和明配管两种方式。如有分线盒，先将盒内杂物清理干净，然后将导线理顺，分清支路和相序，按照支路绑扎成束。待配电箱（盘）找准位置后，将导线端头引至箱内或盘上，逐个剥削导线端头，再逐个压接在器具上，同时将 PE 线压在明显的地方，并将配电箱（盘）调整平直后进行固定。在电具、仪表较多的盘面板安装完毕后，应先用仪表校对有无差错，调整无误后试送电，将卡片框内的卡片填写好部位并编号。在木结构或轻钢龙骨护板墙上进行固定配电箱（盘）时，应采用加固措施。如配管在护板墙内暗敷设，并设有暗接线盒时，要求盒口与墙面平齐，在木制护板墙处做防火处理，可涂防火漆或加防火衬里进行防护。除以上要求外，有关固定方法同以上所述。

（23）暗装配电箱（盘）的固定。根据预留孔洞尺寸先将箱体找好标高及水平尺寸，并将箱体固定好，然后用水泥砂浆填实周边并抹平齐，待水泥砂浆凝固后再安装盘面和贴脸。如箱底与外墙平齐，应在外墙固定金属网后再进行墙面抹灰，不得在箱底上抹灰。安装盘面要平整，周边间隙应均匀对称，贴脸平正、不歪斜，螺丝应垂直受力均匀。

（24）进行绝缘摇测。配电箱（盘）全部电器安装完毕后，用 500 V 兆欧表对线路进行绝缘摇测。摇测项目包括相线与相线之间、相线与中性线之间、相线与保护地线之间、中性线与保护地线之间。两个人进行摇测，同时做好记录，作为技术资料存档。

参 考 文 献

[1] 汪士和，徐金保. 改革开放 40 年建筑业发展历程与深化改革之路[J]. 建筑，2018（20）：14–19.

[2] 国家统计局. 建筑业高质量大发展强基础惠民生创新路：党的十八大以来经济社会发展成就系列报告之四[EB/OL].（2022–09–19）[2024–04–28]. https：//www.stats.gov.cn/sj/sjjd/202302/t20230202_1896679.html.

[3] 王海山.“十三五”建筑业发展回顾及数字化转型的思考[J]. 中国勘察设计，2020（12）：46–49.

[4] . 王蒙徽：住房和城乡建设事业发展成就显著[J]. 中国房地产，2020（31）：4–7.

[5] 赵峰，王要武，金玲，等. 2023 年建筑业发展统计分析[J]. 中国勘察设计，2024（3）：48–53.

[6] 吴泽洲，黄浩全，陈湘生，等.“双碳”目标下建筑业低碳转型对策研究[J]. 中国工程科学，2023，25（5）：202–209.

[7] 徐伟. 加强建筑全过程节能降碳管理推动建筑领域绿色低碳发展[J]. 建筑节能（中英文），2024，52（3）：5.

[8] 王波，陈家任，廖方伟，等. 智能建造背景下建筑业绿色低碳转型的路径与政策[J]. 科技导报，2023，41（5）：60–68.

[9] 焦营营，张运楚，邵新. 智慧工地与绿色施工技术[M]. 徐州：中国矿业大学出版社，2019.

[10] 杜晓燕. 建筑工程绿色施工技术体系分析[J]. 建筑施工，2021，43（12）：2582–2585.

[11] 王凡. 绿色节能建筑施工技术的应用探讨[J]. 智能建筑与智慧城市，2023（7）：96–98.

[12] 张立华，宋剑，高向奎. 绿色建筑工程施工新技术[M]. 长春：吉林科学技术出版社，2021.

[13] 沈艳忱，梅宇靖. 绿色建筑施工管理与应用[M]. 长春：吉林科学技术出版社，2018.

[14] 张晓宁，盛建忠，吴旭，等. 绿色施工综合技术及应用[M]. 南京：东南大学出版社，2014.

[15] 李孟东，吴子庚，陈英策，等. 建筑施工噪声分析及防控策略[J]. 山西建筑，2024，50（3）：168–171.

[16] 司金龙，王恒赵，郑众元. 建筑施工光污染危害及防治措施浅析[J]. 居舍，2018（6）：11.

[17] 全国安全生产标准化技术委员会. 高处作业分级：GB/T 3608—2008[S]. 北京：中国标准出版社，2009.

[18] 天津市建工工程总承包有限公司，中启胶建集团公司. 建筑施工安全检查标准：JGJ 59—2011[S]. 北京：中国建筑工业出版社，2012.
[19] 中国建筑第五工程局有限公司，中国建筑股份有限公司. 建设工程施工现场消防安全技术规范：GB 50720—2011[S]. 北京：中国计划出版社，2011.
[20] 华洁，衣韶辉，王忠良. 绿色建筑与绿色施工研究[M]. 延吉：延边大学出版社，2019.
[21] 杨绍红，沈志翔. 绿色建筑理念下的建筑工程设计与施工技术[M]. 北京：北京工业大学出版社，2019.
[22] 济南大学，荣华建设集团有限公司. 建筑基坑工程监测技术标准：GB 50497—2019[S]. 北京：中国计划出版社，2020.
[23] 张文龙. 装配式建筑可持续发展评价指标体系研究[D]. 吉林建筑大学，2024.
[24] 南京长江都市建筑设计股份有限公司. 装配式混凝土建筑设计与应用[M]. 南京：东南大学出版社，2018.
[25] 赵富荣，李天平，马晓鹏. 装配式建筑概论[M]. 哈尔滨：哈尔滨工程大学出版社，2019.
[26] 陈骏，彭畅，李超，等. 装配式建筑发展概况及评价标准综述[J]. 建筑结构，2022，52（S2）：1503-1508.
[27] 谢春艳. 装配式建筑发展趋势分析及教学改革思路探讨[J]. 广西教育，2024（5）：121-125.
[28] 董柯言，王莉，吴俊彤. 基于“双碳”目标的装配式建筑发展研究[J]. 房地产世界，2023（20）：166-168.
[29] 刘梦然. 建设工程绿色施工及技术应用[M]. 南京：江苏凤凰科学技术出版社，2016.
[30] 李宏图. 装配式建筑施工技术[M]. 郑州：黄河水利出版社，2022.
[31] 杨振华，李小斌，何俊彪. 装配式建筑施工与项目管理[M]. 武汉：华中科学技术大学出版社，2022.
[32] 余晓平. 建筑节能与新技术应用[M]. 重庆：重庆大学出版社，2023.
[33] 王爱风，王川. 基于可持续发展的绿色建筑设计与节能技术研究[M]. 成都：电子科技大学出版社，2020.
[34] 鲁雷，高始慧，刘国华. 建筑工程施工技术[M]. 武汉：武汉大学出版社，2016.
[35] 扈恩华，李松良，张蓓. 建筑节能技术[M]. 北京：北京理工大学出版社，2018.
[36] 单卓. 水源热泵技术在暖通工程中的应用[J]. 中阿科技论坛，2022（4）：89-92
[37] 杜涛. 绿色建筑技术与施工管理研究[M]. 西安：西北工业大学出版社，2021.
[38] 段忠诚，袁树雄，李环宇，等. 中庭天然采光与建筑设计研究：以徐州地区中庭建筑为例[C]. //第十二届徐州科技论坛论文集. 2014：59-63.
[39] 李德英. 建筑节能技术[M]. 2 版. 北京：机械工业出版社，2021.
[40] 梅胜，吴佐莲. 建筑节能技术[M]. 郑州：黄河水利出版社，2013.
[41] 朱星，钱军，强伟. 建筑施工技术[M]. 南京：南京大学出版社，2019.
[42] 王磊，张洪波. 建筑节能技术[M]. 南京大学出版社，2017.
[43] 张迎. 浅谈如何控制塑料门窗工程的施工质量[J]. 门窗，2013（12）：362.
[44] 山东省建筑工程管理局培训中心. 建筑新技术应用[M]. 北京：中国环境出版社，2013.
[45] 李继业，蔺菊玲，李明雷. 绿色建筑节能工程施工[M]. 北京：化学工业出版社，2018.

[46] 张晶晓. 低碳经济下我国建筑业发展现状与对策[J]. 环渤海经济瞭望，2022（6）：57-59.
[47] 吴路阳. 我国绿色低碳建筑发展现状及展望[J]. 建筑，2023（7）：42-44.
[48] 黄燕飞. “双碳”背景下建筑全寿命周期绿色施工策略简析[J]. 广西城镇建设，2024（2）：69-74.
[49] 黄玉才，刘小蒙. 基于“双碳”背景下的建筑节能施工技术探讨[J]. 城市建设理论研究，2024（4）：138-140.

后　记

建筑是我国碳排放的四大主要领域之一。多年来，住房和城乡建设部始终高度重视建筑节能减排工作，致力于不断提升建筑节能水平，持续提升居住环境品质，努力为人民群众提供高品质的好房子。2022 年，住房和城乡建设部先后发布了《城乡建设领域碳达峰实施方案》和《“十四五”建筑节能与绿色建筑发展规划》，提出行业绿色低碳发展的时间表和路线图。

由此可知，建筑工程绿色与节能发展是大势所趋。建筑施工能耗与建筑能耗息息相关，其影响不止于施工阶段，施工质量的好坏、施工技术的选择，也是控制建筑运行阶段能耗的先决条件。绿色、节能施工不仅有助于保护环境和资源，而且符合“双碳”目标的发展要求。未来，建筑工程领域必须从建筑全寿命周期出发，积极推行、探索和优化建筑绿色、节能新技术，健全能耗管理机制，以此提高资源利用效率，降低建筑能耗，从而实现建筑行业健康发展长久之计。